21 世纪交通版高等学校教材

土木工程造价控制

石勇民　主编
沈其明　主审

人民交通出版社

内 容 提 要

本书作为面向21世纪交通版高等学校教材，主要内容包括：工程造价控制的法律依据、工程造价控制的基本原理和方法，以及工程项目在决策阶段、设计阶段、招投标阶段、施工阶段、竣工验收和审计阶段的造价控制。本书内容主要涵盖了公路工程和建筑工程。

本书可作为土木工程专业教材，也可供建设项目管理人员、造价工程师、监理工程师、科研人员、施工管理人员学习参考。

图书在版编目（CIP）数据

土木工程造价控制/石勇民主编．—北京：人民交通出版社，2008.6

21世纪交通版高等学校教材

ISBN 978-7-114-07223-9

Ⅰ.土…　Ⅱ.石…　Ⅲ.土木工程—建筑造价管理—高等学校—教材　Ⅳ.TU723.3

中国版本图书馆CIP数据核字(2008)第084188号

21世纪交通版高等学校教材

书　　名：土木工程造价控制

著 作 者：石勇民

责任编辑：岑　瑜

出版发行：人民交通出版社

地　　址：(100011)北京市朝阳区安定门外外馆斜街3号

网　　址：http://www.ccpress.com.cn

销售电话：(010)59757969,59757973

总 经 销：北京中交盛世书刊有限公司

经　　销：各地新华书店

印　　刷：北京凯通印刷厂

开　　本：787×1092　1/16

印　　张：17

字　　数：435千

版　　次：2008年6月第1版

印　　次：2008年6月第1次印刷

印　　数：0001—3000册

书　　号：ISBN 978-7-114-07223-9

定　　价：30.00元

21世纪交通版
高等学校教材(公路与交通工程)编审委员会

总　　序

当今世界，科学技术突飞猛进，全球经济一体化趋势进一步加强，科技对于经济增长的作用日益显著，教育在国家经济与社会发展中所处的地位日益重要。进入新世纪，面对国际国内经济与社会发展所出现的新特点，我国的高等教育迎来了良好的发展机遇，同时也面临着巨大的挑战，高等教育的发展处在一个前所未有的重要时期。其一，加入 WTO，中国经济已融入到世界经济发展的进程之中，国家间的竞争更趋激烈，竞争的焦点已更多地体现在高素质人才的竞争上，因此，高等教育所面临的是全球化条件下的综合竞争。其二，我国正处在由计划经济向社会主义市场经济过渡的重要历史时期，这一时期，我国经济结构调整将进一步深化，对外开放将进一步扩大，改革与实践必将提出许多过去不曾遇到的新问题，高等教育面临加速改革以适应国民经济进一步发展的需要。面对这样的形势与要求，党中央国务院提出扩大高等教育规模，着力提高高等教育的水平与质量。这是为中华民族自立于世界民族之林而采取的极其重大的战略步骤，同时，也是为国家未来的发展提供基础性的保证。

为适应高等教育改革与发展的需要，早在 1998 年 7 月，教育部就对高等学校本科专业目录进行了第四次全面修订。在新的专业目录中，土木工程专业扩大了涵盖面，原先的公路与城市道路工程，桥梁工程，隧道与地下工程等专业均纳入土木工程专业。本科专业目录的调整是为满足培养“宽口径”复合型人才的要求，对原有相关专业本科教学产生了积极的影响。这一调整是着眼于培养 21 世纪社会主义现代化建设人才的需要而进行的，面对新的变化，要求我们对人才的培养规格、培养模式、课程体系和内容都应作出适时调整，以适应要求。

根据形势的变化与高等教育所提出的新的要求，同时，也考虑到近些年来公路交通大发展所引发的需求，人民交通出版社通过对“八五”、“九五”期间的路桥及交通工程专业高校教材体系的分析，提出了组织编写一套 21 世纪的具有鲜明交通特色的高等学校教材的设想。这一设想，得到了原路桥教学指导委员会几乎所有成员学校的广泛响应与支持。2000 年 6 月，由人民交通出版社发起组织全国面向交通办学的 12 所高校的专家学者组成 21 世纪交通版高等学校教材(公路类)编审委员会，并召开第一次会议，会议决定着手组织编写土木工程专业具有交通特色的**道路专业方向、桥梁专业方向以及交通工程专业**教材。会议经过充分研讨，确定了包括**基本知识技能培养层次、知识技能拓宽与提高层次**以及**教学辅助层次**在内的约 130 种教材，范围涵盖**本科与研究生用**教材。会后，人民交通出版社开始了细致的教材编写组织工作，经过自由申报及专家推荐的方式，近 20 所高校的百余名教授承担约 130 种教材的主编工作。2001 年 6 月，教材编委会召开第二次会议，全面审定了各门教材主编院校提交的教学大纲，之后，编写工作全面展开。

21 世纪交通版高等学校教材编写工作是在本科专业目录调整及交通大发展的背景下展开的。教材编写的基本思路是：(1)顺应高等教育改革的形势，专业基础课教学内容实现与土木工程专业打通，同时保留原专业的主干课程，既顺应向土木工程专业过渡的需要，又保持服务公路交通的特色，适应宽口径复合型人才培养的需要。(2)注重学生基本素质、基本能力的培养，为学生知识、能力、素质的综合协调发展创造条件。基于这样的考虑，将教材区分为二个主层次与一个辅助层次，即基本知识技能培养层次与知识技能拓宽与提高层次，辅助层次为教学参考用书。工作的着力点放在基本知识技能培养层次教材的编写上。(3)目前，中国的经济发展存在地区间的不平衡，各高校之间的发展也不平衡，因此，教材的编写要充分考虑各校人才培养规格及教学需求多样性的要求，尽可能为各校教学的开展提供一个多层次、系统而全面的教材供给平台。(4)教材的编写在总结“八五”、“九五”工作经验的基础上，注意体现原创性内容，把握好技术发展与教学需要的关系，努力体现教育面向现代化、面向世界、面向未来的要求，着力提高学生的创新思维能力，使所编教材达到先进性与实用性兼备。(5)配合现代化教学手段的发展，积极配套相应的教学辅件，便利教学。

教材建设是教学改革的重要环节之一，全面做好教材建设工作，是提高教学质量的重要保证。本套教材是由人民交通出版社组织，由原全国高等学校路桥与交通工程教学指导委员会成员学校相互协作编写的一套具有交通出版社品牌的教材，教材力求反映交通科技发展的先进水平，力求符合高等教育的基本规律。各门教材的主编均通过自由申报与专家推荐相结合的方式确定，他们都是各校相关学科的骨干，在长期的教学与科研实践中积累了丰富的经验。由他们担纲主编，能够充分体现教材的先进性与实用性。本套教材预计在二年内完全出齐，随后，将根据情况的变化而适时更新。相信这批教材的出版，对于土木工程框架下道路工程、桥梁工程专业方向与交通工程专业教材的建设将起到有力的促进作用，同时，也使各校在教材选用方面具有更大的空间。需要指出的是，该批教材中研究生教材占有较大比例，研究生教材多具有较高的理论水平，因此，该套教材不仅对在校学生，同时对于在职学习人员及工程技术人员也具有很好的参考价值。

21世纪初叶，是我国社会经济发展的重要时期，同时也是我国公路交通从紧张和制约状况实现全面改善的关键时期，公路基础设施的建设仍是今后一项重要而艰巨的任务，希望通过各相关院校及所有参编人员的共同努力，尽快使全套21世纪交通版高等学校教材(公路类)尽早面世，为我国交通事业的发展做出贡献。

21世纪交通版

高等学校教材(公路类)编审委员会

人民交通出版社

2001年12月

前 言

随着我国经济建设的高速发展，如何合理确定工程造价和有效控制工程造价，管好用好庞大的工程建设资金，发挥最大的社会经济效益，是投资管理中的一个重要问题。决定建设项目投资成败的关键是工程造价管理的科学性和合理性。由于工程造价管理是一门综合性的学科，它以国家有关工程建设的方针、政策作为规范准则，并涉及和运用其他技术经济学科的成果，是一项政策性、技术性、经济性和实践性都很强的工作。因此，如何提高工程造价人员的素质和工程造价管理工作水平，是目前我国工程造价行业生存和发展的重要任务。

1997 年 4 月，建设部颁发了《造价工程师执业资格考试大纲》，对工程造价管理个人实行岗位准入和资格认证。1997 年 10 月在九省市进行了造价工程师执业资格考试，现已在全国铺开。建设部已将《造价工程师注册管理办法》和《工程造价咨询单位管理办法》由规范性文件上升为部令，并于 2000 年 3 月起执行。截至 2001 年 7 月 17 日，经建设部审定的第一批符合工程造价咨询的机构与政府部门实行脱钩改制的甲级工程造价咨询资质条件的咨询单位达 282 家。在市场经济体制逐步完善，投资日趋多元化的今天，我们需要更多既有过硬的工程技术水平，又有较高的经济管理能力，同时具有良好的职业道德，能为建设项目投资提供科学决策依据的造价工程师。

由于建设项目规模大，周期长，技术复杂，人财物消耗大；一旦决策失误，将造成无可挽回的巨大经济损失。多年来，我国的建设项目普遍忽视了项目建设前期阶段的重要性，造价控制的重点主要放在项目的施工阶段甚至是工程决算阶段，经常出现投资超限的现象，从而影响了建设项目的投资效益。我们必须认识到，工程造价的控制应贯穿于建设项目的全过程，控制的重点应是项目建设的前期，即项目决策和设计阶段；而一旦投资决策后，控制的重点应放在设计阶段。

长期以来，我国工程设计领域没有很好地做到技术与经济的优化结合，技术人员缺乏经济观念，设计思想保守，使设计成果的经济性得不到充分体现。因此，实际中应以提高经济效益为目的，在工程设计中将组织、技术与经济有机地结合起来，通过经济分析、技术比较及效果评价，正确处理技术先进与经济合理两者之间对立统一的关系，力求在技术先进条件下的经济合理，在经济合理基础上的技术先进。所以，工程管理人员必须更新观念，重新认识，总结出一套完整的工程造价控制与管理方法。

全书共分九章，内容包括：工程造价控制的基本原理和方法；土木工程造价控制的法律依据和制度保障；土木工程造价组成和估价方法（主要介绍了估价的依据，建设部和财政部在2003年10月15日新调整的《建筑安装工程费用项目组成》和公路工程目前的造价组成，以及公路工程和建筑工程的估价方法）；决策阶段的造价控制；设计阶段的造价控制；土木工程招投标与合同价控制；施工阶段造价控制；竣工验收阶段造价控制以及土木工程造价审计。长安大学石勇民编写第一、二、三、六、七、八章，张柳煜编写第四章，原驰编写第五章，曹杉清编写第九章。全书由石勇民统稿，重庆交通大学沈其明担任本书主审。

编写过程中，参考了国内有关教材、论著和资料，在此向有关作者表示感谢。书中有不妥之处，欢迎批评指正。

编　者

2007年8月

目　　录

第一章 概 论

第一节 概 述

一、土木工程造价的含义与特点

(一)工程造价的含义

“工程造价”一词的前身是“建筑工程概预算”和“建筑产品价格”。“建筑工程概预算”一词从我国建国以来一直沿用到改革开放前,这和我国在建国初期引进前苏联以概预算为核心的工程造价管理体制有关。

20 世纪 80 年代前期,在国内建筑经济学界使用建筑产品价格这一概念的同时,政府文件中开始出现“工程造价”一词。以后因各级行政部门的沿用,很快相继被有关学术组织、大专院校和基层单位等部门广泛使用。工程造价和建筑产品价格在同一时期共存的现象,表明人们的思维向商品经济观念的转变,但是另一方面却又为在建设事业系统内理顺商品经济关系和梳理新旧观念带来一定困难。当时,人们对这两个词的认识存在很多争议。客观地看,建筑产品价格一词其内涵和外延是清楚的。它在《中国大百科全书土木工程》建筑经济分册以及其他国内出版的《建筑经济学》、《价格学》等著作中都有较一致的界定。而工程造价一词的概念的确带有明显的不确定性。例如,提到降低和控制工程造价时,显然指投资主体降低和控制建设工程投资费用;而政府在阐明工程造价改革政策的等价交换原则时,则又在指建筑产品价格。总之,工程造价一词从开始出现到后来的约定俗成,是我国现实的经济体制下,投资实施管理和建筑业行业管理两者合一统管体制的特定环境下的产物。

为澄清人们认识上的混乱,经反复讨论,中国建设工程造价管理协会于 1996 年就界定工程造价一词含义问题取得一致意见。在中国建设工程造价管理协会为界定工程造价一词含义所作的决议中,确认工程造价具有一词两意性质,即工程造价有两种含义:一是指建设工程投资费用或称投资额,二是指工程价格或称合同价、承包价。

工程造价具有的两种含义,都离不开市场经济的大前提。现将这两种含义分析如下:

第一种含义的工程造价是指建设一项工程预期开支或实际开支的全部固定资产投资费用。显然,这一含义是从投资者——业主的角度来定义的。投资者选定一个投资项目,为了获得预期的效益,就要通过项目评估进行决策,然后进行设计招标、工程招标,直至竣工验收等一系列投资管理活动。从这个意义上说,工程造价就是工程投资费用,它包括建筑工程、安装工程、设备工器具购置费及其他相关费用。

建筑工程又常称为土建工程,是建筑业按照预定的建设目的直接完成的施工生产成果,而安装工程则是对购置的机械、设备进行定位、安装、调试的工作。设备工器具购置费包括设备购置费和工具、器具及生产家具购置费。前者是指为建设项目构造或自制的,达到固定资产标准的各种国产或进口设备、工具、器具的购置费用；后者是指为保证新建或扩建项目初期正常生产，必须购置的没有达到固定资产标准的设备、仪器、器具、生产家具和备品备件等的购置费用。其他相关费用，是指除建筑安装工程费用和设备、工具、器具购置费用以外的一些费用，是根据国家有关规定应在基本建设投资中列支，并且构成工程造价的一个组成部分。其他相关费用由工程建设其他费用和预留费组成。

第二种含义的工程造价是指工程价格。即为建成一项工程，预计或实际在土地市场、设备市场、技术劳务市场，以及承包市场等交易活动中所形成的建筑安装工程的价格或建设工程总价格。显然，工程造价的第二种含义是以社会主义商品经济和市场经济为前提的，它以工程这种特定的商品形式作为交易对象，通过招投标、承发包或其他交易方式，在进行多次性预估的基础上，最终由市场形成的承包价格。建设项目承包价格一般只包括施工单位在施工中所必须花费的建筑安装工程费用。

工程造价的两种含义是以不同角度把握同一事物的本质。从建设工程的投资者来说，面对市场经济条件下的工程造价就是项目投资，是“购买”项目要付出的价格；同时也是投资者在作为市场供给主体时“出售”项目时定价的基础。对于承包商、供应商和规划、设计等机构来说，工程造价是他们作为市场供给主体出售商品和劳务的价格的总和，或是特指范围的工程造价，如建筑安装工程造价。

工程造价的两种含义是对客观存在的概括。两者既统一，又相互区别。最主要的区别在于需求主体和供给主体在市场追求的经济利益不同，因而管理的性质和管理目标不同。从管理性质看，前者属于投资管理范畴，后者属于价格管理范畴。但二者又互相交叉。从管理目标看，作为项目投资或投资费用，投资者在进行项目决策和项目实施中，首先追求的是决策的正确性，投资是一种为实现预期收益而垫付资金的经济行为，项目决策是重要一环，项目决策中投资数额的大小、功能和价格（成本）比是投资决策的最重要的依据；其次，在项目实施中完善项目功能，提高工程质量，降低投资费用，按期或提前交付使用，是投资者始终关注的问题。因此降低工程造价是投资者始终如一的追求。作为工程价格，承包商所关注的是利润，为此，他追求的是较高的工程造价。不同的管理目标，反映他们不同的经济利益，但他们都要受支配价格运动的经济规律的影响和调节。他们之间的矛盾正是市场的竞争机制和利益风险机制的必然反映。

区别工程造价两种含义的理论意义在于，为投资者和以承包商为代表的供应商在工程建设领域的市场行为提供理论依据。当政府提出降低工程造价时，是站在投资者的角度充当着市场需求主体的角色；当承包商提出要提高工程造价、提高利润率，并获得更多的实际利润时，是要实现一个市场供给主体的管理目标。这是市场运行机制的必然，不同的利益主体不能混为一谈。同时，两种含义也是对单一计划经济理论的一个否定和反思。区别两重含义的现实意义在于，为实现不同的管理目标，不断充实工程造价的管理内容，完善管理方法，更好地为实现各自的目标服务，从而有利于推动经济的全面增长。

（二）工程造价的特点

由于工程建设的特点，工程造价具有大额性、个别性、差异性、动态性、层次性、广泛性和复杂性的特点。

1.工程造价的大额性

建筑产品不仅实物形体庞大，而且造价高昂，动辄数百万、数千万、数亿、数十亿，特大的工程项目造价可达百亿、千亿元人民币。工程造价的大额性使它关系到有关各方面的重大经济利益，同时也会对宏观经济产生重大影响。这就决定了工程造价的特殊地位，也说明了造价管理的重要性。

2. 工程造价的个别性、差异性

任何一项工程都有特定的用途、功能和规模，因而在其实物形态上表现为千姿百态、千差万别。工程项目都是固定在一定地点的，其结构、造型必须适应工程所在地的气候、地质、水文等自然客观条件，因而形成在实物形态上的千差万别。在建设这些不同的实物形态的工程时，必须采取不同的工艺、设备和建筑材料，因而所消耗的物化劳动和活劳动也必定不同，再加上不同地区的社会发展不同致使构成价格和费用的各种价值要素的差异，最终导致工程造价的个别性和差异性。

3. 工程造价的动态性

任一项工程从决策到竣工交付使用，都有一个较长的建设期间，由于不可控因素的影响，在预计工期内，许多影响工程造价的动态因素，如工程变更、设备材料价格、工资标准以及费率、利率、汇率均会发生变化，这种变化必然会影响到造价的变动。所以，工程造价在整个建设期中处于不确定状态，直至竣工决算后才能最终确定工程的实际造价。

4. 工程造价的层次性

造价的层次性取决于工程的层次性。一个建设项目往往含有多个能够独立发挥设计效能的单项工程，一个单项工程又是由能够各自发挥专业效能的多个单位工程组成，单位工程又可进一步划分为分部、分项工程。从造价的计算和工程管理的角度看，工程造价的层次性是非常突出的。

5. 工程造价构成的广泛性和复杂性

工程造价构成的广泛性和复杂性表现在，除了花费在工程构造物的费用外，还包括为获得建设工程用地支出的费用、项目可行性研究和规划设计费用、与政府一定时期政策（特别是产业政策和税收政策）相关的费用，这些费用也占有相当的份额，同时盈利的构成也较为复杂，资金成本较大。

二、土木工程造价控制阶段和主要工作内容

工程造价控制贯穿于工程项目的各个阶段。工程建设项目造价控制，就是在投资决策阶段、设计阶段、项目发包阶段、施工阶段和竣工验收阶段，把建设项目投资的发生控制在预定的投资限额以内，在项目实施的过程中随时纠正发生的偏差，以保证项目投资管理目标的实现，以求在建设项目中能合理使用人力、物力、财力，取得较好的投资效益和社会效益。

根据有关资料显示，在工程的投资决策及设计阶段，影响工程造价的可能性为35％～75％，而在工程实施阶段，影响工程造价的可能性只有5％～25％。显然，工程的投资决策及设计阶段是工程造价控制中不可忽视的关键阶段。

（一）投资决策阶段的工程造价控制

投资决策阶段各项技术经济的决策，对项目的工程造价有重大影响，特别是建设规模、建设标准水平的确定、建设地点的选择、工艺的选择、设备选用等，都直接关系到工程造价的高低。在项目建设各阶段中，投资决策阶段对工程造价的影响程度最高，因此，项目投资决策阶段的造价控制是决定工程造价的基础，它直接影响着各个建设阶段工程造价的控制是否科学合理。投资决策阶段工程造价控制的主要工作内容包括下列几个方面，现分别进行叙述。

1. 合理确定建设规模

建设项目合理规模的确定，就是要合理选择拟建项目的生产规模。每一个建设项目都存在一个合理规模的选择问题。生产规模过小，使得资源得不到有效配置，单位产品成本较高，经济效益低下；规模过大，超过了项目产品市场的需求量，则会导致开工不足，产品积压或降价销售，项目的经济效益也会低下。在确定建设规模时，可以利用经济学中的规模效益来合理确定和有效控制工程造价。规模效益一般受到技术进步、管理水平、项目技术经济环境等多种因素的制约。

2. 合理确定建设标准

建设标准是编制、评估、审批项目工程可行性研究的重要依据，是衡量工程造价是否合理及监督检查项目建设的客观尺度。建设标准的主要内容有：建设规模、占地面积、工艺装备、技术标准、配套工程等。

在确定建设标准的同时，还要考虑建设地区及建设地点（厂址）的选择、生产工艺及设备的选型问题。

3. 建立科学决策体系，合理确定投资估算

投资估算是工程项目投资管理的龙头，只有合理确定投资估算才能真正做到宏观控制，而做好投资估算的前提是项目决策的科学化和合理的投资估算指标。决策科学化的关键在于科学的决策体系（含经济评价参数体系）和决策责任制。合理的投资估算主要取决于投资估算指标，因此，建立科学的决策体系，明确决策责任制，编制高质量的估算指标，是做好投资估算的关键。

4. 客观、认真地作好项目评价

建设项目经济评价是在项目决策前的可行性研究和评估中，采用现代化经济分析方法，对拟建项目计算期（包括建设期和生产期）投入产出诸多因素进行调查、预测、研究、计算和论证，选择推荐最佳方案作为决策项目的重要依据。项目经济评价是项目可行性研究和评估的核心内容，目的在于最大限度地提高投资效益。建设项目的评价要在广泛搜集资料的基础上，进行由浅入深、由表及里的分析整理、去伪存真，使评价结果建立在真实可靠的事实基础上，同时保持客观公正，避免由于依据不足、方法不当、盲目决策造成的失误。

5. 推行和完善项目法人责任制，从源头上控制工程项目投资

项目法人责任制是国际上的通行做法，是从投资源头上有效地控制工程投资的制度。项目法人责任制是在国家政府宏观调控下，先确定法人，后进行建设，法人对建设项目筹划、筹资、人事任免、招投标、建设直至生产经营管理、债务偿还以及资产保值增值实行全过程、全方位的负责制，按国家规定法人享有充分的自主权，并对法人进行严格管理和奖惩的制度。显然，实行项目法人责任制有利于建立投资主体自我决策、自我约束、自担风险、自求发展的运行机制。由于法人对建设项目从决策到生产经营管理全过程承担了法律责任和风险，真正做到谁决策，谁负责，使工程项目投资从源头上得到控制。

（二）设计阶段的工程造价控制

设计阶段是工程建设的重要环节，它决定整个工程建设项目的建筑方案和结构方案。设计方案优化与否，直接影响着工程建设的综合效益。设计阶段的工程造价控制可以从以下几个方面进行。

1. 实行工程造价和设计方案相结合的设计招标方法

实行工程设计招投标，将会促使设计人员增强风险意识，提高设计水平和质量，从而达到优化设计的目的。同时设计招标有利于控制项目建设投资，中标项目一般所做出的投资估算

能控制或接近在招标文件规定的投资范围内，并可以让建设单位择优选用设计方案优秀、工程造价低的设计单位进行设计，为投资控制奠定坚实的基础。

2.优化设计方案

设计过程是具体实现技术与经济对立统一的过程，因此，在总平面图设计，建筑空间和平面设计，建筑结构和建筑材料的选择，工艺技术方案以及设备的造型与设计等主要过程中，应坚持技术先进，稳妥可靠、经济合理的设计原则。在初步设计阶段，要严格按照可行性研究报告及投资估算，认真做好多方案的技术经济比较；在技术设计和施工图设计阶段，要严格按照批准的初步设计内容、范围和概算造价，认真地做好技术经济分析和评价，优选出最佳方案。优化设计不仅可选择最佳方案，获得满意的设计产品，提高设计质量，而且能有效实现对投资限额的控制。

3.推行限额设计

所谓限额设计就是按照批准的可行性研究报告及投资估算控制初步设计，按照批准的初步设计概算控制技术设计和施工图设计，同时，各专业在保证达到使用功能的前提下，按分配的投资限额控制设计，严格控制不合理变更，保证总投资额不被突破。

投资分解和工程量控制是实行限额设计的有效途径和主要方法。首先，限额设计是将上阶段设计审定的投资额和工程量先分解到各专业，然后，再分解到各单位工程和各分部工程而得到的。限额设计体现了设计标准、规模、原则的合理确定，以及有关概预算基础资料的合理取定，通过层层限额设计，实现对投资限额的控制与管理；同时，也实现了对设计规范、设计标准、工程数量与概预算指标等各方面的控制。

4.推广标准化设计

标准化设计是指按照国家或省、市、自治区批准的建筑、结构和构件等整套标准技术文件、图纸进行的设计。采用标准化设计可提高设计速度，节省设计费用，提高劳动生产率，同时在生产中可以节约建筑材料，降低工程成本。例如，标准构配件在生产时，可统一安排，统一配料，集中制作，既降低了工程成本，又保证了工程质量。

5.推广实行设计阶段监理

现阶段，我国工程建设监理工作的中心是在施工阶段，这对于整个工程质量的控制来说是远远不够的。设计是施工的灵魂，是施工的依据。保证施工质量的一个重要前提就是确保设计质量。但现实中由于设计深度不够，造成工程变更的现象屡见不鲜。因此，设计质量对投资控制的影响是不可低估的。设计监理在我国作为新生事物还尚未普及，但随着时间的推移，设计监理越来越显示出其在控制项目投资、保证工程质量等方面的重要性。

（三）施工阶段的工程造价控制

工程建设项目施工阶段，是按照设计文件、图纸具体组织施工建造的阶段，即把设计图纸付诸实现的过程。施工阶段工程投资控制的目标，就是把工程项目投资控制在承包合同价内，并力求在规定的工期内生产出质量好、造价低的建设（或建筑）产品。施工阶段工程造价控制的主要工作内容包括以下几方面，现分述如下。

1.编制资金使用计划

造价控制的目的是为了确保投资目标的实现。因此，工程开始施工前，必须编制资金使用计划，分解造价（投资）控制目标值，在施工过程中，不断地将造价（投资）实际支出值与目标值进行比较，分析偏差，同时制订纠偏的措施，尽可能地避免目标值的偏离或减少偏离。在确定造价（投资）控制目标时，应有科学的依据。如果投资目标值与人工单价、材料预算价格、设备价格及各项有关费用和各种收费标准不相适应，那么造价（投资）控制目标便没有实现的可能，则控制也是徒劳的。

2.控制工程计量和合同价款的结算

工程计量不仅是控制项目投资费用支出的关键环节，同时也是约束承包商履行合同义务、强化承包商合同意识的手段。合同条款中一般都规定，业主对承包商的付款，是以监理工程师批准的付款证书为凭据的，监理工程师对计量支付有充分的批准权和否决权。对于不合格的工作和工程，监理工程师可以拒绝计量；同时，监理工程师通过按时计量，可以及时掌握承包商工作的进展情况和工程进度。当监理工程师发现工程进度严重偏离计划目标时，可要求承包商及时分析原因、采取措施、加快进度。因此，在施工过程中，监理工程师可以通过计量支付手段，控制工程造价。

3.控制工程变更

在工程项目的实施过程中，由于多方面的原因，经常会出现设计图纸变更、增加或减少工程数量、改变规定的施工顺序或时间安排等许多工程变更。由于工程变更所导致的承包商索赔，都有可能使工程造价（投资）超出原来的预算投资，因此，在施工中应严格控制工程变更的内容、范围、程序和工程变更的单价，密切注意其对未完工程投资支出的影响及对工期的影响，将其控制在合理的范围内。

4.合理处理索赔

索赔是工程承包中经常发生并随处可见的正常现象。由于施工现场条件、气候条件的变化，施工进度的变化以及合同条款、规范、标准文件和施工图纸的变更、差异、延误等因素的影响，使得工程承包中不可避免地出现索赔，进而导致项目的投资发生变化。索赔的控制将是建设工程施工阶段投资控制的重要手段。

由于索赔工作实质上是承包商和业主在分担工程风险方面的重新分配过程，涉及到双方的众多经济利益，因而是一项繁琐、细致、耗费精力和时间的过程。因此，合同双方必须严格按照合同规定办事，合理、妥善地处理索赔。

（四）竣工阶段的工程造价控制

竣工阶段是建设项目建设全过程的最后一个阶段，是全面考核建设工作，检查设计、施工质量是否符合要求，审查投资使用是否合理，进行工程造价最终控制的一个重要环节。竣工阶段进行工程造价控制的主要工作内容包括：按照批准的设计文件所规定的设计内容和验收标准进行竣工验收；在单位工程或单项工程完工后，经业主及工程质量监督部门验收合格，交付使用前由施工单位根据合同价格和实际发生的增加或减少费用的变化等情况编制竣工结算，作为结算工程价款依据；对所有建设项目的财产和物质进行认真清理，按照有关规定核定工程造价，确认新增固定资产价值，并办理固定资产移交手续。

第二节　工程造价控制的法律依据

一、工程造价控制的法律法规体系

（一）建设法规的层次

1.宪法

宪法是国家的根本大法，具有最高的法律效力，任何其他法律、法规都必须符合宪法的规定，而不得与之相抵触。宪法是建设业的立法依据，同时又明确规定国家基本建设方针和原则，直接规范与调整建设业的活动。

2. 法律

作为建设法表现形式的法律，是指行使国家立法权的全国人民代表大会及其常务委员会制定的规范性文件，如《中华人民共和国建筑法》、《中华人民共和国招标投标法》等。其效力仅次于宪法，在全国范围内具有普遍的约束力。

3. 行政法规

行政法规指国务院以及建设部制定颁布，或建设部与其他部、委联合颁布的规范性文件，其效力低于宪法和法律，在全国范围内有效。行政法规的名称可谓“条例”、“办法”、“行政措施”、“决定”、“命令”、“指示”、“规章”等。

4. 地方性法规与规章

地方性法规是指地方人大常委会制定的规范性文件，地方规章是指地方政府制定颁布的规范性文件。地方性法规与规章的效力低于宪法、法律和行政法规，只能在本区域有效。近年来各省、市、自治区依据宪法、法律、行政法规的规定与授权，结合本地区实际情况制定颁布了大量地方性建设法规与规章，推动和促进了本地区建设业的发展，同时也为国家建设立法提供了成功的经验。

5. 技术法规

技术法规是国家制定或认可，在全国范围内有效的规程、规范、标准、定额、方法等技术文件，如预算定额、设计规范、施工规范、验收规范等。它是建设业工程技术人员从事经济技术作业，建设管理监测的依据。

（二）建设法规构成

1. 建设行政法律

建设行政法律是指国家制定或认可，体现人民意志，由国家强制力保证实施的并由国家建设管理机关从宏观上、全局上管理建设业的法律规范。它在建设法规中居主要地位。

（1）计划法

计划法是指体现国家计划内容，保障计划各项任务和总量指标实现的各有关法律，如宏观调控法。计划法主要通过规定指令性计划制度和指导性计划制度，使市场经济建设有序地发展。从我国建国以来几次建设项目规格膨胀的原因来看，很大程度上是没有很好实施国家计划，造成盲目建设、重复建设，超过了国力所能承担的限度，没能取得很好的投资效果，给国家财产造成了巨大的浪费。为此国家加强了建设项目的计划管理，明确规定没有国家批准的固定资产建设项目投资计划不准设计及施工。目前颁布的大量建设法规中都相应体现着国家计划的要求。

（2）税法

税法主要规定税种和税率。它稳定国家与企业间的分配关系，调节社会供应总量和需求总量、积累和消费关系，促进或限制一定产业的发展。贯彻国家税法是建设法的重要内容之一。建国以来国家颁布直接调整建设业的税收法律规范有房产税、建筑税、土地使用税、固定资产投资方向调节税等，此外现行的税收几乎都与建设业相关。这些税收法律的实施，对保证国家财政收入稳定增长，促进国家各项建设事业的发展是非常重要的。

（3）建筑法

建筑法通过对建筑市场主体的资质管理、经营管理、工程承包管理和建筑市场管理等规定，以建筑市场、安全、质量构成建筑法的基本内容，以建筑工程质量和安全为重点，加强对建筑活动的监督管理为主线，设置法律条文，维护建筑市场秩序，促进建筑业健康发展。

(4)招标投标法

招标投标法是国家用来规范招标投标活动，调整在招标投标过程中产生的各种关系的法律规范。其目的是规范招标投标活动，提高经济效益，保证项目质量，保护国家利益、社会公共利益和招标投标活动当事人的合法权益。

(5)工程设计法

工程设计法通过对工程设计单位的资质管理、设计管理、技术管理，以及制定设计文件的审批等管理的规定，促进工程设计水平的进一步提高，保证设计质量，实现社会主义现代化建设的需要。

(6)限制垄断、制止不正当竞争法

限制垄断、制止不正当竞争法通过对保护合法竞争，防止垄断，反对以假冒、欺骗等不正当手段进行竞争、牟取暴利的规定，维护建筑市场的秩序，增强建设业的活力，促进社会主义建设事业的发展。

(7)各行各业监督管理法

各行各业监督管理法，通过对市场、物价、金融、保险、审计、会计、运输、能源、物资、外汇、进出口、环境保护、工商会计、土地利用等各行各业与建设业相关的行政管理的规定，推动、促进、保护社会主义建设业的健康发展。

以上的建设行政法律，是从国家加强建设业宏观管理的客观条件出发，规定对促进建设业发展的鼓励和限制措施，维护宏观整体利益，克服阻碍建设业发展的消极因素，制裁建设业行政违法行为，保证社会主义建设业健康发展。

2. 建设民事法律

建设民事法律是国家制定或认可的，体现人民意志的，为国家强制力保证其实施的调整平等主体的公民之间、法人之间、公民与法人之间的建设关系的行为准则。

(1)民法通则总则

民法通则总则规定法人制度、自然人制度、法律行为制度、代理制度、时效制度，解决建设业法律关系的主体问题、法律行为有效性问题、代他人为法律行为问题和迅速及时问题，维护建设活动参与者的合法权益。

(2)物权法

物权法规定所有权制度、经营权制度、使用权制度、采矿权制度、抵押权制度，使建设业经营活动建立在可靠的物权基础上。

(3)建设合同法

建设合同法规定各类建设公司订立的双方权利义务、违约责任等，解决工程设计、建设施工与安装、房地产开发、土地使用等流转过程中的债权债务问题。

(4)建设企业法

建设企业法规定各类建设企业的设立、变更、终止的条件，企业的权利与义务，为建设业的现代化经济管理提供充分方便和有效监督，增强建设企业的活力，促进建设产业的发展。

3. 建设技术法规

建设技术法规是建设法常用的标准表达形式。它以建筑科学、技术和实践经验的综合成果为基础，经有关方面专家、学者、工程技术人员综合评价和科学论证而制定，由国务院及有关部委批准颁发，作为全国建设业共同遵守的准则和依据。

二、相关法律、法规在工程造价控制中的保障作用

(一)建筑法

建筑法对施工许可、建筑业企业资质等级、建筑业从业人员执业资格、建设监理等方面做出了一系列的规定。这些规定目前已经形成工程建设中的相应制度，它们是工程造价控制的基本保障。

1.施工许可制度

建筑工程施工许可制度是建设行政主管部门根据建设单位的申请，依法对建筑工程是否具备施工条件进行审查，对符合条件者，准许该建筑工程开始施工并颁发建筑许可证的一种制度。

《中华人民共和国建筑法》(以下简称《建筑法》)第七条规定："建筑工程开工前，建设单位应当按照国家有关规定向工程所在地县级以上人民政府建设行政主管部门申请领取施工许可证。"(限额以下的小型工程除外)。

根据《建筑法》的规定，建设部于1999年10月15日颁布了《建筑工程施工许可管理办法》(2001年7月4日修订)，明确规定必须具备下述条件，才可以领取施工许可证：

(1)已经办理了建筑工程用地批准手续。

(2)在城市规划区的建筑工程，已经取得建设工程规划许可证。

(3)施工现场已经具备基本施工条件，需要拆迁的，其拆迁进度符合施工要求。

(4)已经确定施工企业。但按照规定应该招标的工程没有招标，应该公开招标的工程没有公开招标，或者肢解发包工程，以及将工程发包给不具备相应资质条件的，所确定的施工企业无效。

(5)已经具有满足施工需要的施工图纸和技术资料，施工图设计文件已经按照规定通过了审查。

(6)有保证工程质量和安全的具体措施。施工企业编制的施工组织设计中有根据建筑工程特点制订的相应质量、安全技术措施，专业性较强的工程项目编制的专项质量、安全施工组织设计，并按照规定办理了工程质量、安全监督手续。

(7)按照规定应该委托监理的工程已委托监理。

(8)建设资金已经落实。建设工期不足1年的，到位资金原则上不得少于工程合同价的50%，建设工期超过1年的，到位资金原则上不得少于工程合同价的30%，建设单位应当提供银行出具的到位资金证明，有条件的可以实行银行付款保函或者其他第三方担保。

(9)法律法规规定的其他条件。

交通部在《公路建设市场管理办法》(交通部令[2004]年第14号)第二十四条～二十七条中也明确规定：公路建设项目依法实行施工许可制度。国家和国务院交通主管部门确定的重点公路建设项目的施工许可由国务院交通主管部门实施，其他公路建设项目的施工许可按照项目管理权限由县级以上地方人民政府交通主管部门实施。

项目施工应当具备以下条件：

(1)项目已列入公路建设年度计划；

(2)施工图设计文件已经完成并经审批同意；

(3)建设资金已经落实，并经交通主管部门审计；

(4)征地手续已办理,拆迁基本完成;

(5)施工、监理单位已依法确定;

(6)已办理质量监督手续,已落实保证质量和安全的措施。

项目法人在申请施工许可时应当向相关的交通主管部门提交以下材料:

(1)施工图设计文件批复;

(2)交通主管部门对建设资金落实情况的审计意见;

(3)国土资源部门关于征地的批复或者控制性用地的批复;

(4)建设项目各合同段的施工单位和监理单位名单、合同价情况;

(5)应当报备的资格预审报告、招标文件和评标报告;

(6)已办理的质量监督手续材料;

(7)保证工程质量和安全措施的材料。

交通主管部门应当自收到完整齐备的申请材料之日起20日内做出行政许可决定。予以许可的,应当将许可决定及时通知申请人;不予许可的,应当书面通知申请人并说明理由。

2. 建筑企业资质等级制度

《建筑法》第十二条规定:从事建筑活动的建筑施工企业、勘察单位、设计单位和工程监理单位,应当具备下列条件:

(一)有符合国家规定的注册资本;

(二)有与其从事的建筑活动相适应的具有法定执业资格的专业技术人员;

(三)有从事相关建筑活动所应有的技术装备;

(四)法律、行政法规规定的其他条件。

从事建筑活动的建筑施工企业、勘察单位、设计单位和工程监理单位,按照其拥有的注册资本、专业技术人员、技术装备和已完成的建筑工程业绩等资质条件,划分为不同的资质等级,经资质审查合格,取得相应等级的资质证书后,方可在其资质等级许可的范围内从事建筑活动。

2001年4月18日,建设部以第87号部令颁布的《建筑业企业资质管理规定》(建[2001]87号)、建设部颁布的《建筑业企业资质等级标准》(建[2001]82号)和《建筑业企业资质管理规定实施意见》(建[2001]24号),对施工企业的资质等级、资质标准、申请与审批、业务范围等作出了进一步的明确规定。

3. 建筑业从业人员的执业资格制度

《建筑法》第十四条规定:从事建筑活动的专业技术人员,应当依法取得相应的执业资格证书,并在执业资格证书许可的范围内从事建筑活动。

执业资格制度是指对具备一定专业学历、资历的从事建筑活动的专业技术人员,通过考试和注册确定其执业的技术资格,获得相应建筑工程文件签字权的一种制度。从事建筑活动的专业技术人员,应当依法取得相应的执业资格证书,并在执业资格证书许可的范围内从事建筑活动。目前,我国对从事建筑活动的专业技术人员已经建立了注册建筑师、注册监理工程师、注册结构工程师、注册城市规划师、注册造价工程师和注册建造师等执业资格制度。

4. 建设工程监理制度

《建筑法》第三十条规定:"国家推行建筑工程监理制度。国务院可以规定实行强制监理的建筑工程的范围"。

《建筑法》中关于建设工程监理的法律规定有:

(1)实行监理的建筑工程前,建设单位应当委托具有相应资质条件的工程监理单位监理。建设单位与其委托的工程监理单位应当订立书面委托监理合同。

(2)实施建筑工程监理前,建设单位应当将委托的工程监理单位、监理的内容及监理权限,书面通知被监理的建筑施工企业。

(3)建筑工程监理,应当依照法律、行政法规及有关的技术标准、设计文件和建筑工程承包合同,对承包单位在施工质量、建设工期和建设资金使用等方面,代表建设单位实施监督;工程监理人员认为工程施工不符合工程设计要求、施工技术标准和合同约定的,有权要求建筑施工企业改正;工程监理人员发现工程设计不符合建筑工程质量标准或者合同约定的质量要求的,应当报告建设单位要求设计单位改正。

(4)建设工程监理单位,应当在其资质等级许可的监理范围内,承担工程监理业务;建设工程监理单位应当根据建设单位的委托,客观、公正地执行监理任务;建设工程监理单位与被监理工程的承包单位以及建筑材料、建筑构配件和设备供应单位不得有隶属关系或者其他利害关系;工程监理单位不得转让工程监理业务。

(5)建设工程监理单位,不按照委托监理合同的约定履行监理义务,对应当监督检查的项目不检查或者不按照规定检查,给建设单位造成损失的,应当承担相应的赔偿责任。工程监理单位与承包单位串通,为承包单位谋取非法利益,给建设单位造成损失的,应当与承包单位承担连带赔偿责任。

5.建筑工程承发包的有关规定

建筑法对建筑工程承包发包活动的规定,包括建筑工程承包合同、发包承包活动的基本原则、建筑工程造价等规定。

(1)建筑工程的发包单位与承包单位应当依法订立书面合同,明确双方的权利和义务。

(2)发包单位和承包单位应当全面履行合同约定的义务。不按照合同约定履行义务的,依法承担违约责任。建筑工程发包与承包的招标投标活动,应当遵循公开、公正、平等竞争的原则,择优选择承包单位。建筑工程的招标投标,没有规定的,适用有关招标投标法律的规定。

(3)发包单位及其工作人员在建筑工程发包中不得收受贿赂、回扣或者索取其他好处。承包单位及其工作人员不得利用向发包单位及其工作人员行贿、提供回扣或者给予其他好处等不正当手段承揽工程。

(4)建筑工程造价应当按照国家有关规定,由发包单位与承包单位在合同中约定。公开招标发包的,其造价的约定须遵守招标投标法律的规定。发包单位应当按照合同的约定,及时拨付工程款项。

国家提倡对建筑工程实行总承包,禁止将建筑工程肢解发包。建筑工程的发包单位可以将建筑工程的勘察、设计、施工、设备采购一并发包给一个工程总承包单位,也可以将建筑工程勘察、设计、施工、设备采购的一项或者多项发包给一个工程总承包单位;但是,不得将应当由一个承包单位完成的建筑工程肢解成若干部分发包给几个承包单位。

(5)禁止总承包单位将工程分包给不具备相应资质条件的单位。

《建筑法》第二十六条规定:“承包建筑工程的单位应当持有依法取得的资质证书,并在其资质等级许可的业务范围内承包工程”。同时还规定:“禁止建筑施工企业超越本企业资质等级许可的业务范围或者以任何形式用其他建筑施工企业的名义承揽工程”。“禁止建筑施工企业以任何形式允许其他单位或者个人使用本企业的资质证书、营业执照,以本企业的名义承揽工程”。这些规定都是强制性规定,建筑施工企业必须遵守,否则应承担法律责任。

(6)承包单位及其工作人员不得利用向发包单位及其工作人员行贿、提供回扣或者给予其他好处等不正当手段承揽工程。

(7)禁止分包单位将其承包的工程再分包。

(8)禁止将建筑工程转包。

转包的形式有两种:一种是承包单位将其承包的全部建筑工程转包给他人;另一种是承包单位将其承包的全部工程肢解以后以分包的名义转包给他人即变相的转包。转包工程容易使建设单位失去对其承包商的控制和监督,造成投机行为,引起建筑工程质量与安全事故等,是一种违反双方合同的行为,也是《建筑法》明确禁止的。

(9)分包的有关规定

《建筑法》允许分包,但必须依法按照以下规定进行,违反者也应承担法律责任:

①建筑工程总承包单位可以将承包工程中的部分工程发包给具有相应资质的分包单位。其中部分工程应当是法律允许的,不能将主体工程分包出去。禁止总承包单位将工程分包给不具备相应资质条件的单位。

②除总承包合同中约定的分包外,必须经建设单位认可。也就是说,总承包合同没有约定的,总承包单位如果要进行分包必须同建设单位协商,征得建设单位同意。

③施工总承包的建筑工程主体结构的施工必须由总承包单位自行完成。

④分包量不得超过总承包合同量的30%。

⑤分包单位不得将其承包的工程再分包。

⑥分包单位和总承包单位就分包工程对建设单位承担连带责任。

同时规定:建筑工程总承包单位按照总承包合同的约定对建设单位负责;总承包单位和分包单位就分包工程对建设单位承担连带责任。

(二)招标投标法

《中华人民共和国招标投标法》(以下简称《招标投标法》)规定了招标投标活动必须遵循的基本法律制度,主要包括强制招标制度、禁止行业垄断、地方保护制度、依法监管制度等。这些制度对于消除地方保护、部门垄断等分割市场的行为,减少交易成本,提高市场效率,降低工程造价,在全国范围内建立一个统一、开放、竞争、有序的社会主义大市场具有重要的意义。

1.强制招标制度

明确哪些项目必须进行招标,是推行招标投标制度的基础。《招标投标法》第三条规定:在中华人民共和国境内进行下列工程建设项目,包括项目的勘察、设计、施工、监理以及与工程建设有关的重要设备、材料等的采购,必须进行招标:

(1)大型基础设施、公用事业等关系社会公共利益、公众安全的项目;

(2)全部或者部分使用国有资金投资或者国家融资的项目;

(3)使用国际组织或者外国政府贷款、援助资金的项目。

2.禁止行业垄断和地方保护制度

鉴于我国在推行招标投标制度过程中,一些地方和部门自定章法,各行其是,在一定程度上助长了地方保护主义和部门保护主义。有的地方和部门甚至只许本地方、本系统的单位参加投标,限制公平竞争。《招标投标法》第六条明确规定:"依法必须进行招标的项目,其招标投标活动不受地区或者部门的限制。任何单位和个人不得以任何方式限制或者排斥本地区、本系统以外的法人或者其他组织参加投标,不得以任何方式非法干预招标投标活动"。

3.依法监管制度

为了保证招标投标活动依法进行，需要行政机关对其实施有效监督，并对违法行为依法查处。为此，《招标投标法》第七条明确规定：有关行政监督部门需依法对招标投标活动实施监督，依法查处招标投标活动中的违法行为，这为行政管理部门监管招标投标活动提供了有力的法律依据。根据招标投标法的规定，有关行政部门主要在对招标投标活动中的下列事项依法进行监督管理：

(1)对依法必须招标的工程建设项目是否进行招标进行监督；

(2)对法定招标项目是否依靠法定的程序、规则进行招标投标进行监督；

(3)依法查处招标投标活动中的违法行为。

按照《招标投标法》的规定，对于强制招标的项目必须经有关部门审核批准后，并且建设资金已经落实后，才能招标。对于不属强制招标的范围，但是法律、法规、规章明确应当审批的项目，也必须履行审批手续。工程项目招标应当具备下列条件：

(1)概预算已经批准；

(2)建设项目已经列入国家、部门或地方的年度固定资产投资计划；

(3)建设用地征用工作已经完成；

(4)有能够满足施工需要的施工图纸及设计文件；

(5)建设资金和主要建筑材料、设备的来源已经落实；

(6)建设项目已经经所在地规划部门批准，施工现场的“三通一平”已经完成或一并列入施工招标范围。

《招标投标法》规定：设有标底的项目，招标人应当编制标底。标底是我国工程招标中的一个特有概念，标底既是招标人对该工程的预期价格，也是评标的依据。标底是依据国家统一的工程量计算规则、预算定额和计价办法计算出来的工程造价，是招标人对建设工程预算的期望值。

标底在开标前是保密的，任何人不得泄露标底。

关于中标人的选取，《招标投标法》也明确规定：中标人的投标应当符合下列条件之一：

(1)能够最大限度地满足招标文件中规定的各项综合评价标准；

(2)能够满足招标文件的实质性要求，并且经评审的投标价格最低；但是投标价格低于成本的除外。

如果评标委员会经评审，认为所有投标都不符合招标文件要求的，可以否决所有投标。依法必须进行招标的项目的所有投标被否决的，招标人应当依法重新招标。

(三)建设技术法规

建设技术法规是国家制定或认可的，由国家强制力保证其实施的工程建设勘察、规划、建设、施工、安装、检测、验收等技术规程、规则、规范、条例、办法、定额、指标等规范性文件。贯彻执行建设技术法规，对于统一建设技术经济要求，组织现代化工程建设，提高建筑业科学水平，保证工程质量，控制工程造价，起到不可估量的作用。

建设技术法规可分为国家、专业(部)、地方和企业四级。下级的规范、标准不得与上级的规范标准相抵触。

国家建设技术法规具有法律性、权威性、强制性。参加建筑设计、结构设计、工程施工、设备安装、定额概预算、建筑材料检测、施工验收等人员必须贯彻执行。

建设技术法规包括：设计规范、施工规范、验收规范、建设定额、工程建设标准以及建筑材料检测标准等，现分述如下：

（1）设计规范是指从事工程设计所依据的技术文件。设计规范一般可分为：建筑设计规范，包括建筑设计、建筑物理、建筑暖通与空调等方面的技术标准与规程；结构设计规范，包括建筑结构、工程抗震、勘察及地基与基础等方面的技术标准和规程；功能设计规范，如防火设计规范包括建筑物的耐火性能、建筑物防火防爆措施、消防给水与排水、通风与采暖、疏散通道等技术标准和规程。

（2）施工规范是指施工操作程序及其技术要求的标准。施工规范一般分为建筑工程施工规范和安装工程施工规范两大类。

（3）验收规范是指检验、接收竣工工程项目的规程、办法与标准。

（4）建设定额是指国家规定的消耗在单位建筑产品上劳动的数量标准，以及用货币表现的某些必要费用的额度。

（5）工程建设标准是指建设工程设计、施工方法和安全保护的统一的技术要求及有关工程建设的技术术语、符号、代号、制图方法的一般原则。

（6）建材检测标准是指某种建筑材料对基准试验方法、采用仪器设备、试验条件、操作步骤以及试验结果计算方法等作统一规定的标准。

建设技术法规是建筑业发展的可靠的技术保证规范。在建筑业活动中，设计、施工、验收的标准、质量如何，直接关系人民生命财产的安全和国家的发展。建设技术法规作为直接规范人们工程技术活动的依据显得尤为重要。建设技术法规是从事建筑业活动的基础法律。

第三节　工程造价管理机构和制度

一、工程造价管理机构

为了实现工程造价管理目标，进行有效的组织活动，我国目前设置了多部门、多层次的工程造价管理机构（如图 1-1），规定了各自的管理权限和职责范围。

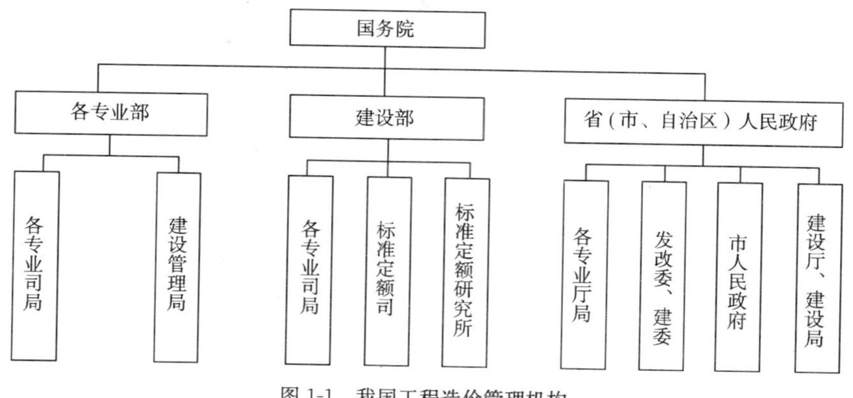

图 1-1　我国工程造价管理机构

（一）建设部标准定额司

我国目前工程造价管理的归口领导机构是国家建设部标准定额司，标准定额司在工程造价管理工作方面承担的主要职责有：组织制定工程造价管理有关法规、制度并组织贯彻实施；组织制定全国统一经济定额和部管行业经济定额的制定、修订计划；组织制定全国统一经济定额和部管行业经济定额；监督指导全国统一经济定额和部管行业经济定额；制定工程造价咨询单位的资质标准并监督执行，提出工程造价专业技术人员执业资格标准；管理全国工程造价咨询单位资质工作，负责全国甲级工程造价咨询单位的资质审定。

（二）部门工程造价管理机构

1. 工业部的工程造价管理机构

各工业部一般在相关部门中设立处级的标准定额处，也有的成立各专业定额站，一般设在规划设计院中，行使部分行政管理职能，是事业单位；有的部专业较多，又专门成立定额分站设在各专业设计院中，如交通部公路工程定额站设在交通部公路规划设计院，交通部水运工程定额站则设在第一航务工程设计院中。各工业部标准定额站的职能主要是制订、修编各类工程建设定额，解释定额的使用；有的定额站还担负本部门大型建设项目的概算审批、概算调整等职能。20 世纪 90 年代我国确立社会主义市场经济体制后，部分工业部的定额站转变了部分职能，把编制工程概算、结算与其他工程造价咨询也纳入了本站的工作范围。

综上所述，各工业部定额管理部门主要负责本系统的工程造价管理工作。1998 年国务院机构改革后，弱化了本系统的工程造价管理职能，将大部分工业部改为隶属于国家经贸委的“工业局”，并提倡抓大放小，将大部分原工业部直属企业下放到地方或成为“无主管企业”，强调地方统筹。这样一来就大大弱化了本系统工程造价管理部门的职能。

2. 计划、财政部门的工程造价管理机构

我国各级计划部门同样也参与工程造价的管理。自 1977 年国家恢复重建造价管理机构后，其一直是以国家计委为核心建立的。1983 年国家计委成立了基本建设标准定额研究所和基本建设标准定额局，加强对这项工作的组织领导。这项管理工作至 1988 年才划归建设部，成立标准定额司。国家计委更名为国家发展和改革委员会后，内设固定资产投资司，负责组织核定和调整国家财政性投资项目和重大项目的概算，其主要职责之一是委托咨询评估评审机构对国家财政性投资项目和重大项目进行评估、评审。

各地的计划部门一般也依法在各自的职责范围内对建设工程造价进行管理。我国实行计划经济后以及转入市场经济初期，财政部门对国有投资（包括集体所有制企业投资）的控制与工程造价管理工作都委托中国建设银行的前身——中国人民建设银行执行，即赋予建设银行部分财政职能，当时建设银行与计委投资管理部门、建委造价部门一起享有工程计价依据——定额的发布和编审权，并且有权监督批准工程概算内的每一笔开支以及结算。1996 年中国建设银行正式更名并成为商业银行后，其部分财政职能被财政部收回，从而形成对工程结算审核、工程款支付审核的空白。这个空白部分被一些省级与地市级工程造价管理部门所填补，但大部分省市却有一至两年的空白，从而形成了结算与支付的混乱，有些地方甚至形成了“重点工程重点浪费”和“重点工程重点犯罪”的现象。为了扭转这一局面，财政部于 1998 年起开始介入财政投资项目的工程造价管理，财政部设立基建司，各地财政厅（局）设立基建处，专门管理各级财政性投资项目，重点在工程造价管理。最近财政部把基建司改为经济建设司，意在进一步强化对政府投资项目的工程造价管理。为了解决专业人才不足的矛盾，财政部招募人才设立了投资评审中心，各地纷纷仿效。同时，财政部还同意会计师事务所从事基本建设工程预算、结算、决算审核。

（三）省、直辖市、自治区工程造价管理部门

省一级政府内建设行政主管部门为建设厅，市一级为建设委员会。建设厅在工程造价管理方面的主要职责为：组织制定工程建设实施阶段的省级标准；组织制定和发布全省统一定额

和厅管行业的标准定额；组织制定建设项目可行性研究经济评价方法、经济参数、建设标准、投资估算、建设工期定额、建设用地指标和工程造价管理制度，与省发展计划委员会联合发布；监督指导各类工程建设标准定额的实施。

省一级设有工程造价管理总站，地、市一级设有工程造价管理站，有的建设任务较多的县、区也设有工程造价管理站。这三级工程造价管理部门互不隶属，上一级站一般只对下一级站有业务指导关系，而无行政、人事隶属关系。

地方工程造价管理部门除了对计价依据——定额、取费标准、计价制度等有直接管理权（如修编、解释定额等）外，有相当部分省级造价站还有价格管理权，如审核招标工程的标底、审核国家投资工程的结算、价格与合同纠纷的仲裁等等。

地方工程造价管理部门的行政权力大部分来自地方建设厅（建设委员会）的授权，有相当一部分地方已经通过地方立法保证工程造价管理部门在工程价格管理方面的权威。如厦门市专门由特区人大常委会发布市长令签署的《厦门市工程造价管理条例》，广东省、四川省、河南省等均有相关条例，成为地方法规授权的法定工程造价管理机构。

地方工程造价管理部门的经费来源主要为两种行政收费，第一是工程定额编制管理费，第二是劳动定额测定费。这两种收费保障了工程造价管理部门的工作职能，并大大加强了工程造价管理部门的地位。

随着我国经济体制改革的不断深入和我国市场经济的不断发育，地方各级工程造价管理部门的职权范围已越来越大，并将作为主要的工程造价管理部门而存在。

（四）其他介入工程造价管理的单位

其他介入工程造价管理的部门或单位，还有审计部门、物价部门、工商部门、监察部门、检查部门等。这些部门分别从不同的角度参与工程造价的管理，例如，审计部门着眼于经济效果审计和投资控制；物价部门着眼于工程价格的确定；工商部门着眼于业主与承包商资格的合法性；监察部门、检查部门主要是防止工程招投标中出现徇私舞弊、违法乱纪、破坏投标中公平、公正、公开原则的发生。

近几年我国工程造价咨询行业得到了迅速发展，取得工程造价咨询单位资质证书，具有独立法人资格的社会造价咨询单位越来越多，在建筑市场和造价控制方面起到了重要的作用。

此外，施工企业作为政府工程造价管理的客体，是与业主利益尖锐冲突的，它有使投资无限扩大的愿望，是实施投资控制的矛盾对立方，也应包括在现行工程造价管理机构中。

二、工程造价管理制度

自1978年以来，为了规范我国工程造价管理，国家出台了一系列的制度和规定，分列如下：

1980年国家计委、建委下发了《关于扩大国营企业经营管理自主权有关问题暂行规定》，恢复了法定利润按工程成本的2.5%计取，同时国营施工企业按承包工程预算成本提取3%的技术装备费，从而启动了建筑产品商品化的进程，使工程价格具有了体现价值的价格雏形。

1983年8月成立基本建设标准定额局，负责组织制定工程建设概预算定额、费用标准及工作制度。

1984年《建设工程招标投标暂行规定》出台，在建筑市场上引入了竞争机制，从而结束了工程价格由政府定价的历史。

1986年国家计委在《关于建筑安装工程间接费定额制定修订工作的几点意见》中提出“间

接费定额的水平按社会必要劳动量确定"，从而反映了定额编制工作由"平均先进"改为以价值量为编制原则的政策导向。

1988年概预算定额统一划归建设部，成立标准定额司，各省市、各部委建立了定额管理站，全国颁布一系列推动概预算管理和定额管理发展的文件，并颁布了几十项预算定额、概算定额、估算指标。

1990年成立了中国建设工程造价管理协会，从而为工程造价管理改革以及对推动建筑业改革起到了促进作用。

在体制改革与机构职能转换，以及人员培养方面也发生了重大突破。省市原定额站改为工程造价管理机构，成立了独立的中介机构，从政府行为转换为市场行为。对工程造价管理个人和单位实行岗位准入和资格认证。

1996年国家计委发布了《关于实行建设项目法人责任制的暂行规定》，在其规定中指出：为了建立投资责任约束机制，规范项目法人的行为，明确其责、权、利，提高投资效益，依据《中华人民共和国公司法》(以下简称《公司法》)规定，对于国有单位经营性基本建设大、中型项目，在建设阶段必须组建项目法人，项目法人可按《公司法》的规定设立有限责任公司(包括国有独资公司)和股份有限公司形式。

1997年4月建设部颁发了"造价工程师执行业资格考试大纲"，1997年8月建设部和人事部根据《造价工程师执业资格认定办法》认定了首批854名在工程造价管理方面经验丰富的人员为造价工程师，1997年10月在九省市进行了造价工程师执业资格试点考试。

1998年7月建设部经评定审核，批准公布了280个甲级工程造价咨询单位。1998年10月、2000年10月在全国进行了造价工程师执业资格考试。建设部已将规范性文件上升为部令的《造价工程师注册管理办法》、《工程造价咨询单位管理办法》，已于2000年3月起施行。

三、工程造价咨询制度

工程造价咨询是指面向社会接受委托，承担建设项目的可行性研究投资估算、项目经济评价、工程概算、预算、工程结算、竣工决算、工程招标标底、投标报价的编制和审核，对工程造价进行监控以及提供有关工程造价信息资料等业务工作。我国实行工程造价咨询制度，有利于将工程造价管理由政府直接管理的模式转变为政府指导、社会监督、工程建设参与、单位自己管理和控制的模式，它对转变政府职能、提高造价专业化管理水平、"入世"后与国际惯例接轨具有重要作用。

1. 工程造价咨询单位

工程造价咨询单位是指接受委托，对建设项目工程造价的确定与控制提供专业服务，出具工程造价成果文件的中介组织或咨询服务机构。工程造价咨询单位应当取得《工程造价咨询单位资质证书》，并在资质证书核定的范围内从事工程造价咨询业务。

从事工程造价咨询活动，应当遵循公开、公正、平等竞争的原则。任何单位和个人不得分割、封锁、垄断工程造价咨询市场。

工程造价咨询单位的资质等级分为甲、乙两个等级，要分别符合规定的资质要求，并应向造价资质管理部门申请设立，经审查批准后，由资质管理部门颁发相应的《工程造价咨询单位资质证书》。资质管理部门要对工程造价咨询单位实行资质年检。

2. 工程造价咨询单位的业务范围

工程造价咨询单位，应当在资质证书核定的范围内承接工程造价咨询业务，禁止超越资质等级和资质证书核定的范围承接工程造价咨询业务。

(1)甲级工程造价咨询单位,在全国范围内承接各类建设项目的工程造价咨询业务。

(2)乙级工程造价咨询单位,在本省、自治区、直辖市范围内承接中、小型建设项目的工程造价咨询业务。

(3)甲级单位跨省、自治区、直辖市承接咨询业务时,应当向工程所在省、自治区、直辖市人民政府建设行政主管部门备案。

(4)政府投资、国有单位投资以及政府、国有企事业单位投资控股的建设工程,应当委托具有相应资质的国内工程造价咨询单位进行工程造价咨询。

(5)中外合资以及利用国外金融机构贷款的建设工程,原则上由国内甲级工程造价咨询单位承接工程造价咨询业务,确需国外工程造价咨询单位参加时,应当以中方为主,采取中外合作的方式。

(6)承接工程造价业务时,应当与委托单位签订工程造价咨询合同。工程造价咨询单位应当在工程造价成果文件上注明资质证书的等级和编号,加盖单位公章及造价工程师执业专用章。造价咨询单位在造价咨询业务活动中,要为自己的行为承担相应的法律责任。

四、造价工程师执业资格制度

1.注册造价工程师

注册造价工程师,是指经全国造价工程师执业资格统一考试合格,并注册取得《造价工程师注册证》,从事建设工程造价活动的人员。

1996年,人事部、建设部联合颁布了《造价工程师执业资格制度暂行规定》(以下简称《暂行规定》),对工程造价从业人员的报考条件、考试内容、注册等方面问题做了规定。1999年,建设部发布《造价工程师注册管理办法》(以下简称《注册管理办法》),对造价工程师的注册、执业、权利和义务、法律责任等方面问题做了规定。

(1)造价工程师报考条件

《暂行规定》对造价工程师执业资格考试报考条件作了如下规定。

凡中华人民共和国公民,遵纪守法并具备以下条件之一者,均可申请参加考试:

①工程造价专业大专毕业,从事工程造价业务工作满五年,工程或经济类大专毕业,从事工程造价业务工作满六年。

②工程造价专业本科毕业,从事工程造价业务工作满四年,工程或工程经济类本科毕业后,从事工程造价业务工作满五年。

③获得上述专业第二学士学位或研究生毕业或获硕士学位后,从事工程造价业务工作满三年。

④获上述专业博士学位后,从事工程造价业务工作满二年。

(2)注册造价工程师考试课程

注册造价工程师现行考试课程有《工程造价管理相关知识》、《工程造价的确定与控制》、《建设工程技术与工程计量》《案例分析》四门课程。

2.造价工程师的注册

造价工程师的注册分为初始注册、续期注册以及变更注册。

(1)初始注册

经全国造价工程师执业资格统一考试合格的人员,应当在取得造价工程师执业资格考试合格证书后三个月内，到省级注册机构或者部门注册机构申请初始注册。申请注册时，应提供造价工程师注册申请表、造价工程师执业资格考试合格证书、工作业绩证明。超过规定期限申请初始注册的，除提交上述材料外，还应当提交国务院建设行政主管部门认可的造价工程师继续教育证明。造价工程师初始注册的有效期为两年，自核准注册之日起计算。

(2)续期注册

注册有效期满要求继续执业的，造价工程师应当在注册有效期满前两个月向省级注册机构或者部门注册机构申请续期注册。续期注册时应提交从事工程造价活动的业绩证明和工作总结，国务院建设行政主管部门认可的工程造价继续教育证明。续期注册的有效期限为两年，自准予续期注册之日起计算。

(3)变更注册

造价工程师变更工作单位的，应当在变更工作单位后两个月内到省级注册机构或者部门注册机构办理变更注册。造价工程师办理变更注册后一年内再次申请变更的，不予办理。

3.执业

造价工程师只能在一个单位执业。其执业范围包括：

(1)建设项目投资估算的编制、审核及项目经济评价；

(2)工程概算、工程预算、工程结算、竣工决算、工程招标标底价、投标报价的编制、审核；

(3)工程变更及合同价款的调整和索赔费用的计算；

(4)建设项目各阶段的工程造价控制；

(5)工程造价纠纷的鉴定；

(6)工程造价计价依据的编制、审核；

(7)与工程造价业务有关的其他事项。

4.造价工程师的权利和义务

(1)造价工程师的权利

造价工程师有以下权利：

①有独立依法执行造价工程师岗位业务，并参与工程项目管理的权利。

②有在所经办的工程造价成果上签字的权利；凡经造价工程师签字的工程造价文件需修改时应经本人同意。

③有使用造价工程师名称的权利。

④有依法申请开办工程造价咨询单位的权利。

⑤对违反国家有关法律法规规定的意见和决定，有权提出劝告，拒绝执行并向上级或有关部门报告的权利。

(2)造价工程师的义务

造价工程师有以下义务：

①必须熟悉并严格执行国家有关工程造价的法律法规和规定。

②遵守职业道德和行业规范，遵纪守法，秉公办事。对经办的工程造价文件质量负有经济与法律责任。

③及时掌握国内外新技术、新材料、新工艺的发展状况，为工程造价部门制订、修订工程定额提供依据。

④自觉接受继续教育，更新知识，积极参加职业培训，不断提高业务技术水平。

⑤不得参与经办和工程有关的事关本项工程的经营活动。

⑥严格保守执业中得知的技术和经济秘密。

5. 法律责任

造价工程师在申请注册中弄虚作假的、同时在两个单位执业的、允许他人以本人名义执业的，注销《造价工程师注册证》，收回执业专用章；未经注册以造价工程师名义从事工程造价活动的，由省级注册机构责令其停止违法活动，并可处5000元以上、3万元以下的罚款；造成损失的，应当承担赔偿责任。

6. 造价工程师应具备的素质

造价工程师除应对本专业知识有全面、深入的掌握外，还应熟悉国家有关基本建设的技术经济政策；熟悉设计、施工技术、工程项目管理、计算机运用等多学科知识，成为复合型人才。造价工程师应具有的能力和素质要求如下：

(1)能熟悉相关工程设计、施工工艺过程和施工技术，了解指定的材料、设备性能。

(2)能根据设计图纸和工程现场实际，结合合同文件要求计算工程量。

(3)具有编制投资估算、概算、预算、决算、标底、报价等的能力，具有结合合同文件正确进行结算(支付、中期最终支付)的能力，处理工程变更费用、价格调整费用、索赔费用的能力等。

(4)在费用结算(支付)中与承包商、业主存在争议时，有谈判技巧和处理争议的能力。

(5)熟悉计价依据，包括国家的法律法规，部门(行业)、地区的计价规定，具体工程项目合同文件的计价规定等。

(6)熟悉我国投资管理体制、建设管理体制、项目建设程序和造价管理体制，掌握造价管理的发展趋势。

(7)遵纪守法，在造价工作中行为公正。

第二章　工程造价控制原理和方法

第一节　工程造价控制基本原理和要求

所谓工程造价控制，就是为了尽可能好地实现建设项目既定的工程造价目标而进行的一系列工作，其基本要求是使工程造价目标不被突破，或在突破工程造价目标已不可避免的情况下，使突破的幅度尽可能小。为了进行有效的工程造价控制，就要运用控制论的一般原理和方法进行。

一、控制系统

控制论认为，一切控制系统共同的基本点是信息变换过程和反馈原理，或者说，一切系统都是信息系统和反馈系统。

信息变换过程，包括信息的接收、存取和加工的过程。信息方法，则是以信息作为分析和处理问题的基础，把系统的有目的运动抽象为一个信息变换过程。

反馈原理，就是控制系统把信息输送出去，又将其作用的结果返送回来，并对再输出发生影响，从而起到控制、调节的作用。输出和输入两者的变化是同方向的，为正反馈；反之，则为负反馈。

不同的控制系统自有其区别于其他系统的特点，但就控制系统的共性而言，都可以表示为如图 2-1 所示。

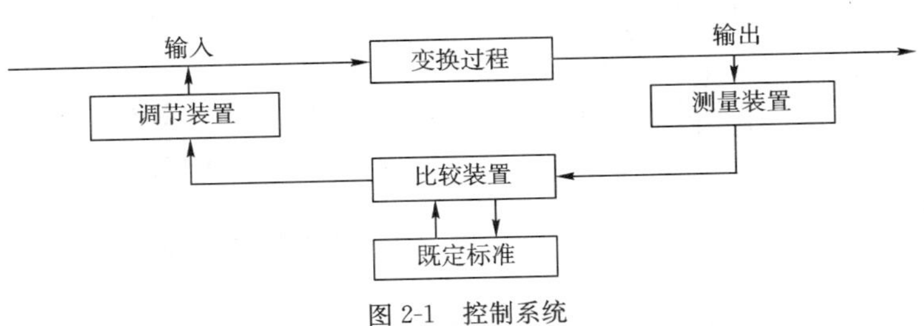

图 2-1　控制系统

对于工程建设项目的造价控制系统来说，输入的是人力(管理人员、技术人员、工人)、建筑材料、施工机具、资金等；变换过程就是建设项目的建造过程，设备购置等活动；输出则表现为建设项目所实现的生产能力或使用功能；测量装置所要量度的是建设项目已经耗费的工程造价数额；既定标准为预先确定的建设项目工程造价目标，包括总目标和分目标；比较装置的作用就是将计划的工程造价数据与实际的工程造价数据进行比较，检查是否偏离既定的工程造价目标；调节装置一般不能成为自动调节装置，而是由工程造价控制人员根据工程造价计划值与实际值比较的结果，分析其产生偏差的原因后，采取针对性的纠偏措施。

由于建设项目的建设周期长，在项目实施过程中所受到干扰因素多，如社会、经济、自然等方面的干扰因素，实际工程造价偏离工程造价目标的情况是经常发生的，而且在多数情况下表现为工程造价目标突破,因此,这就需要不断地进行工程造价控制。任何工程造价控制的措施都不可能一劳永逸。原有的矛盾和问题解决了,还会出现新的矛盾和问题。

对于控制周期而言,一般工业自动控制系统,是通过自动调节装置随时调整输入的数量或状态,来实现对系统状态的控制,因而控制近乎于一个瞬时概念,是随时都在发生的,或者说,控制周期极小。但是,对于建设项目的工程造价控制系统来说,由于收集实际数据、工程造价计划值与实际值比较、偏差分析、纠偏措施的决策等工作都需要时间,这些工作不可能同时进行并在瞬间内完成,因而控制实际上表现为周期性的循环过程,而且理论上的最小控制周期可以按天数计,实际的控制周期则按周、月计,一般情况下,建设项目的最小控制周期取为一个月。

同时,由于系统本身的状态和外部环境是不断变化的,相应地就要求控制工作也随之变化。特别是对于建设项目工程造价控制系统这样的非自动控制系统,作为其重要组成部分之一的工程造价控制人员,他们对建设项目本身的技术经济规律、工程造价控制工作的规律的认识也是不断变化的,即使在系统状态和环境变化不大的情况下,工程造价控制工作也可能发生较大的变化。这表明,工程造价控制也可能包含着对已采取的工程造价控制措施的调整或控制。

二、控制的类型

控制按照不同的分类原则,有以下几种类型。

(一)按控制活动的性质划分

按控制活动的性质,可以划分为:预防性控制和更正性控制。

1. 预防性控制

预防性控制又称主动控制,即在活动进行之前,对实施中可能出现的问题和干扰因素进行分析,预先采取措施,避免以后出现偏差。国内外一些研究资料表明,对建设项目的干扰因素主要有:①人的因素;②材料、设备因素;③机具因素;④地基因素;⑤资金因素;⑥环境因素。

在国内,一般认为人的因素对建设项目目标的干扰最大,具体表现为:

(1)项目主管负责人,用行政手段将自己的主观意志强加于项目,使项目控制混乱;

(2)管理人员能力差,决策失误;

(3)管理人员应变能力不强;

(4)工人技术水平低,有的责任心不强。

其次是材料、设备因素的干扰,具体表现为:

(1)材料价格上涨;

(2)材料供应拖期;

(3)设备制造企业不履行合同,设备质量低劣;

(4)设备不能按时到货等等。

如果能预见到特定条件下的项目干扰因素,就可能做出预见性的决策,实现减少或避免中间结果对项目目标的偏差,对项目实行主动控制。

2. 更正性控制

更正性控制是一种被动性控制,它是在项目实施过程中,得到的中间结果可能与预期目标不符,出现偏差,然后调整人力、时间及其他资源,或者改变工作方法,以纠正偏差。更正性控制的过程如图 2-2 所示。

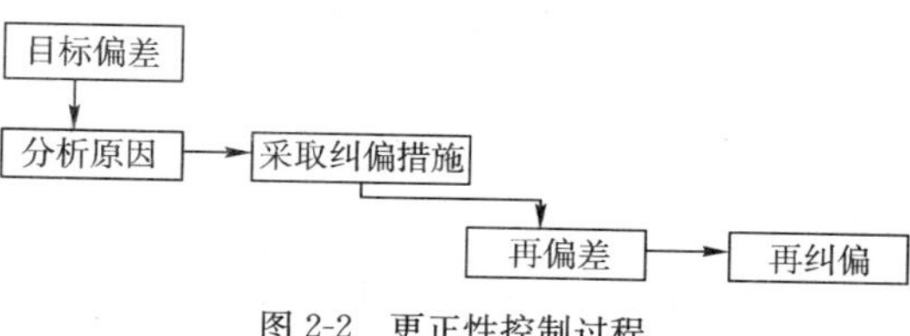

图 2-2 更正性控制过程

在实际管理工作中，更正性控制使用得更普遍一些，其原因有二：一方面可能是管理者事先没有预见到问题，或者认为某些事情出现错误之后，更正性控制要比预见问题的预防性控制更容易一些；另一方面可能是因为采取预防性的措施需要花费比较大的代价或出现的可能性不大，不如等问题出现时再控制，可能更经济一些。

(二)按控制点的位置划分

按控制点的位置可以划分为：预先控制、过程控制和事后控制，如图 2-3 所示。

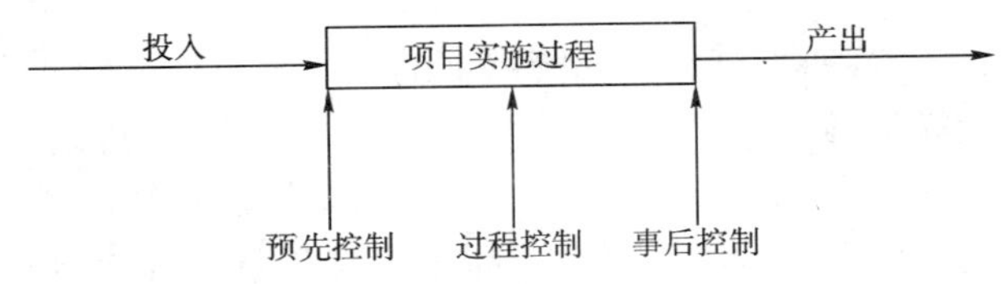

图 2-3　不同时间点的控制

1. 预先控制

预先控制位于项目开始的初始端，资源投入与项目实施的交接点就是控制活动的关键点。它可以防止项目一开始就偏离了目标，保证资源投入在功能上、数量上和质量上达到预定的标准。这样，在整个项目开始之前就能剔除那些在实施过程中难于挽回的先天缺陷。

2. 过程控制

过程控制是对正在进行中的项目活动给予指导与监督，以保证活动按规定的程序和方法进行。过程控制一般要求在现场进行，因为遥控不易取得良好的控制效果。

3. 事后控制

事后控制是一种古老的控制方法，传统的控制方法往往属于这种类型。这种控制位于活动的终点，把好最后一关不致使错误的事态扩大，有助于保证系统的正常运行。但是事后控制的致命缺陷在于活动已经结束，活动中出现的偏差已在系统内部造成损失，浪费了时间和资源。

(三)按照控制信息的性质划分

按照控制信息的性质可以划分为：反馈控制和前馈控制。

1. 反馈控制

反馈控制就是利用过去的情况来指导现在和将来。控制论认为，自然界是通过信息反馈来发现错误，并引发更正错误的行为过程，以此来控制他们自身。控制论几乎适合一切系统的控制过程。例如，汽车的自动调速装置是一个物理反馈运动的过程；人体的温度、血压、细胞数量之所以能维持正常水平，也是借助于生物方面的反馈过程来实现的；即使是人类社会这样一个巨大的系统，也是不断地分析过去的信息来指导将来的发展过程。工程造价的管理控制也不例外，管理控制活动往往是借助于信息反馈来实现的。在建设项目实施过程中，管理人员在分析偏差产生的原因之后，必须设计出采取更正措施的程序或方法，以便确保更正活动达到预期目的。

2. 前馈控制

虽然反馈控制得到了非常广泛的应用，但是简单的反馈控制并不能有效地解决一切控制问题。其最主要的原因就是时滞问题，即从发现偏差到采取更正措施之间可能有时间延迟现象，结果在进行更正的时候，实际状况发生了很大变化，这样直接影响到控制的有效性。为了解决这种问题，采取前馈控制可以收到较好的效果。

所谓的前馈控制，就是不断地利用最新信息进行预测，把所期望的活动同预测的结果进行比较，提前采取措施，使投入和实施活动与预期的结果相吻合。因此可以说前馈控制的着眼点是通过预测被控对象的投入或者过程进行控制，以保证获得所期望的产出。

三、工程造价控制要求

（一）主动控制与被动控制相结合

在工业自动控制系统中，纠偏措施由系统内部的调节装置根据预先设定的程序自动生成。在大多数情况下，纠偏措施与偏差的结果有关而与导致偏差的原因无关，纠偏措施的强度通常与偏差程度成正比，但方向相反。对于建设项目工程造价控制系统来说，即使采用了计算机辅助的工程造价控制系统，但依然是人—机系统，纠偏措施仍然不能自动生成，而必须依靠工程造价控制人员的决策。在这种情况下，纠偏措施不仅与偏差的结果有关而且与偏差的原因有关，纠偏措施的强度未必与偏差程度有确定的数量关系。由此可见，偏差原因分析是建设项目工程造价控制系统中至关重要的一个环节，是确定纠偏措施不可缺少的前提。

对于建设项目的工程造价控制系统来说，由于控制周期较长，每一控制周期所可能发生的目标偏离程度较大，目标偏离的后果亦较严重，因而仅仅采用被动控制很难保证系统目标的实现。所以必须对工程造价进行主动控制，即在系统目标确定之后，应全面分析各种干扰因素及其导致系统目标偏离的可能性和程度，并采取预防措施以避免干扰的发生或减轻干扰的程度，从而尽可能避免偏离系统目标或减少系统目标的偏离程度。

但是，建设项目的工程造价控制系统仅仅采用主动控制还是不够的，这是因为无论采取什么预防措施，都不可能保证不发生干扰，也不能保证系统目标不偏离，因而被动控制也是不可缺少的。此外，任何预防措施都需要耗费资金和时间，是否采取预防措施以及究竟采用什么预防措施，还需要通过技术经济分析来决定。在某些情况下，对某些干扰因素不采取预防措施反倒可能是较佳的选择。因此，建设项目工程造价控制系统应从主动控制的要求出发，将主动控制和被动控制有机地结合起来，不可片面强调某一方面。

（二）全过程控制

所谓全过程，是指建设项目决策和实施的全过程，包括决策阶段、设计阶段、招投标阶段、施工阶段、竣工验收阶段。从工程造价控制的任务来看，决策阶段、设计阶段、施工阶段最为重要。这几个阶段对工程造价的影响各有不同。

在建设项目决策阶段，其主要投入为投资机会分析费、市场调查分析费、可行性研究费和决策费用等。对于一般的工业建设项目，这类费用约为总造价的1%左右。在项目决策结果没有得出结果之前，一般不会进行土地、材料、设备等要素的投入。这表明在项目决策阶段，工作成本对造价影响极小。但是项目决策阶段的产出是决策结果，是对投资活动的成果目标（使用功能）、基本实施方案和主要投入要素（品种、数量、质量、价格、取得形式）做出的总体策划。这个阶段的产出对总造价影响，一般工业建设项目的经验数据为60%～70%；估计产出对项目使用功能影响在70%～80%。这表明项目决策阶段对项目造价具有决定性影响。

项目设计阶段的投入包括两方面：一是设计人员的工作报酬，一般工业建设项目的经验数据为2%～10%；二是某些重要建设要素的预订和购置，主要是土地和特殊材料设备，一般工业建设项目的经验数据在10%～20%。这表明项目规划设计阶段，工作成本对造价影响较小，而要素成本是一个重要控制因素。项目设计阶段的产出，一般是用图纸表示的具体文件。

在这个阶段，项目成果的功能、基本实施方案和主要投入要素（品种、数量、质量和取得形式）就基本确定了。这个阶段的产出对总造价影响，一般工业建设项目的经验数据为20％～30％；对项目使用功能影响估计在10％～20％。这表明项目设计阶段对项目造价具有重要影响。

项目施工阶段的投入也包括两个方面：一是建筑施工人员的工作报酬，一般工业建设项目的经验数据为10％～20％；二是建筑施工要素的投入，一般工业建设项目的经验数据为50％～60％。这表明在施工阶段，成本已经成为影响项目造价的主要因素。项目施工阶段的产出就是投资活动的最终成果——建筑产品。由于影响造价的主要因素在此前已基本确定下来，所以这个阶段对产出的影响较小，对总造价的影响一般工业建设项目的经验数据为10％～15％，对项目使用功能的影响估计在5％～10％。

由此可以看出，建设项目的实际工程造价主要发生在施工阶段，但节约工程造价的可能性却主要控制在施工以前的阶段。在建设项目的全过程中，一方面，实际工程造价在项目决策阶段缓慢增加，进入施工阶段后则迅速增加，至施工后期，累计工程造价的增加又趋于平缓；另一方面，节约工程造价的可能性则在决策阶段由100％迅速降低，至施工开始时已降至10％左右，其后的变化就相当平缓了。

因此，全过程控制，要求从决策阶段就开始进行，并将工程造价控制工作贯穿于建设项目实施的全过程，直至项目结束。决策和设计阶段主要以实现功能、节约工程造价为主要控制目标，随着工程项目的实施控制重点逐步转为对实物消耗的控制。在明确全过程控制的前提下，还要特别强调早期控制的重要性，越早进行控制，工程造价控制的效果越好，节约工程造价的可能性越大。确立全过程控制和早期控制的思想，并付诸实施是实现有效的工程造价控制必不可少的前提。

（三）全员控制

在建设项目实施过程中会涉及到参与项目建设的多个不同的利益主体。这些利益主体包括：建设项目的项目法人，承担建设项目设计任务的设计单位，承担建设项目监理工作的工程监理咨询单位，承担建设项目施工任务的施工单位或承包商及分包商，以及提供各种建设项目所需物料、设备的供应商等。这就要求建设项目的投资控制必须是全员参与，各个不同的利益主体，在各自的工作范围内应按照造价控制目标进行。同时，由于这些利益主体都有各自的利益，而且这些利益还可能会发生冲突。这就要求在建设项目的造价控制中必须全面协调各个利益主体之间的利益和关系，将这些利益相互冲突的不同主体联合在一起，构成一个全面合作的团队，并通过这个团队的共同努力，实现建设项目的造价控制。

在建设项目全员造价控制中，造价工程师是一个特殊的角色，他虽然受雇于投资商、承包商或建筑师，但是作为造价管理专业人员，他们在造价管理中起特殊作用，主要体现为：造价工程师是造价信息的记录、收集、处理与提供者；是各种造价控制行动方案的评价者；是造价控制沟通和决策的辅助者；是合作各方的造价控制执行者。总之，造价工程师是全员控制中主要的决策辅助人员和作业人员，他们需要具有很高的专业知识与技能。

（四）全要素控制

由于在建设项目的实施过程中，每项活动都受造价、工期与质量三个基本要素的影响，因此建设项目的造价不仅需要从全过程控制入手，还需要从影响建设项目造价的全部要素入手。在建设项目全过程中，上述三个要素是可以相互影响和相互转化的，一个建设项目的工期和质量在一定条件下可以转化成建设项目的造价。项目工期的长短和质量的高低都会直接造成建设项目造价的变动。因此对于建设项目的造价控制而言，还必须从管理影响造价的全部要素的角度，去分析和找出造价控制的具体技术方法，这就是建设项目的全要素控制。

要实现对于建设项目的全要素控制，其工作内容主要包括两个方面：即分析和预测各要素的变动与发展趋势，以及控制这些要素的变动以实现造价控制的目标。全要素造价控制的具体工作步骤如下：

(1)确定各要素的优先次序和控制指标值；

(2)记录、收集、汇总和整理项目实施过程中各要素的实际数据；

(3)运用全要素造价管理差异和指数分析指标体系进行现状分析；

(4)运用全要素造价管理预测分析指标体系进行预测分析；

(5)根据分析和预测结果设计制订全要素造价管理与控制方案；

(6)根据管理与控制方案开展全要素造价管理活动。

全要素造价控制同样是一个不断循环往复的过程。因为对于一个建设项目来讲，其在实施的过程中，经常会发生对目标和控制指标进行修正的情况。那么与此相应的全要素控制中，也必须要有目标和控制指标的重新修订，通过不断的修订过程，逐步开展各项全要素造价控制活动循环过程。

第二节　工程造价控制规划

所谓工程造价规划是指在项目建设的前期或早期对项目建设所需要的工程造价进行全面的规划工作，它是在建设项目的总体规划或详细规划(综合性项目)或方案设计(独立单项工程)已经完成，即项目工作内容已经明确的基础上进行的，其主要任务：①确定和分解拟建建设项目的工程造价目标，即对建设项目所需的工程造价总额(工程造价目标)作出合理的估计并按照一定方式分解；②建立工程造价控制组织机构，落实控制责任；③明确控制任务。

应注意的是，工程造价规划并不是一次性的，可能需要反复进行多次。随着项目的进展，项目内容、功能要求、外界条件等发生变化，以致项目工程造价也要相应发生变化，因而工程造价规划应当与此相适应，从而表现出动态的过程。

一、工程造价目标

(一)工程造价目标分析

工程造价目标是建设项目预计的最高工程造价限额，是项目实施全过程中进行工程造价控制的最基本依据。因此，工程造价目标确定是否合理，将直接关系到工程造价控制工作能否有效进行，以及工程造价控制目标能否实现。

工程造价目标的确定，根据我国基本建设程序来看，是通过项目建议书、可行性研究和初步设计、技术设计、施工图设计等与之相适应而编制的估算、概算和预算来确定的。因此工程造价目标的确定是一个由粗到细，前者控制后者，后者落实或修正前者的相互制约、相互影响、紧密相连的过程。在不同的控制阶段，工程造价目标不同。

但是任何建设项目都有工程造价、工期、质量三个主要目标，这三个目标之间存在着对立统一的关系。一般来说，一个建设项目不可能同时达到工程造价最省、工期最短、质量最好这样一种理想状态。任何一个目标的变化，都势必引起其他两者的变化。因此，在确定工程造价目标时就不能不考虑工期目标和质量目标的影响。由于质量目标对工程造价目标的影响尚难以定量表述，故这里仅考虑工期目标对工程造价目标的影响。

工程造价与工期之间的关系如图2-4所示。如果把工程造价最低时的工期看作是最优工期(T_{OP}),则任何偏离最优工期的工期都将导致工程造价增加。而作为业主,要在工程造价规划阶段确定最优工期,由于缺乏必要的依据,因而是相当困难的。通常,这时所考虑的工期都在最优工期附近的一定范围之内,即图2-4中的T_{min}与T_{max}之间,这个区间称为合理区间。T_{min}为从技术的角度所可能实现的最短工期;T_{max}为考虑各种最严重的干扰因素所可能出现的最长工期。

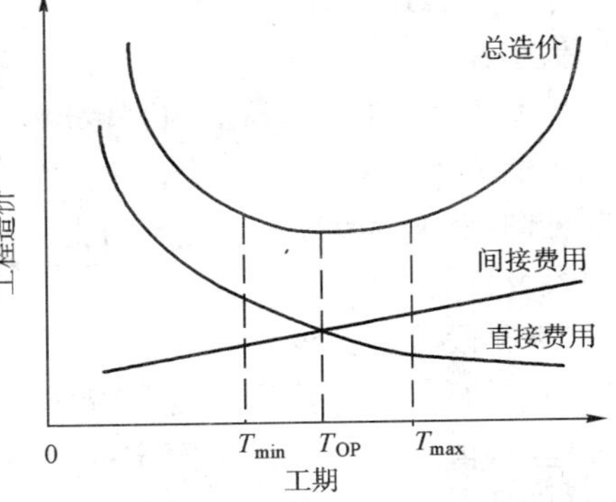

图2-4　工程造价与工期之间的定性关系

如果从一般施工条件考虑,这时所确定的工期称为正常工期(以T_0表示)。T_0与T_{OP}应当相差不大,在我国目前条件下,T_0大多在T_{min}与T_{max}之间。可以假定,T_0与最低工程造价额相对应,即若要再缩短工期,就要增加工程造价,但是,图2-4所反映的是工程造价与工期之间的关系,严格地说,只是直接工程造价与工期之间的关系。往往在实践中,缩短工期也可能为业主在工程造价方面带来一些影响,主要表现在以下几个方面:

(1)增加工程直接费用。为了缩短工期,承包的施工单位需要采取一些特殊的技术和组织措施,如加班加点,增加机械,导致成本上升,劳动效率下降。其结果或是表现为提高标价;或是表现为由业主支付工期奖补偿施工单位相应的损失。

(2)提早发挥工程效益。任何一个建设项目都是为着某种特定的目的而兴建的,提前交付使用可以提早发挥工程效益,往往是促使业主普遍希望尽可能缩短工期的主要乃至最主要的目的之一。建设项目的收益一般都是可以定量计算的,即使是以社会效益为主的建设项目,也可以通过费用效益分析的方法加以定量表达。当缺乏十分可靠的数据时,可以参考同类项目或行业的工程造价效果系数。

(3)对利息支付的影响。这是一个十分复杂的问题,其包括两个方面的影响,即对建设期间利息支付和项目建成后利息支付的影响。在建设期间,利息支付涉及到资金投入的时间、额度、利率等因素。缩短工期一般都意味着资金投入时间提早、单位时间投入的资金额度增加、计息时间缩短。由于缩短工期使建设期间利息支付变化的比例很小,因而可以忽略不计。项目建成后的利息计算很简单,考虑工程造价总额、缩短的工期数、利率即可。

一般来说,缩短工期对业主总是有利的,但是,绝不能因此而片面追求短工期,要全局考虑,注意处理以下几个方面的问题:

(1)首先,要充分考虑技术约束条件,不能违反客观的技术规律,应保证所确定的工期目标$T>T_{min}$。缩短工期不要只考虑施工阶段,还要考虑前期准备工作、设计阶段、设备订货等多个阶段和环节,合理的进度规划和有效的进度控制显得更为重要。

(2)其次,要注意保证质量目标,绝不能因为加快进度而降低工程质量。否则,可能造成返工、修补或留下工程隐患,既增加了工程造价又拖延了工期,欲速则不达。

(3)再次,要以整个建设项目的动用来确定工期目标,对于大中型建设项目来说,有时某个单位工程或单项工程提早竣工并不能提早发挥整个建设项目的效益,这时缩短工期并无经济意义,反而增加工程造价。

(4)最后,如果确定的工期目标过短,施工单位的投标报价可能较大幅度地高于业主的工程造价目标，这时的经济分析要重新考虑。此外，还需要考虑劳动保护、施工安全等问题。

（二）工程造价目标分解

为了在工程实施过程中对工程造价进行有效的控制，必须对总目标逐层进行分解，以形成一系列便于落实的分目标。目标分解的一般方法是先明确工程项目总目标，即一级目标，然后采用“目标—手段系统图”（见图2-5），逐级分析和分解，把要达到的目标和所需要的手段及措施，按照系统层层展开。一级手段等于二级目标，二级手段等于三级目标，以此类推。通过分解，可以逐层明确问题的重点，并找出实现目标的手段和措施，在完成上述过程后，再回过头来修正原定的目标，就可形成具体而明确的目标体系。

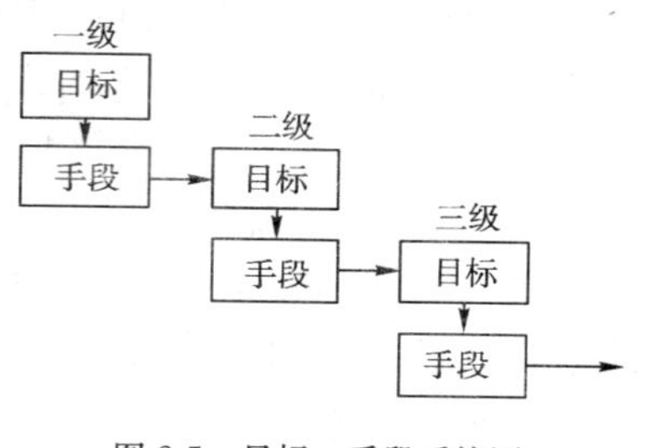

图2-5　目标—手段系统图

由工程建设项目的建造过程也是工程实体的形成过程，所以工程造价目标的分解可以按照工程建设的工作内容进行，这样分解不仅比较直观，而且可以将工程造价与工程进度联系起来，便于对工程造价偏差原因进行分析。

工程造价目标的分解方法可以采用工作分解结构模型——WBS（Work Breakdown Structure）模型进行。WBS模型是将全部建设工程的内容按层次从总体一直分解到作业工序的工作分解结构模型，它是建设项目工作的“工作源”，是计划、预算和项目控制的基础，是反映建设项目全部工作内容和相互关系的概念模型。它可以用图表来表示，也可以用表来表示。

1. WBS模型的分解原则

WBS分解没有统一的普遍适用的方法和规则，但是按照实际工作经验和系统工作方法，工作分解应符合工程的特点、项目自身的规律性，符合建设项目管理和控制的需要。分解时应遵循以下原则：

（1）分解的各层次应保持工作内容的完整性，不能遗漏任何必要的组成部分。

（2）一个分解单元只能从属于某一个上层单元，不能同时交叉从属于两个上层单元。

（3）相同层次的分解单元应有相同的性质，即如果某一层次是按照实施过程进行分解的，则该层次的单元均应表示实施过程，而在并列的单元不能有的表示过程，有的表示产品，有的表示专业功能，否则容易造成混乱。

（4）目标的分解结构要与组织分解结构相对应。工程造价控制工作首先必须有组织保证，要落实到具体的机构和人员。因而就存在一定的工程造价控制组织分解结构。只有使这两者一致起来才能做到权责分明，便于进行成果评价和责任分析，才能有效地进行工程造价控制。

（5）有可靠的数据来源。项目分解本身不是目的而是手段，它是为工程造价目标的分解服务的。项目分解与工程造价目标的分解是一致的，也与进度计划的编制、进度分目标的确定紧密相连。工程造价目标分解的结果形成不同层次的工程造价分目标，这些工程造价分目标就成为各级工程造价控制组织机构进行工程造价控制的依据，如果数据来源不可靠，就意味着工程造价分目标不可靠，不能作为工程造价控制的依据。因此，工程造价目标分解达到的深度应以能够取得可靠的数据为原则，并非越深越好。

（6）分解出的工作结构，应有一定的弹性，应能方便地扩展工作的范围、内容和变更项目的结构。

（7）分解的详细程度，应能符合目标控制的要求。

对一个建设项目进行工作结构分解，究竟要达到什么样的详细程度才比较适合？如果分解得过粗，可能难以体现计划内容，目标不够明确；分解过细又会增加工作量。因此在工作分解时要考虑以下因素：

(1)目标控制者。不同的目标控制者对工作分解结构有不同的要求，如业主要求按建设项目任务书进行总体的全面的分解，即以整个建设项目为对象，将项目的全过程、全部空间、所有专业纳入分解范围，所以一般分解比较粗略。而承包商必须对合同所规定的或自己所承包的工作内容进行分解，由于承包商要具体地组织工程的实施，所以分解得较细，有时承包商所完成的工程任务在业主的总项目分解中，仅作为一个子项、一个任务，甚至一个工作包。

(2)工程的规模和复杂程度。大的复杂的项目分解层次和单元自然较多；反之，小的简单的项目则分解层次和单元较少。

(3)风险程度。对风险程度较大的建设项目，或使用新技术、新工艺，外部建设环境特殊的建设项目，应分解得细一些，通过详细周密的计划，透彻地分析风险。而对于风险较小的、常规的技术、比较成熟的建设项目可以分解得粗一些。

(4)区别对待，突出重点。建设项目的工程造价构成中，有些费用数额大、占总工程造价的比例大，而有些费用则相反。因此，工程造价目标分解也要有所区别，不同费用的分解深度可以有所不同。另外，有些项目内容的组成非常明确、具体(如建筑工程、设备等)，所需要的费用和时间也较为明确，可以分解得很细；而有些项目内容则比较笼统，难以详细分解。因此，对不同的项目内容分解的层次或深度，不必强求一律，要根据工程造价工作的实际需要和可能来确定。

(5)各层次管理者对建设项目计划和实施状况报告的详细程度和深度要求。

2. WBS模型的分解方法

建立WBS模型的方法有两类：第一类是先按工程实体要素构成分解为若干层次，通常是分解到最易独立组织设计和施工的最小单项工程层次为止，然后在此基础上再按工作环节构成和工程专业构成分解下面若干层次，直到最终单元；第二类是先按工作环节构成分解，然后按工程实体要素构成和工程专业构成分解。第二类方法所形成的工程项目WBS模型如图2-6所示。

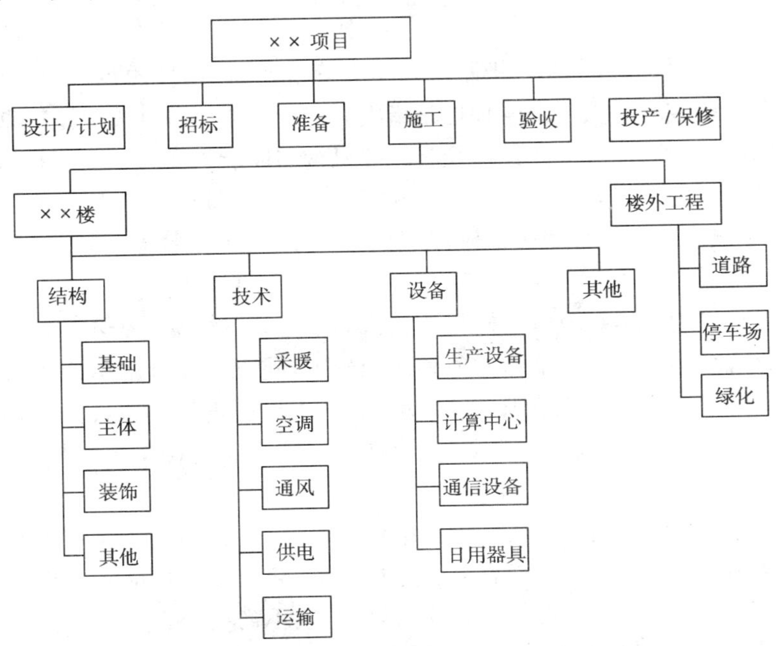

图2-6　工作分解结构模型示意图(WBS模型)

二、工程造价控制机构设置

工程造价控制工作贯穿于项目实施的全过程，只有实行动态控制、主动控制才能实现有效的工程造价控制。工程造价控制的工作量很大，既有大量常规性的、具体的工程造价控制工作，又经常会出现特殊情况，需要进行“例外管理”。为了在项目实施过程中提高工程造价控制工作的效率，避免重复劳动和工作疏忽，在项目实施开始之前，必须建立工程造价控制机构。

（一）组织分解结构

组织分解结构（Organizational Breakdown Structure）是为保证建设项目顺利实施所建立的高效、精干的管理组织系统。它是建设项目管理组织从最高管理者到最低作业者的合理组织层次划分，也是管理与被管理的组织关系统一。

按照控制系统理论，一个大控制系统应设置若干级控制器，上一级控制器对下一级控制器施加控制。控制器级数的确定原则是保证系统稳定、可靠地运行，并尽量降低控制成本。此外还有一个重要的要求，就是每一级控制器应具有相对独立的决策、计划和控制职能。在进行职能分工时，一般是将实施性较高的控制活动交给低层次控制器处理，把优化和决策性较高，要求高效方法和手段的控制活动，放在高层控制器上处理。这样既简化了控制系统，又实现了专业化协作，优化了职能分配。三级控制器的组织分解结构见图 2-7。

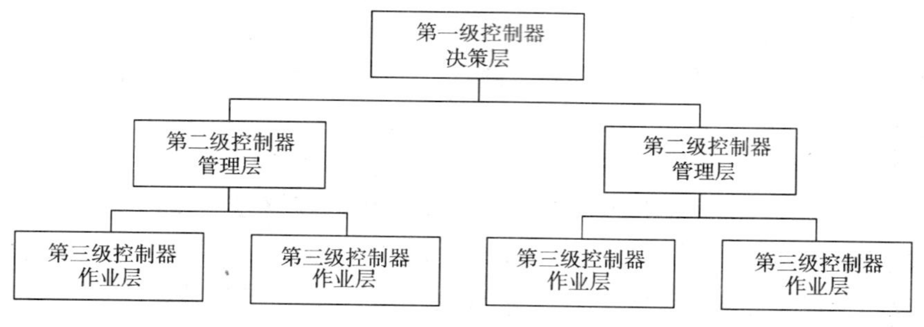

图 2-7　组织分解结构示意图

工程造价控制的决策层，主要是指制订总体决策型计划与战略的组织系统，包括业主、总承包商及其职能机构或职能人员。管理层是指编制专业性或阶段性管理型计划与政策措施的组织系统，如驻地工程师、现场施工经理及其职能机构与职能人员。作业层是指贯彻管理型计划与编制作业型计划的组织系统，如施工队、施工分包商、设计分包商等。各层次的职能部门和职能人员，由于没有独立的计划决策权，因而不能构成一级控制器，只能作为同级控制器的参谋机构。

一个建设项目管理的组织分解结构与该项目的工作分解结构是分不开的。组织分解结构要能满足工作分解结构所规定的工作任务和合理分工，同时工作分解结构的每一项工作活动也必须由组织分解结构的每一个组织单元来承担，既不出现责任空白，也不造成责任重复，这样就形成了组织结构与工作结构之间的线性责任。图 2-8 是鲁布革水电站项目的线性责任图。

工程造价目标的分解结构要与组织分解结构相对应。但并不意味着组织分解结构与工程造价目标分解结构完全一致。一般而言，工程造价目标分解结构可能随着设计的深化而逐渐深入，可以分解得很细；而组织分解结构则相对稳定，既不需要随着工程造价目标分解的细化而细化，也不需要分解得过细。对于大中型建设项目来说，工程造价控制组织分解结构达到单

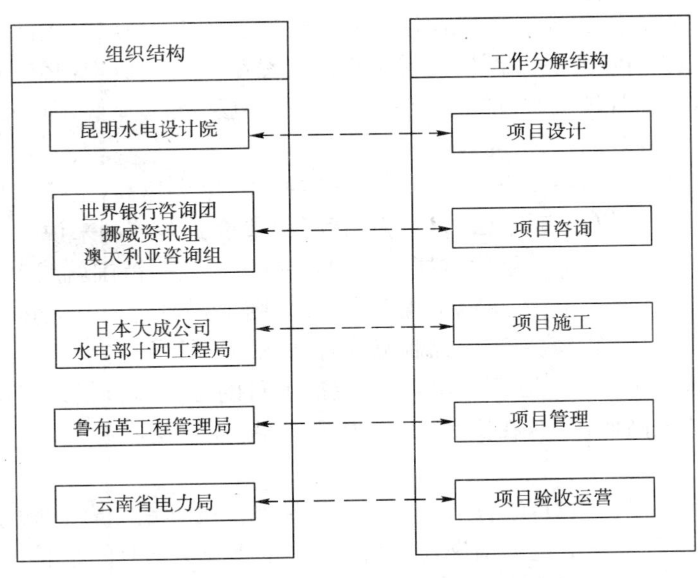

图 2-8　鲁布革水电站项目线性责任图

位工程一级已经足以满足需要。

（二）责任分配矩阵

责任分配矩阵是一种将所分解的工作任务落实到建设项目有关控制部门或个人，并明确表示出他们在组织工作中的关系、责任和地位的一种方法和工具。责任分配矩阵是一种矩阵图，一般情况下，它以组织单元为行，工作单元为列，矩阵中的符号表示工作人员在工作单元中的参与角色或责任。由于责任是由线条、符号和简洁文字组成的图表，它不但易于制作和解读，而且能够较清楚地反映出项目各工作部门或个人之间的工作责任和相互关系。责任矩阵适用于 WBS 的任何层次。

用来表示工作任务参与类型的符号有多种形式，如数字式、字母式或几何图形式。如果用 P、E、D、K 表示建设项目规划、决策、执行和检查四项职能，建设项目的责任分配矩阵见表 2-1。

责任分配矩阵　　表 2-1

任务 / 职能 / 人员	项目管理总负责人	总项目投资控制负责人	单项工程项目管理负责人	单项工程投资控制负责人	单位工程项目管理负责人	单位工程投资控制负责人	……
项目投资控制工作计划	E	P,K		D		D	
项目年度资金使用计划	E	P,K		D		D	
单项工程投资控制工作计划		E		P,K		D	
单项工程年度资金使用计划		E		P,K		D	
单位工程投资控制工作计划			E,K		P,D		
单位工程年度资金使用计划			E,K		P,D		
……							

（三）管理层次与控制责任

在组织结构中，管理跨度一般随管理层次的增高而减小，这是在确定企业组织结构和安排工作岗位时所要遵循的原则。而工程造价控制的组织结构却未必遵照这一原则，起决定作用的往往是项目本身的构成特点。例如，若某建设项目由 10 个单项工程构成，每个单项工程由

2～4 个单位工程构成，则管理层次高者相应的管理幅度却大，管理层次低者相应的管理幅度却小。当然，在这种情况下，为了减轻高层工程造价控制人员的负担，必要时可考虑增加一个管理层次。但是，增加管理层次可能会带来信息传递不畅、效率降低，命令重复甚至矛盾的弊端，因而也未必是一种好的选择。

与企业组织结构一样，在工程造价控制组织结构中，层次越高，责任和权力就越大。工程造价控制人员的责任和权力表现在很多方面，就工程造价偏差控制来说，一般而言，对于同一项目内容，工程造价控制人员的层次越高，其对偏差程度的控制范围就越大。如果把工程造价控制人员分为总项目、单项工程、单位工程三个层次，则工程造价控制人员对偏差程度的控制范围依次减小。在具体确定偏差程度控制范围时，要根据项目的实际情况，充分考虑影响工程造价的各种因素来决定。必须强调指出，不同层次项目的工程造价偏差程度控制范围并不一定随着项目层次的提高而扩大，在实践中，尤其要避免“项目层次越高、工程造价偏差程度越大”的错误观念。

对于一个确定的建设项目，工程造价偏差程度控制范围不是一成不变的，它应随着项目实施的时间而变化，这种变化的趋势很慢，幅度很小。即项目实施时间越长，控制范围越小。这是因为在项目实施过程中，有可能使工程造价发生偏差的各种客观因素，如自然因素、技术因素、经济因素、社会因素等日趋明朗，不确定因素越来越少，再从工程造价控制人员主观因素方面来看，通过对项目已完施工部分工程造价情况的客观分析，可以不断总结经验教训，找出规律，从而使主动控制的可能性越来越大，效果越来越好。因此，工程造价发生偏差的可能性及偏差程度会随着项目实施的进展而逐步变小，相应的控制范围也应随之缩小。

在实践中，可以把项目实施分为设计和施工两大阶段，分别确定工程造价偏差程度控制范围。通常，设计阶段可以分为初步设计、技术设计和施工图设计三个阶段，施工阶段可以分为地下部分施工和地上部分施工两个阶段。这样分别确定各阶段所控制的范围可能更为合理，对工程造价控制的实际工作也更有指导意义。

三、控制任务

(一)设计阶段工程造价控制的任务

设计阶段的工程造价控制可以分为准备工作和设计工作两个阶段，两个阶段的控制重点不同。

设计准备阶段是对项目工程造价有决定性影响的一个阶段；也是通常最容易被忽视的阶段。在这一阶段中，一般还没有发生直接用于工程的造价，主要是发生前期工程的工程造价，如征用土地费、拆迁补偿费、勘测费等。这些费用在建设项目工程造价中的比例有逐渐增高的趋势，较难控制。这部分工程造价控制的效果，在很大程度上取决于工程造价控制人员和有关工作人员工作的主动性、积极性和及时性，取决于他们工作的深度和细度。这部分工程造价数额的大小是看得见、算得出的，它对整个建设项目工程造价目标的影响也是可以定量分析和评价的。

但是，在设计准备阶段，对整个建设项目工程造价目标的主要影响并不在此，而在于对整个建设项目实施过程的统筹规划和对工程造价控制工作的全面组织。例如，合理规划工程造价控制的组织结构及工程造价控制的任务分工和职能分工，制订工程造价控制的工作计划和工作流程，对项目总工程造价目标进行分析论证并按不同的方式进行分解，确定项目的发包方式和合同结构，确定工程造价偏差程度控制范围标准等等。这些工作对项目工程造价目标的影响无法定量计算和分析，对于一次性的建设项目来说，又缺乏可比性，其重要性往往不被人们所认识。而且，在设计准备阶段，要做好这些工作确有一定的难度，不是少数几个人所能完成的，需要有一批素质较高的人做深入细致的工作。

在设计准备阶段，四个主要职能中，规划和决策两个职能占有突出重要的地位，而且要特别强调规划职能与决策职能分离，并加强规划职能。所谓规划职能，就是为决策作准备，为决策者提供多个备选方案并分别进行分析。而决策，就是从多个备选方案中选优，如果仅有一个方案，也就无所谓决策。设计准备阶段是项目实施阶段中不确定因素最多、备选方案最多、节约工程造价可能性最大的一个阶段。从另一角度来看，也是浪费工程造价可能性最大的一个阶段。因此，规划职能在设计准备阶段有特别重要的意义，要予以特别的重视，要充分发挥各方面专业人员的知识和才能，为最优地实现项目目标服务。

设计阶段是决定建设项目使用功能的阶段，也是决定其使用价值的主要阶段，同时还是对项目工程造价有重要影响的阶段，这种影响随着设计工作的不断深入而逐渐降低。从时间上来看，设计阶段往往与许多前期工作同时进行；而从项目实施过程中的作用来看，设计阶段与设计准备阶段完全不同，在设计阶段发生的工程造价主要是勘察设计费和建设单位管理费。从我国目前建设项目的工程造价构成来看，这部分费用所占的比例很小，而且建设单位管理费是发生在项目实施的全过程之中，而不仅仅是在设计阶段。

在设计阶段，常常会出现“重技术（包括使用功能）、轻经济”的现象，不仅设计人员存在这种倾向，有时连业主也有这种倾向。其原因或者是由于缺乏对在设计阶段进行工程造价控制重要性的认识，或者是由于长期以来所形成的工作习惯，或者是由于未正确和熟练地掌握设计阶段工程造价控制的方法，或者是由于业主对项目建设周期的要求过紧，从而使设计工作的时间过短。

技术与经济两者之间存在着对立统一的关系。一个先进的技术方案之所以先进，除了其技术先进性和特点之外，常常是因为它具有比其他技术方案更好的经济性。按照现代的评价标准，一个不经济的技术方案，很难说它是先进的。对于设计工作也同样如此，不能认为一个优秀的设计方案，一定需要特别高的工程造价额；反之，则更不成立。设计阶段工程造价控制的主要任务，就在于寻找技术与经济两者相结合的最佳点，使所选择的设计方案既具有技术先进性，又具有经济合理性。为此，就需要在设计的各个阶段提出多个设计技术方案，并对它们逐一进行技术经济分析和评价。这是在设计阶段进行工程造价控制最基本的、也是最有效的方法。当然，为了保证所选择的设计方案的技术先进性和经济合理性，必须确定正确的评价指标和标准，以及具体的评价方法。

设计阶段可以进一步分为若干个阶段，如方案设计、初步设计、技术设计，施工图设计等阶段。各阶段设计工作的深度不同，相应的工程造价控制工作的深度和内容也有所不同。一般来说，在方案设计和初步设计阶段，着重对项目建设的重大技术方案进行技术经济分析，如结构形式、功能组合、装饰标准等；在技术设计和施工图设计阶段，则主要是对比较具体的技术内容进行技术经济分析，如结构件的尺寸、材料选用等。在设计阶段的工程造价控制工作应遵循这样一个原则：后一阶段设计中不能推翻前一阶段设计中已经确定的主要技术方案，而只能在原来的基础上深化。这一原则的前提是，每一设计阶段都要有多个不同的技术方案，并确实做过客观的技术经济分析。

另外，在设计工作的各个阶段，要始终坚持和强调限额设计，即方案设计的工程造价匡算值不得超过设计准备阶段所确定的工程造价目标，设计概算值不得超过工程造价匡算值，施工图预算值不得超过设计概算值。否则，必须分析工程造价突破的原因，并修改设计以使工程造价控制在限额之内。为此，必须在设计的各个阶段将工程造价的计划值与实际值进行比较。这里，工程造价的计划值和实际值是两个相对的概念，即任何一个工程造价估算值相对于其以前阶段的工程造价估算值而言为实际值，而相对于其以后阶段的工程造价估算值而言则为计划值。工程造价计划值与实际值的比较不能仅仅比较总工程造价额，而应当按照其费用构成和项目内容逐一比较，这样才便于发现工程造价突破的原因，从而可以有针对性地修改设计，实现工程造价控制的目标。

由于施工招标、发包的有关工作与设计工作的性质比较接近，这一阶段工程造价控制工作的内容比较少，而且这些工作与设计工作联系比较密切，甚至可能由设计单位来完成，因此可将其并入设计阶段。在这方面，要特别注意在施工合同条件中拟订与工程造价控制工作有关的条款，如付款方式、索赔条件和程序、结算方式、合同价调整等条款。在评标时，要注意对各投标单位的标书进行综合评价，而不宜过分强调投标价的高低。对投标价进行评定时，不仅要看总价，更要注意分析投标价的构成。

(二)施工阶段工程造价控制的任务

施工阶段是建设项目价值和使用价值(功能)实现的主要阶段。在这一阶段中，虽然节约工程造价的可能性已经很小，但浪费工程造价的可能性却很大，因而仍然要对工程造价控制给予足够的重视，仅仅靠合同条款控制工程款的支付是远远不够的。

在建筑施工过程中，会遇到许多干扰因素，常常使建设项目的工程造价增加、工期拖延。这些干扰因素可大致分为两类：一类是工程造价控制人员无法控制或很难控制的因素，如自然灾害(尤其是突发性自然灾害)。政治、军事、社会等因素；另一类是工程造价控制人员应当和可以控制的因素，如组织、技术、经济、合同等方面的因素。这里，仅从后一类干扰因素来考虑施工阶段工程造价控制的任务和职能分工。

必须指出，施工阶段工程造价增加的原因可能主要不在施工单位方面，而在业主和监理工程师方面。这主要涉及到三方面问题：首先是设计的修改和变更。这又有两种可能性，其一，是由于设计单位已完成的设计有缺陷，或设计人员有新的想法；其二，是由于业主有新的意愿，或扩大建设规模，或提高设计标准，甚至扩大或改变项目的主要功能或部分功能。其次是由于业主未按合同有关规定履行自己应承担的义务，如未及时向施工单位提供符合开工要求的施工场地，未及时办理好与项目建设有关的各种手续，未处理好项目建设与外部环境之间的关系等等。再者是由于未协调好设计与施工、不同施工单位之间的矛盾，如设计单位未按规定时间向施工单位提供图纸，现场中有多个施工单位同时施工却没有足够的工作场地。凡此种种，不是直接增加工程造价，就是拖延工期、降低工效，导致施工单位向业主的索赔。

因此，在施工阶段，要特别强化执行和检查两个职能，合同双方都要严格执行合同条款的有关规定。未经业主或监理工程师同意，设计单位不得修改或变更设计，业主本身也不得随意地要求设计单位修改设计，而必须先做技术经济分析。从检查职能来看，不仅要检查施工单位是否按图施工，复核已完工程量和一切付款账单，还要检查业主和监理工程师自己是否在规定的时间完成了规定的工作。当已经发生索赔时，监理工程师要认真、仔细地审查施工单位所提出的索赔文件，并依据原有的合同文件、技术资料(如施工进度网络图)、施工日记等，剔除其中不合理的索赔要求(大多数索赔文件都存在这类问题)。当然，最好的办法是尽可能避免和减少索赔。

由于建设项目的工程造价主要发生在施工阶段，在这一阶段的工程造价强度远高于项目建设的其他阶段。因此,如何制订一个合理的资金支出计划就显得十分重要了,既要能保证工程建设有足够的资金,不致因资金供应不足或不及时而影响工程建设的进度,又要尽可能不占用过多的资金,减少利息的支出和资金筹措的困难,这也是施工阶段工程造价控制的一项非常重要的任务。为此,一方面,工程造价控制工作必须与进度控制工作密切联系、相互协调;另一方面,要客观地分析工程造价发生偏差的原因,在考虑采取针对性纠偏措施的同时,对未完工程造价做出预测,及时调整工程造价目标并据此制订相应的资金支出计划和资金筹措计划。

第三节　工程造价控制的步骤

在工程造价总目标确定和分解之后,要实现有效的控制,必须按照下列步骤进行:

(1)估算工程费用(计划值);

(2)将计划值与实际值逐项进行比较;

(3)对费用比较的结果进行分析,找出偏差所在及其原因;

(4)根据分析结果,预测可能发生的对工程造价的各种影响因素及未完工程可能的费用;

(5)根据工程的具体情况,采取适当的纠偏措施,以使超出工程造价尽可能地小;

(6)对工程的进展进行跟踪和检查,及时了解工程进展情况和纠偏措施的执行情况及其效果。

以上六个步骤是一个有机的整体,必须形成有效的循环。在实践中,要注意避免把造价控制停留在费用比较阶段,或者把造价控制狭隘地理解为费用比较。因为,这只能使控制人员了解"已经发生了什么",而并不能实现控制的目标。可以认为,在工程造价控制的这六个步骤中,费用比较是基础,偏差分析是核心,纠偏措施是关键,必须牢牢把握好这三个步骤。

一、工程费用的估算

工程费用估算是指分析和估计完成工程项目各工作所需资源(人、材料、设备等)的费用。当项目在一定的约束条件下实施时,影响工程费用的因素主要是价格、进度和质量。一般情况下,延长工作时间会减少工作的直接费用;相反,追加费用将缩短项目工作的延续时间;同时随着质量要求的提高,工程费用增加。

(一)费用估算的主要依据

工程项目费用估算的主要依据有如下几点:

(1)工作分解结构 WBS。

(2)资源需求计划,即资源计划安排。

(3)资源价格。为了计算项目各工作费用,必须知道各种资源的单位价格,包括人工、各种材料、机械台班价格等。在估算费用时,应尽可能接近实际价格。

(4)工作的延续时间。工作的延续时间会直接影响分配给它的资源数量,进而影响到项目工作费用的估算。

(5)历史信息。同类项目的历史资料是项目执行过程中可以参考的最有价值的信息,包括项目文件、项目实际造价、工期、进度等。

(6)会计表格。会计表格说明了各种费用的会计分类,这有利于项目费用的估计与正确的会计科目相对应。

(二)费用估算的方法

1.类比估计法

类比估计法是与原有的已执行过的类似项目进行类比,以估计拟建项目费用的一种方法。当拟建项目的详细资料难以得到时,这是一种估计项目总费用行之有效的方法。类比估计法是专家判断的一种形式。它通常比其他技术和方法花费要少一些,但是其准确性也较低。当以前的项目与拟建的项目不仅在形式上,而且在实质上相同时,或者对所进行的项目进行预估计时,采用类比估计法将更为可靠和实用。

2.参数模型法

参数模型法是将项目的特征参数作为预测拟建项目费用数学模型的基本参数,如建筑工程中的基础工程、装饰工程、建筑面积、层数、结构特征、功能等,然后依据历史信息建立费用与参数之间的数学模型的一种方法。这种方法的模型可能是简单的,也可能是复杂的。无论费用模型还是模型参数,其形式是多种多样的。如果其模型是依赖于历史信息,模型参数容易数量化,而且模型应用仅是项目范围的大小,则它通常是可靠的。

3.定额法

定额法是依据估算指标、概算定额以及预算定额中制定的单位工程消耗数量,设计图纸中给出的工程数量和调查得到的资源单价来确定工程项目费用的一种方法,适用于项目已经完成了设计工作。定额法的优点是计算依据可靠、计算程序规范,但由于定额的编制都相对滞后,同时反映的定额水平是社会平均水平,因而由此估算的工程费用较为保守。

二、工程费用比较

所谓工程费用比较,是指工程费用计划值与实际值的比较。在工程项目实施的各个阶段,要不断地进行费用比较,以便发现差异,分析原因,进行有效的控制。工程费用的计划值与实际值是两个相对的概念,从与工程造价有关的各种费用所形成的时间来看,在前者为计划值,在后者为实际值。例如,可行性研究阶段的投资估算是工程造价目标最初的计划值,而施工图预算相对于工程造价目标和设计概算则为实际值,而相对于标底、合同价和实际工程造价则为计划值。

因而,相对于施工过程实际发生的工程造价之前的各种费用都是其“计划值”,这些“计划值”虽然精度和可靠性越来越高,但毕竟都不是实际发生的,都属于对工程造价的一种估计。它与实际工程造价相比有两个特点:一是它们的形成是项目实施过程中的阶段性成果,从某种意义上讲是一次性的;而实际工程造价则是不断发生的,表现为一个连续的过程。二是它们都是对整个项目总工程造价的一种估计,侧重于从总体上把握项目的工程造价;而实际工程造价则是与项目的实物形成过程相伴随,是分别发生、不断累计的,只有到整个项目建成以后,才能确定项目实际工程造价的总额。

因此,在进行费用比较时,会出现两大类情况:一类是施工之前发生在不同阶段的工程造价的相互比较,这些比较可以说都是一次性的,费用比较的结果很明确,如果出现偏差,其原因也比较容易分析;另一类是施工阶段发生的费用比较,如实际工程造价与合同价的比较,这些比较是经常性的,其比较的次数和频率取决于项目的复杂程度、工程造价控制工作的组织、实际工程造价数据来源的可靠性和经济性等。通常是与工程造价控制最小周期和工程结算的要求相一致,即每月比较一次,由于影响实际工程造价的因素很多,发生偏差的原因也很复杂,因而对这类费用比较的结果要进行认真的分析。

三、费用偏差分析

(一)偏差概念

费用比较的结果总会显示出计划值与实际值之间存在差异,在工程造价控制中把这种差异称为费用偏差,在特定的情况下可简称为偏差。为了对工程费用偏差进行全面、客观的分析,涉及到一些关于偏差的概念,需要加以明确地定义。

1. 工程费用参数和偏差变量

由于偏差是费用比较的结果,因而某一偏差的出现必然同时与两个费用变量有关。在费用分析中,一般涉及到以下三个与工程费用有关的参数:

(1)拟完工程计划费用;

(2)已完工程计划费用;

(3)已完工程实际费用。

相应地,就有三种工程费用偏差变量:

费用偏差 1=已完工程实际费用－拟完工程计划费用

费用偏差 2=已完工程实际费用－已完工程计划费用

费用偏差 3=已完工程计划费用－拟完工程计划费用

所谓拟完工程计划费用,是指根据计划安排在某一确定时间内所应完成的工程数量的计划费用,即拟完工程量与计划单价的乘积。故费用偏差 1 包含了实际完成工程数量与计划完成工程数量以及实际单价与计划单价两方面的偏差。已完工程计划费用,是指按照计划单价计算的实际完成工程数量的费用。因而费用偏差 2 只包含实际单价与计划单价的偏差,费用偏差 3 则只包含实际完成工程数量与计划完成工程数量的偏差,反映的是进度的偏差。由于实际的工程进度不可能完全按计划进度实现,因而从费用比较的要求来看,前两类费用偏差是我们分析的重点。

在偏差分析时,上述工程费用参数和偏差变量可用于项目分解的各个层次。

2. 局部偏差和累计偏差

所谓局部偏差,有两层含义:一是相对于总项目的工程费用偏差而言,指各单项工程、单位工程乃至分部分项工程的偏差,或者从更为广义的角度考虑,是指较低层次项目的工程费用偏差相对于较高层次项目的工程费用偏差而言;二是相对于项目已经实施的时间而言,指每一控制周期所发生的工程费用偏差。

与局部偏差相对应的偏差称为累计偏差,即在项目已经实施的时间内累计发生的偏差。累计偏差是一个动态的概念,其数值总是与具体的时间联系在一起的,第一个累计偏差在数值上等于局部偏差,最终的累计偏差就是整个项目工程造价的偏差。在大多数情况下,局部偏差和累计偏差的符号相同,但也有可能相反。

在进行工程费用偏差分析时,对局部偏差和累计偏差都要进行分析。在每一控制周期内,局部偏差发生所在的工程内容及其原因一般都比较明确,分析结果也就比较可靠;而累计偏差所涉及的工程内容较多、范围较大,原因也较复杂,因而累计偏差分析必须以局部偏差分析为基础。否则,累计偏差分析的结果就会流于空泛而缺乏可靠性。从这个意义上讲,局部偏差分析比累计偏差分析更为重要。从另一方面来看,累计偏差分析并不是局部偏差分析的简单汇总,而需要对局部偏差分析的结果进行综合分析,其结果更能显示出代表性和规律性,对工程造价控制工作在较大范围内具有指导作用。

另外，在某种特殊情况下，有些费用可能只在累计偏差中反映而不在局部偏差中出现。例索赔费用，一般不是每个控制周期都发生的。索赔费用一旦发生，即使能明确、合理地归入具体的分部分项工程，也往往很难合理地分解到已经过去的各个控制周期中，或者并没有必要分解到各个控制周期中。

3.绝对偏差和相对偏差

所谓绝对偏差，是指工程费用计划值与实际值比较所得到的差额，如工程费用偏差1、工程费用偏差2和工程费用偏差3都是绝对偏差。而所谓相对偏差:则是指工程费用偏差的相对数或比例数，通常是用绝对偏差与工程费用计划值的比值来表示，即：

$$相对偏差=\frac{绝对偏差}{费用计划值}=\frac{费用实际值费用计划值}{费用计划值}$$

在进行工程费用偏差分析时，对绝对偏差和相对偏差都要进行计算。绝对偏差的结果比较直观，其作用主要在于了解项目工程费用偏差的绝对数额，指导资金支出计划和资金筹措计划的制定或调整。但由于项目规模、性质、内容不同，其工程造价总额会有很大差异，同一数额的绝对偏差在不同的项目上就表现出不同的重要性。同样，在同一项目的不同层次和内容或不同控制周期，也都有类似的问题。因此，绝对偏差就显得有一定的局限性，而相对偏差就能较客观地反映工程费用偏差的严重程度和合理程度，并且可以与项目不同层次工程造价控制人员的偏差控制范围结合起来。从对工程造价控制工作的要求来看，相对偏差比绝对偏差更有意义，工程管理人员应当予以更高的重视。

绝对偏差和相对偏差是对工程费用偏差的两种具体表达方法，任何工程费用偏差都会同时表现出绝对偏差和相对偏差。在对局部偏差和累计偏差进行分析时，绝对偏差和相对偏差的数值不会影响分析的结果，但其数值的大小可以对分析工作起一定的指导作用，即对偏差数值大者进行较深入细致的分析，反之则分析可以相对简单一些。

4.偏差程度

所谓偏差程度，是指工程费用实际值对计划值的偏离程度，通常以工程费用实际值与计划值的比值来表示，即：

$$费用偏差程度=\frac{费用实际值}{费用计划值}$$

偏差程度与相对偏差既有联系又有区别，其联系表现在两者都是反映偏差相对性的尺度，都与计划值和实际值有关。两者的区别表现在:其一，相对偏差是与绝对偏差相对应的，没有绝对偏差，也就无所谓相对偏差；而偏差程度则是一个独立的概念，与绝对偏差无关；其二，相对偏差的数值可正可负，而偏差程度的数值总是正值，大于1为正偏差，表示工程费用增加；等于1表示无偏差；小于1为负偏差，表示工程费用节约。

与局部偏差和累计偏差相对应，可分为工程费用局部偏差程度和工程费用累计偏差程度。显然，累计偏差程度在数值上不等于局部偏差程度之和，两者要分别计算：

$$局部偏差程度=\frac{当月实际费用值}{当月计划费用值}$$

$$累计偏差程度=\frac{累计实际费用值}{累计计划费用值}$$

上述局部偏差和累计偏差、绝对偏差和相对偏差、偏差程度等概念都是偏差分析的基本内容，可以应用于项目的各个层次。偏差分析所达到的项目层次越深，分析结果就越可靠，对工程造价控制工作就越有指导意义。在工程造价控制的实践中，应当要求项目各层次工程造价控制人员所做的偏差分析至少达到该项目层次的下一级。

(二)偏差分析的方法

偏差分析可以采用不同的方法，常用的有横道图法、表格法和挣值法。在工程造价控制的实际工作中，可以根据具体情况选择其中 1～2 种方法；必要时，也可以把这三种方法综合起来应用。

1. 横道图法

这种方法的基本特点是用不同的横道标识不同的工程费用参数，而各工程费用参数横道的长度与其数额成正比，但整个项目的横道与分部分项工程横道的单位长度所表示的工程费用数额不同。工程费用偏差和进度偏差数额可以用数字或横道表示，如表 2-2。

××项目偏差分析横道图

表 2-2

项目名称	各费用数额(万元)	费用偏差(万元)	进度偏差(万元)
土方开挖	60 60 60	0	0
土方外运	80 75 75	5	0
桩制作	100 95 90	10	5
打桩	70 60 65	5	−5
基础	110 110 100	10	10
比例尺	0 20 40 60 80 100 120		
合计	420 400 390 0 100 200 300 400 500 600	30	10

注：图例表示：已完成工程实际费用　拟完成工程计划费用　已完成工程计划费用

在采用横道图法时，一般可以分部分项工程为基础，按项目分解的层次逐层汇总，对各单位工程和分项工程以及整个项目分别制表。对于同一层次的不同项目，单位长度横道所表示的工程费用参数数额应当相同。这种方法不适宜同时表示局部偏差和累计偏差，因而对这两种偏差要分别制表。

横道图的突出优点是较为形象和直观，便于了解项目工程费用的概貌。但是，由于这种方法所反映的信息量较少，主要反映累计偏差和绝对偏差，一般不反映相对偏差和偏差程度。因而其应用具有一定的局限性，一般用于项目的较高层次，而且大多是为项目管理负责人服务。

2.表格法

表格法是进行偏差分析最常采用的一种方法，见表2-3，它具有许多突出的优点：

(1)灵活、适用性强，可以根据项目的具体情况、数据来源、工程造价控制工作的要求等条件来设计表格。当然，在同一个项目中，不同项目内容和层次的表格应当保持一致；在项目实施的不同阶段，可以采用不同的表格，施工阶段表格的内容是最全面的。

(2)信息量大，可以反映各种偏差变量和指标。只要需要，工程费用偏差和进度偏差，局部偏差和累计偏差、绝对偏差和相对偏差、偏差程度和偏差原因等都可以在表格中得到反映。这对全面、深入地了解项目工程费用的实际情况和动态是非常有益的，有利于工程造价控制人员及时采取针对性措施，加强对项目工程费用的控制。

(3)便于用计算机辅助工程造价控制，减少工程造价控制人员在处理费用数据方面所消耗的时间和精力。

××项目费用偏差分析表

表2-3

项目名称		(1)	土方开挖	2.0m盖板涵	浆砌片石挡土墙	C40预应力混凝土箱梁	基础挖方
单位		(2)	m^3	m	m^3	m^3	m^3
计划单价		(3)	5.50元	3415.00元	153.75元	599.25元	16.8元
拟完工程量		(4)	15197m^3	18m	25m^3	150m^3	294m^3
拟完计划费用		(5)=(3)×(4)	83583.5元	61470元	3843.75元	89887.5元	4939.2元
已完工程量		(6)	14000m^3	20m	25m^3	145m^3	340m^3
已完计划费用		(7)=(3)×(6)	77000元	68300元	3843.75元	86891.25元	5712.00元
实际单价		(8)	5.50元	3865.00元	153.75元	599.25元	16.5元
其他款项		(9)	0	0	0	0	0
已完实际费用		(10)=(6)×(8)	77000元	77300元	3843.75元	86891.25元	5610.00元
局部偏差							
费用	绝对偏差	(11)=(10)-(7)	0	9000	0	0	-102.00
	相对偏差	(12)=(11)÷(7)	0	13.18%	0	0	-1.79%
	偏差程度	(13)=(10)÷(7)	1	1.13	1	1	0.982
进度	绝对偏差	(14)=(7)-(5)	-6583.5	6830	0	-2996.25	772.8
	相对偏差	(15)=(14)÷(5)	-7.88%	11.11%	0	-3.33%	15.65%
	偏差程度	(16)=(7)÷(5)	0.92	1.11	1	0.967	1.16
累计偏差费用							
费用	绝对偏差	(17)=∑(11)					
	相对偏差	(18)=∑(11)/∑(7)					
	偏差程度	(19)=∑(10)/∑(7)					
进度	绝对偏差	(20)=∑(14)					
	相对偏差	(21)=∑(14)/∑(5)					
	偏差程度	(22)=∑(16)/∑(5)					

3. 挣值法

挣值法是一种分析目标实施与目标期望之间差异的方法。在工程项目造价控制中，应用挣值法来分析建设项目实际费用与工程项目预算（计划）费用之间存在的偏差，故而又称偏差分析法。挣值法是通过测量和计算已完工作量的预算（计划）费用与已完工作量的实际费用，以及计划工作量的预算（计划）费用，得到有关计划实施进度和费用偏差情况，从而达到分析工程项目预算（计划）费用和进度计划执行情况的目的。

“挣值法”是因为这种分析方法应用了一个关键数值——“挣得值”而命名的。所谓挣得值就是已完成工作量的预算（计划）费用，是指项目实施某阶段实际完成工程量按预算（计划）价格计算出来的费用。

（1）挣值法的三个基本参数

①计划工作量的预算（计划）费用（BCWS），即（Budgeted Costfor Work Scheduled）。BCWS 是指项目实施过程中某阶段计划要求完成的工作量所需的预算（计划）工时（或费用）。计算公式为：

BCWS＝计划工作量×预算（计划）定额

BCWS 主要是反映进度计划应当完成的工作量，而不是反映应消耗的工时或费用。

②已完成工作量的实际费用（ACWP），即（Actud Cosfor Work Performed）。ACWP 是指项目实施过程中某阶段实际完成的工作量所消耗的工时（或费用）。ACWP 主要反映项目执行的实际消耗指标。

③已完工作量的预算（计划）费用（BCWP），即（Budgeted Costfor Work Performed）。BCWP 是指项目实施过程中某阶段实际完成工作量及按预算（计划）定额计算出来的工时（或费用），即挣得值（Eamed Value）。BCWP 的计算公式为：

BCWP＝已完成工作量×预算（计划）定额

（2）挣值法的四个评价指标

①费用偏差 CV（Cost Variance）。CV 是指检查期间 BCWP 与 ACWP 之间的差异，计算公式为：

CV＝已完工作量的预算费用－已完工作量的实际费用

当 CV 为负值时，表示执行效果不佳，即实际消耗人工（或费用）超过预算（计划）值，即超支（见图 2-9a）。

当 CV 为正值时，表示实际消耗人工（或费用）低于预算（计划）值，即有节余或效率高（见图 2-9b）。

当 CV 等于零时，表示实际消耗人工（或费用）等于预算（计划）值。

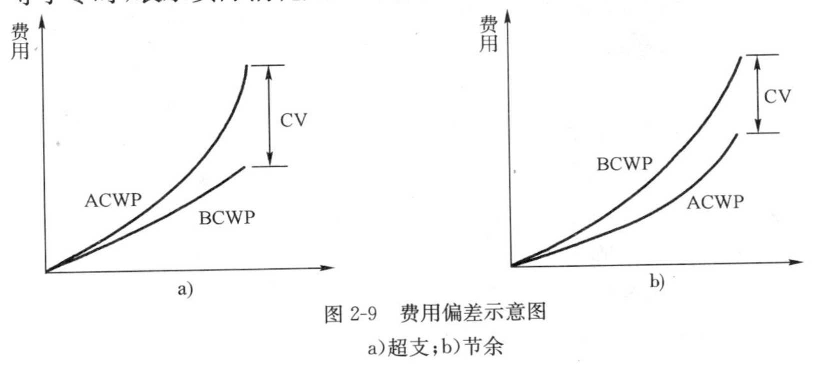

图 2-9　费用偏差示意图

a）超支；b）节余

②进度偏差 SV(Schedule Variance)。SV 是指检查期间 BCWP 与 BCWS 之间的差异。其计算公式为:

SV=已完工作量的预算费用－计划工作量的预算费用

当 SV 为正值时,表示进度提前(见图 2-10a)。

当 SV 为负值时,表示进度延误(见图 2-10b)。

当 SV 为零时,表示实际进度与计划进度一致。

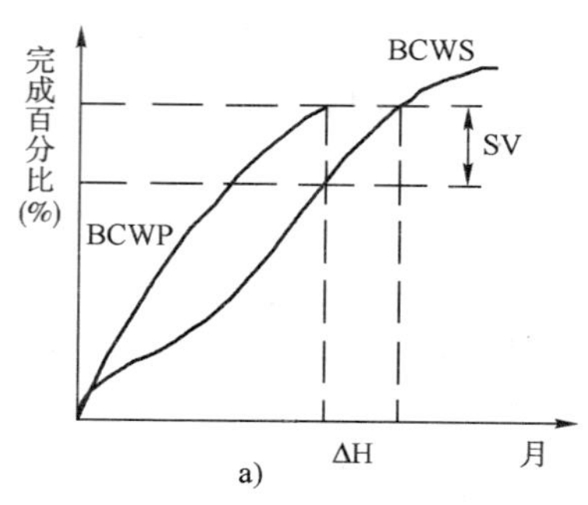

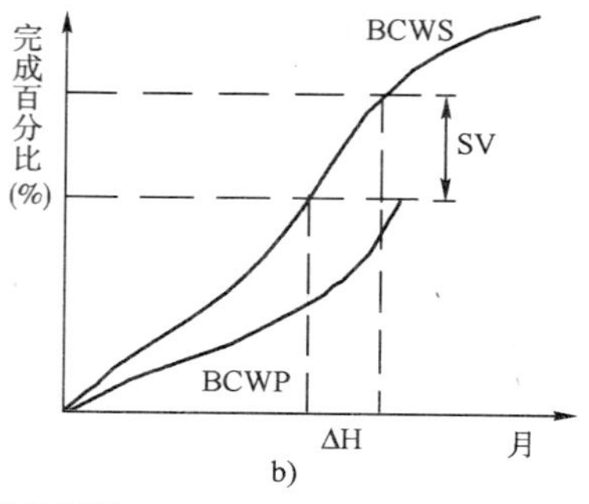

图 2-10　进度偏差示意图

a)提前;b)延误

③费用执行指标 CPI(Cost Performed Index)。CPI 是指预算(计划)费用与实际费用值之比(或工时值之比)。计算公式为:

CPI=已完工作量的预算费用/已完工作量的实际费用

当 CPI>1 时,表示低于预算(计划),即实际费用低于预算(计划)费用;

当 CPI<1 时,表示超出预算(计划),即实际费用高于预算(计划)费用;

当 CPI=1 时,表示实际费用与预算(计划)费用吻合。

④进度执行指标 SPI(SchedulPerformedIndex)。SPI 是指项目挣得值与计划之比,即:

SPI=已完工作量的预算费用/计划工作量的预算费用

当 SPI>1 时,表示进度提前,即实际进度比计划进度快;

当 SPI<1 时,表示进度延误,即实际进度比计划进度慢;

当 SPI=1 时,表示实际进度等于计划进度。

(3)挣值法评价曲线

挣值法评价曲线如图 2-11 所示。图的横坐标表示时间,纵坐标则表示费用(以实物工程量、工时或金额表示)。图中 BCWS 按 S 形曲线路径不断增加,直至项目结束达到它的最大值。可见 BCWS 是一种 S 曲线。ACWP 同样是进度的时间参数,随项目推进而不断增加,也是 S 形曲线。利用挣值法评价曲线可进行费用进度评价,如图 2-11 所示。CV<0,SV<0,表示项目执行效果不佳,即费用超支,进度延误,应采取相应的补救措施。

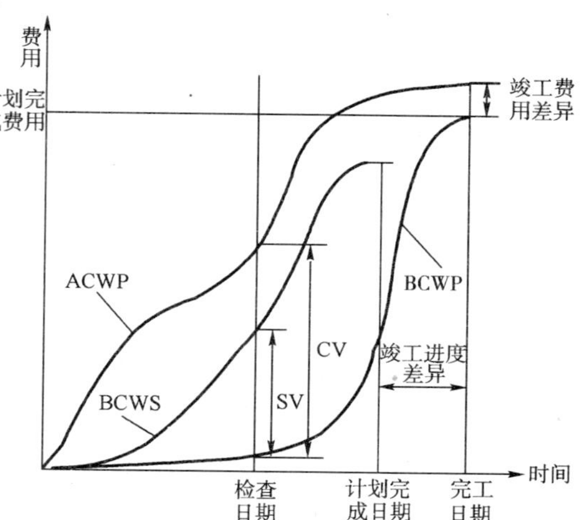

图 2-11　挣值评价曲线图

在实际执行过程中,最理想的状态是 ACWP、BCWS、BCWP 三条曲线非常接近、平稳上升，表示项目按预定计划目标前进。如果三条曲线离散度不断增加，则预示可能发生关系到项目成败的重大问题。如果经过对比分析，发现某一方面已经出现费用超支，或预计最终将会出现费用超支，则应将它提出，作进一步的原因分析。原因分析是费用责任分析和提出费用控制措施的基础，

（三）偏差原因分析

偏差分析的一个重要目的，就是要找出引起偏差的具体原因，从而采取有针对性的措施，减少或避免损失。如果通过费用比较发现了偏差，但却找不到原因或找不到真正的原因，已经出现的偏差就可能继续扩大，工程造价控制工作就不能形成有效的循环。因此，对偏差原因进行认真、仔细、客观的分析是偏差分析中非常重要的一个环节。

在进行偏差分析时，无论是正偏差还是负偏差都应仔细分析原因。负偏差的出现，有时是因为已完工程实际费用的计算有差错，如漏项、缺项、计算依据不当等，或已完工程实物量已经统计却未及时办理结算手续，从而使计算出的已完工程实际费用低于其真正的数值；有时则是因为在确定工程造价目标时所考虑的各种风险和不确定费用明显高于实际发生的相应的费用。以上两种情况都不是实质意义上的负偏差，尤其是第二种情况，在纠正了计算错误之后，仍然有可能出现正偏差。当然，负偏差的出现，也可能是工程造价控制措施和方法积极而有效的结果。在这种情况下，正确分析负偏差的具体原因就是总结对工程造价进行有效控制的经验，从而有可能广泛推广，扩大工程造价控制工作的效果。

要进行偏差原因分析，首先应当将已经导致和可能导致偏差的各种原因一一列举出来，并加以适当的归纳或分类。导致不同工程项目出现工程费用偏差的原因具有一定的共性，因而通过对已经建成的工程项目，特别是与拟建项目相类似的工程项目的费用偏差原因的分析，可以在拟建项目施工之前就预先充分考虑到可能导致工程费用偏差的各种原因。对偏差原因的归纳和分类，不能过于笼统，否则就不能正确、客观地分析各种原因导致工程费用偏差的结果；也不宜过于具体，以致增加执行的难度。有些实际发生的偏差原因可能找不到适当的“归宿”，而不得不作临时补充或调整，何况原因太具体，会使分析结果缺乏综合性和一般性，未必是一种好的选择。当然，在偏差原因分类时，也需要尽可能考虑拟建项目的“个性”。对于预先未考虑到而实际发生的偏差原因，应当留有临时补充的余地。

从“共性”出发，可以把工程费用偏差原因先分：客观原因、业主原因、设计原因和施工原因四个方面，再对每一类原因进行细分（见图 2-12）。这样，既可以对每一个具体原因进行个别分析，又可以将每一类原因汇总进行综合分析。

在图 2-12 所列举的四类工程费用偏差原因中，客观原因一般是无法避免和控制的，充其量只能对其中少数原因做到防患于未然，力求减少该原因所产生的经济损失，如自然因素、地基原因、交通运输原因等。施工原因所导致的经济损失通常是由施工单位自己承担，但是，如果合同中的有关条款不够严格或考虑不周，有时所增加的费用也可能由业主承担，如对第三方经济损失的赔偿等。因此，从工程造价控制的角度来看，对于由于施工原因所造成的工程费用偏差，关键还在于严格合同条款、加强合同管理。实际中这两类偏差原因都不是纠偏的主要对象。

由于业主原因和设计原因所造成的偏差，是纠偏的主要对象。对于业主原因，首先在思想上要有足够的认识，不能认为业主的失误是不可避免的，更不能认为是理所当然的。实际上，业主人员在工程造价控制方面的工作是主动还是被动、是积极还是消极、是认真还是敷衍、是严格还是随意，对工程造价控制的结果影响极大。因此，必须使每一个业主项目管理人都了解

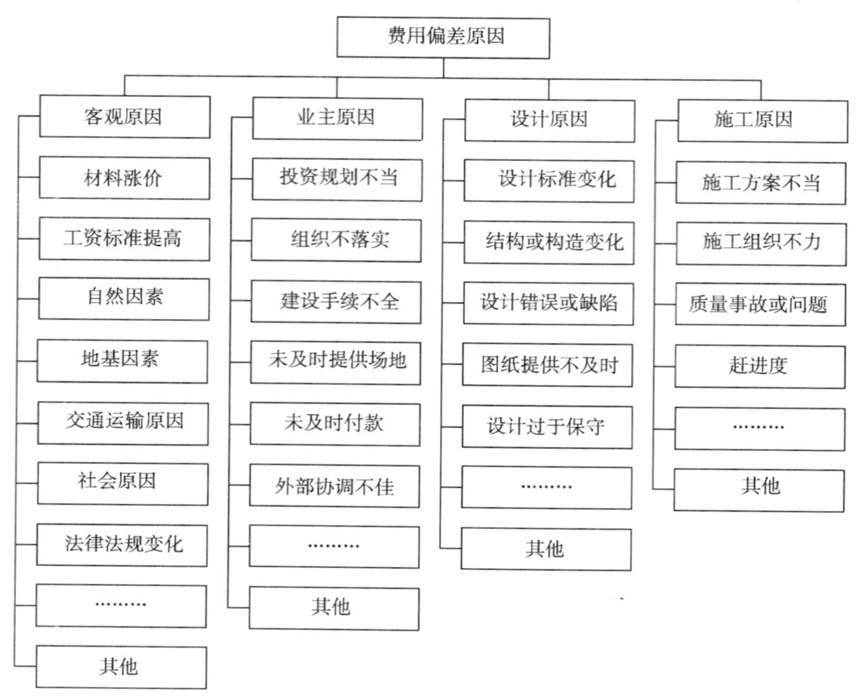

图 2-12　偏差原因分析

其行为对项目工程造价的影响，创造一种人人关心项目工程造价的氛围。

对于设计原因所造成的偏差，应作进一步分析，在设计深化过程中（包括施工过程），设计变更总是时有发生。设计变更的原因可分为以下五类：功能性、装饰性（设计标准）、技术性、经济性和不可控制性的变更。其中前两类变更往往是由于业主的意愿，若确是如此，应归入业主原因；不可控制性变更则可归入客观原因。把设计原因作为纠偏的主要对象，是设计对项目经济性起决定性作用的体现。这里要注意纠正一种片面的观念，不能认为设计变更总是导致工程造价增加，有些设计变更也可以节约工程造价，这就属于经济性的设计变更。从工程造价控制的要求出发，大多数设计变更应属于经济性变更。这意味着对于设计变更所造成的工程造价偏差，需要采取设计变更（当然是经济性变更）来纠偏。这也是发挥设计对工程造价控制作用极其重要而有效的工作。

除了分析费用偏差的原因外，还应分析每种原因今后可能发生的频率（概率）及其影响程度（平均绝对偏差或相对偏差）。对于那些发生频率和影响程度均很小的原因，可以不必采取纠偏措施，而采取被动控制的策略，即问题发生后再作处理，因为任何纠偏措施都是需要付出代价的，有时被动控制比主动控制要更经济。

四、工程费用预测

（一）预测目的

所谓工程费用预测，是在施工过程中，根据已完工程实际费用的情况以及对偏差原因的分析，对预测时间点以后各期和全部未完工程所需要的费用进行的估计和测算，未完工程费用的预测值加上已完工程的实际费用就是整个工程费用的预测值。

对未完工程费用进行预测，可以及时了解整个项目今后各期和最终所需要的费用数额，并了解是否会超过原定的项目费用目标。未完工程费用预测的作用，首先表现在对费用控制措施或纠偏措施的决策方面。如果预测结果表明，费用目标将被突破，就需要采取适当的纠偏措施。突破费用目标的幅度越大，所需要采取的纠偏措施就越多、越有力。如果实际费用虽然超出合同价，但预测结果表明并不会突破费用目标，就不一定采取纠偏措施，至少不必采取特殊和极端的纠偏措施。其次表现在编制和调整资金使用计划方面。原有的资金使用计划是按拟完工程计划费用编制的，它与实际费用和未完工程费用预测值之间存在差异，如果这种差异超过了一定幅度，就必须调整资金使用计划。而资金使用计划是资金筹措的依据，只有当资金使用计划合理时，才能既保证项目的顺利施工，又不占用多余的资金。

未完工程费用预测是一个动态的过程，是不断进行的，因而后一期的实际费用值就是对前一期预测值的检验，后一期新的预测值则是对前一期预测值的修正。随着工程项目实施过程的不断进展，已知因素越来越多，未知和不确定因素越来越少，预测结果应当越来越准确。此外，未完工程费用预测结果是否准确，还在相当程度上取决于预测方法以及预测人员（造价控制人员）的经验和判断。

（二）预测所考虑的主要因素

在进行未完工程费用预测时，所要考虑的主要因素如下：

（1）实际费用已经发生的绝对偏差、相对偏差和偏差程度，包括各期的局部偏差和累计偏差。这些数据既是费用预测的直接原因，也是预测的基础。在预测时，一般不必要取分部分项工程的有关数据，而只要取单位工程以上项目层次的有关数据即可。

（2）各种偏差原因的发生频率及其影响程度（相对偏差和平均绝对偏差）。预测本身就带有一定的不确定性，预测时所考虑的因素越多，所需要的预测方法就越复杂，但不一定增加预测结果的准确性。因此，在预测时，有必要将现有的条件分清主次，加以简化，就偏差原因而言，对那些发生频率小、影响程度小的原因可以完全不予考虑，而主要考虑发生频率大且影响程度大的原因，适当考虑发生频率或影响程度大而相应的影响程度或发生频率一般的原因。

（3）各种客观原因的变化趋势。在造价控制人员进行主动控制和动态控制的情况下，客观原因可能成为各类费用偏差原因中最主要的原因，因此在作未完工程费用预测时，应当将其放在突出的地位。客观原因中有些属于偶发原因，有些则是经常持久地起作用，并且表现出某种明显的变化趋势，如建筑材料价格、人工费标准、交通运输费用等。对这一类客观原因，应当分别或综合考虑它们的变化规律，并且将这种规律在未完工程费用预测中表现出来。显然，对客观原因变化规律的分析本身也是一种预测，可采用适当的方式将其与未完工程费用预测融为一体。

（4）进度偏差的影响。费用偏差一般都同时伴有一定程度的进度偏差，如果进度偏差的幅度较小，且不影响总的进度目标，可不必采取进度纠偏措施，对费用也就不会产生影响，如果进度偏差的幅度较大，为了保证实现进度目标，就需要采取进度纠偏措施。在原进度计划合理甚至经过优化的前提下，进度纠偏措施不外乎增加施工机具和人员，或加班加点等。这些进度纠偏措施都将导致增加项目费用，所增加的费用往往以“赶工费”来表现。对进度偏差的影响要具体情况具体分析，如果进度拖延是由于施工单位自身原因所造成的，则为进度纠偏而增加的费用属于施工单位的成本，而不能从业主方得到补偿，也就不会增加项目费用。

以上四种因素有一定的内在联系，有时难以截然分开，在作未完工程费用预测时，可以只考虑其中某一因素，也可以同时考虑多个因素，但一般很难同时具体地考虑所有的因素。究竟考虑什么因素以及如何考虑，取决于预测人员（造价控制人员）的分析以及所选择的预测方法。

（三）预测方法的选择

目前，预测理论和方法有了极大的发展，各种预测方法有一定的适用范围。对于未完工程预测来说，可以选择下列预测方法。

1.时间序列分析预测法

时间序列分析预测法主要包括移动平均法、加权移动平均法、指数平滑法和季节性（周期性）变化预测法等几种方法。其中，指数平滑法涉及到平滑系数 a 的确定，带有一定的主观性和随意性，不宜选用；季节性变化预测法对于我国南方大多数地区建设项目费用形成过程的影响并不十分明显，故不考虑采用季节性变化预测法。剩余的两种移动平均法，加权移动平均法对近期数据较为重视，可将其作为首选方法。

加权移动平均法对原有数据不需预先进行特别的处理，其方法简单，应用方便，在对偏差原因不进行深入分析的情况下也可以采用。但是，这种方法缺乏严格的经济理论基础，把复杂的费用运动过程过于简单化，因而其预测精度较差，这在实际局部偏差波动较大、数据量较少时表现得更为突出。这也表明，这种方法容易受随机干扰因素的影响。在对未完工程费用预测时，适用于1～3个月的短期预测。

2.一元线性回归预测法

一元线性回归法是广为应用的一种预测方法，从方法运作上讲，已经相当成熟，在用于预测未完工程费用时应注意以下问题。

（1）要确定适当的预测对象

一元线性回归法要求预测对象大致呈线性变化，因此，必须对与费用有关的各种数据先进行定性分析，从中选出较为合适者作为预测对象，如各期和累计费用额，局部绝对偏差、相对偏差和偏差程度，累计绝对偏差、相对偏差和偏差程度等。其中，累计费用额和累计绝对偏差通常都是逐步增加的，累计相对偏差和偏差程度也可能表现出明显的变化趋势，可以作为预测对象；各期费用额和局部绝时偏差肯定不宜作为预测对象，而局部相对偏差和偏差程度则要视具体情况而定。

（2）要确定影响预测对象变化的因素

预测对象的实际变化往往是多种因素综合作用的结果，一元线性回归法只考虑一个因素，因而必须选择最主要、最有代表性的因素，或选择一个综合性的因素，这就需要对偏差原因进行深入的分析。若选择综合性因素，一般取时间为自变量，且按项目施工的时间序列处理；在有多个主要因素时，则需要采用多元线性回归法，计算较为繁复，对未完工程费用预测未必适合，不如采用其他的方法。

当以时间作为自变量时，预测对象一般可取累计绝对偏差、累计相对偏差和累计偏差程度，在有些情况下，也可能取局部相对偏差和局部偏差程度。

一元线性回归法需要足够数量的样本，如果样本数过少，预测结果受随机因素的影响较大，可信度较差。因此，施工初期阶段不宜采用这种方法预测未完工程费用，一般要到施工中期阶段及以后采用这种方法预测才能取得较好的效果。一元线性回归法的适用性较广，尤其是对中长期预测的结果较好，短期预测结果亦不差。

3.期望偏差预测法

期望偏差预测法的基本出发点，在于对各种偏差原因加以区别对待，突出那些发生频率高、相对误差大的偏差原因对未完工程费用预测的影响。这种方法是通过对各种费用偏差原因、发生频率以及偏差值进行深入分析之后，利用偏差原因的发生频率和相对偏差来预测期望偏差，即：

$$期望偏差预测值=\sum(偏差原因\ i\ 的发生频率\times i\ 原因的相对偏差)$$

这种方法在各种偏差原因所引起的绝对偏差相差不大时可以取得较好的预测结果。但是，如果绝对偏差相差很大，或者存在相对偏差很大而绝对偏差很小、相对偏差很小而绝对偏差很大的情况时，这种方法的预测结果误差较大。由于偏差原因的综合分析一般是针对项目的较高层次，偏差原因的发生频率和相对偏差只有在较大范围内才具有统计学的意义，因而期望偏差预测法不适用于对较低层次项目的未完工程费用预测。

由于偏差原因的发生频率和相对偏差一直是在不断变化的，在不太长的时间范围内，某些偏差原因的发生频率和相对偏差可能会有大幅度的变化，因而期望偏差预测法对短期局部相对偏差预测效果不一定好，一般对中期预测效果较好，长期预测不宜采用。

4. 偏差因素分析预测法

影响工程费用偏差最直接的因素就是工、料、机三项费用，其中价格又是一个重要原因。所以在对未完工程费用预测时，主要考虑工、料、机价格变化对费用的影响。即：

$$未完工程费用预测=未完工程计划费用\times 修正系数$$

其中修正系数是以工、料、机的预测价格与计划价格之比加上不变费用然后加权平均确定。

采用偏差因素分析法预测未完工程费用，需要详细准确的基础资料，如各种费用占计划费用的比例，各期进度计划所安排的具体工程内容等，这些数据虽然都是客观存在的，但如果不采用这种方法预测，一般并不需要作专门的计算和处理。因此，偏差因素分析预测法的工作量较大，对基础资料的要求较高，还需要及时了解进度计划的调整情况。

偏差因素分析预测法分别计算各种偏差因素对费用的影响，但忽略了其他不确定因素或仅仅采用系数修正的方法考虑不确定因素。这种作法本身就不符合预测的基本原理，这是其致命的弱点，限制了其使用范围。这种方法主要是用于短期预测。

5. 生长曲线预测法

一般来说，预测对象都有一个从发生、发展到成熟，又随之衰退的过程，其每个阶段的延续时间和发展速度是不同的。在发生阶段发展速度较慢，发展阶段速度加快，成熟阶段速度又趋减慢和稳定，衰退阶段速度加速下降。而工程项目的进展过程正好符合这一特点，它的累计费用曲线是一条近乎 S 形的曲线。生长曲线的典型方程是逻辑斯蒂(Logistic)曲线方程和龚伯兹(Gomperts)曲线方程。

用生长曲线预测未完工程费用，其预测对象主要是各期累计费用额和累计偏差程度(已完工程实际费用与拟完工程计划费用之比)。由于这种方法不涉及已完工程计划费用，因而不能预测绝对偏差和相对偏差(局部和累计)，也不能预测局部偏差程度。

生长曲线预测模型只考虑计划费用和实际费用的形成过程，而不考虑导致费用偏差的具体原因，是较为抽象的一种预测方法。也可以认为，这种方法综合考虑了各种因素，并且假定这些因素按照某种变化规律继续发挥作用。由于工程项目三种费用曲线都具有生长曲线型的基本形态，因而只要施工过程中不发生突发性的、对费用有重大影响的意外事件，采用这种方法预测未完工程费用就能取得较好的效果，而且短期、中期和长期预测均可运用，尤以中、长期预测为佳。这种方法的另一个突出优点是需要的基础数据少，只要有已完工程各期的实际费用累计额和项目计划费用总额就可建立模型。

在未完工程费用预测的实际工作中，每次预测可采用多种预测方法，给出多种预测结果，供造价控制人员参考。究竟采用哪种预测方法的预测结果，或是将多种预测结果综合起来作适当处理后得出一组新的预测结果，由造价控制人员根据具体情况和经验决定。在项目施工的不同阶段，可以采用不同的预测方法，如果发现某种预测方法的结果明显比其他预测方法准确，则可以只采用这种方法预测。另外，也可以考虑在偏差原因分析的基础上，对不同偏差原因（因素）所引起的费用变化分别采用不同的方法预测，再将几部分预测结果综合起来，例如，对建筑材料价格、人工费和运输费标准变化引起的费用偏差，采用偏差因素分析法预测，对其他“不确定因素”引起的费用偏差，则采用加权移动平均法或一元线性回归法。

五、纠 偏 措 施

在确定了纠偏的主要对象之后，就需要采取针对性的纠偏措施。所谓纠偏，是对系统实际运行状态偏离标准状态的纠正，以使实际运行状态恢复到或保持在标准状态。与一般工业控制系统不同的是，工程费用偏差的纠偏措施主要取决于项目本身的具体情况以及控制人员的知识结构、分析问题和解决问题的能力和经验。因此，工程费用的纠偏措施更主要地表现为实践问题。当然，纠偏措施也具有一定的规律性和普遍性，可以从总体上加以把握。

为此，可以将纠偏措施归纳为组织措施、经济措施、技术措施和合同措施四个方面。这四方面措施在项目实施的各个阶段的具体运用不尽相同。

（一）组织措施

所谓组织措施，是从工程造价控制的组织管理方面采取的措施，如落实工程造价控制的组织机构和人员，明确各级工程造价控制人员的任务和职能分工、权力和责任、改善工程造价控制的工作流程等。在工程造价控制工作的实践中，组织措施往往是最容易被忽视的一类措施。其实，组织措施是其他各类措施的前提和保障，而且一般不需要增加什么费用，运用得当即可收到良好的效果。尤其是对由于业主原因所导致的工程造价偏差，这类措施可能成为首选措施，故应予以足够的重视。

（二）经济措施

经济措施是最易为人接受和采用的措施。在这方面，要特别注意不要把经济措施仅仅理解为审核工程量及相应的付款和结算报告。尽管这是非常必要和非常重要的工作，但这对有效地控制工程造价仍然是不够的，还需要从一些全局性、总体性的问题上加以考虑。例如，检查工程造价目标的分解是否合理、是否正确，资金支出计划是否合理、有无保障、与施工进度是否协调，设计修改和变更是否必要、是否超标准等等。解决这些方面的问题有时属于“治本”或“标本兼治”，可取得事半功倍的效果，另外，要注意不要仅仅局限在已发生的费用上。通过偏差原因分析和未完工程费用预测，可以发现一些将引起来未完工程费用增加的现在和潜在的问题，对这些问题应以主动控制为出发点，及时采取预防措施。

（三）技术措施

技术措施不仅对于解决项目实施过程中的技术问题是不可缺少的，而且对于纠正工程费用偏差亦有相当重要的作用。但在实践中，人们往往注意到技术措施的前一类作用，而忽视了它的后一类作用。从工程造价控制的要求来看，技术措施并不一定是因为发生了技术问题才加以考虑，也可以完全是因为出现了经济问题（如工程费用偏差较大）而加以运用。任何一个技术方案都有基本确定的经济效果，不同的技术方案就有着不同的经济效果。因此，运用技术措施纠偏的关键，一是要能提出多个不同的技术方案，二是要对不同的技术方案进行技术经济分析。技术措施的具体内容很多，如主体结构和基础形式、设备选型、结构材料和装饰材料选用、施工方案选择等，在这些方面都存在多种可能性，需要经过技术经济分析慎重地加以选择。在实践中，要避免仅从技术角度选定技术方案而忽视对其经济效果的分析论证。

(四)合同措施

合同措施在纠偏方面主要是索赔管理。在施工过程中，承包商有时会提出索赔要求。工程造价控制人员或合同管理人员要审查承包商的索赔依据是否符合合同有关条款的规定，索赔事件是否属实、是否确实非承包商的责任，索赔的计算方法是否合理等。在必要和可能的情况下，可对已签订并执行的合同作一些补充或修改。从主动控制的要求出发，应做好日常的合同管理，着重根据偏差原因分析的结果研究合同的有关内容而采取针对性的措施，特别要注意合同中所规定的业主和监理工程师的责任，并切实予以履行。

需要强调指出，在出现工程费用偏差之后，总是有可能采取纠偏措施来减少工程造价目标的超出。例如，极端的纠偏措施就是取消部分项目乃至全部项目。但是，应当认识到，工程造价控制的目标是为整个项目建设的目标服务的。在已经出现超工程造价的情况下，有时坚决保证工程造价不超的方案未必是最佳的选择，某些纠偏措施所带来的结果可能比超工程造价更糟糕。例如，取消部分项目可能导致预定的项目整体功能和收益不能实现，实际上是得不偿失。在这种情况下，超工程造价是可以接受的，并将其考虑到未完工程费用预测之中。采取纠偏措施的任务就是要选择一个超工程造价尽可能小的方案，也就是说，在绝大多数情况下，应以保证整个项目建设目标，项目功能和内容基本不变为前提来选择适当的纠偏措施。对于那些极端的纠偏措施(不包括通过调整装饰标准和功能布局以及采取技术性和经济性设计变更来降低工程造价的措施)所产生的工程造价控制结果，要作具体的分析。例如，如果取消部分项目总工程造价控制在工程造价目标之内，应当根据所实现的项目内容对应的计划工程造价(即以“新项目”的工程造价目标)来评价其工程造价控制的结果。

第三章　土木工程造价组成与估价方法

第一节　土木工程造价组成

一、概　　述

按照原国家计委审定(计办投资[2002]15 号发行的《投资项目可行性研究指南》规定，工程造价(建设投资)是由建筑安装工程费用、设备及工器具购置费用、工程建设其他费用、预备费、建设期贷款利息、固定资产投资方向调节税组成。具体组成内容如图 3-1 所示。

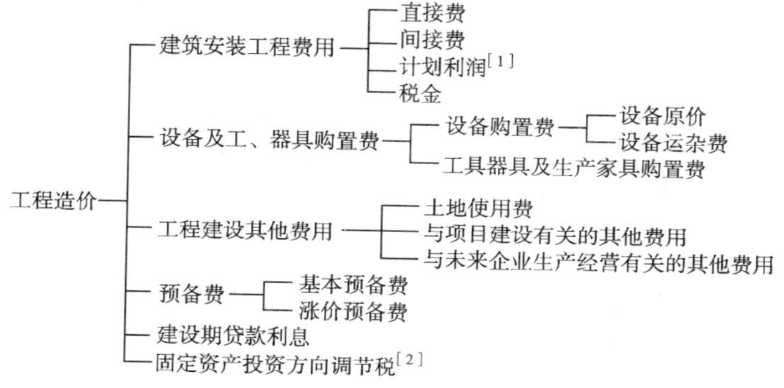

图 3-1　我国现行工程造价构成

注：1. 建设部建标[2003]206 号文，已将计划利润改为利润；
2. 国家税务总局国税发[2000]256 号文，固定资产投资方向调节税暂停征收。

二、建筑安装工程费的组成

在工程造价构成中，建筑安装工程费用具有相对独立性，它作为建筑安装工程价值的货币表现，亦被称为建筑安装工程造价。

建筑安装工程费用由建筑工程费用和安装工程费用两部分组成。

建筑工程费用按照工作内容分包括：

(1)各类房屋建筑工程费用和列入房屋建筑工程预算的供水、供暖、供电、卫生、通风、煤气等设备费用及其装修、防腐工程的费用，列入建筑工程预算的各种管道、电力、电信和电缆导线敷设工程的费用；

(2)设备基础、支柱、工作台、烟囱、水塔、水池、灰塔等建筑工程以及各种窑炉的砌筑工程和金属结构工程的费用；

(3)为施工而进行的场地平整、工程和水文地质勘探、原有建筑物和障碍物的拆除以及施工临时用水、电、气、路和完工后的场地清理、环境绿化、美化等工作的费用；

(4)矿井开凿、井巷延伸、露天矿剥离和石油、天然气、钻井以及修建铁路、公路、桥梁、水库、堤坝、灌渠及防洪等工程的费用。

安装工程费用包括：

(1)生产、动力、起重、运输、传动和医疗、试验等各种需要安装的机械设备的装配费用，与设备相连的工作台、梯子、栏杆等装设工程费用，附设于被安装设备的管线敷设工程费用，以及被安装设备的绝缘、防腐、保温、油漆等工作的材料费和安装费；

(2)为测定安装工作质量，对单台设备进行单机试运转和对系统设备进行系统联动无负荷试运转工作的调试费。

为了适应工程计价改革工作的需要，按照国家有关法律、法规，并参照国际惯例，在总结建设部、中国人民建设银行(1996 年改名为中国建设银行)《关于调整建筑安装工程费用项目组成的若干规定》(建标[1993]894 号)执行情况的基础上，建设部和财政部在 2003 年 10 月 15 日重新调整了《建筑安装工程费用项目组成》。

《建筑安装工程费用项目组成》自 2004 年 1 月 1 日起施行。原建设部、中国人民建设银行《关于调整建筑安装工程费用项目组成的若干规定》(建标[1993]894 号)同时废止。

新调整的建筑安装工程费由直接费、间接费、利润和税金组成(见表 3-1)。

表 3-1

建筑安装工程费用项目组成表

<table>
<tr><td rowspan="6">建筑安装工程费</td><td rowspan="2">直接费</td><td>直接工程费</td><td>1. 人工费
2. 材料费
3. 施工机械使用费</td></tr>
<tr><td>措施费</td><td>1. 环境保护
2. 文明施工
3. 安全施工
4. 临时设施
5. 夜间施工措施费
6. 二次搬运
7. 大型机械设备进出场及安拆费
8. 混凝土、钢筋混凝土模板及支架
9. 脚手架
10. 已完工程及设备保护
11. 施工排水、降水间接费</td></tr>
<tr><td rowspan="2">间接费</td><td>规费</td><td>1. 工程排污费
2. 工程定额测定费
3. 社会保障费
(1)养老保险费
(2)失业保险费
(3)医疗保险费
4. 住房公积金
5. 危险作业意外伤害保险</td></tr>
<tr><td>企业管理费</td><td>1. 管理人员工资
2. 办公费
3. 差旅交通费
4. 固定资产使用费
5. 工具用具使用费
6. 劳动保险费
7. 工会经费
8. 职工教育经费
9. 财产保险费
10. 财务费
11. 税金
12. 其他利润税金</td></tr>
<tr><td colspan="3">利润</td></tr>
<tr><td colspan="3">税金</td></tr>
</table>

（一）直接费

直接费由直接工程费和措施费组成。

1.直接工程费

直接工程费是指施工过程中耗费的构成工程实体的各项费用，包括人工费、材料费、施工机械使用费。

(1)人工费。是指直接从事建筑安装工程施工的生产工人开支的各项费用，内容包括如下。

①基本工资：是指发放给生产工人的基本工资。

②工资性补贴：是指按规定标准发放的物价补贴，如煤、燃气补贴，交通补贴，住房补贴，流动施工津贴等。

③生产工人辅助工资：是指生产工人年有效施工天数以外非作业天数的工资，包括职工学习、培训期间的工资，调动工作、探亲、休假期间的工资，因气候影响的停工工资，女工哺乳时间的工资，病假在六个月以内的工资及产、婚、丧假期的工资。

④职工福利费：是指按规定标准计提的职工福利费。

⑤生产工人劳动保护费：是指按规定标准发放的劳动保护用品的购置费及修理费，徒工服装补贴，防暑降温费，在有碍身体健康环境中施工的保健费用等。

(2)材料费。是指施工过程中耗费的构成工程实体的原材料、辅助材料、构配件、零件、半成品的费用。内容包括如下。

①材料原价(或供应价格)。

②材料运杂费：是指材料自来源地运至工地仓库或指定堆放地点所发生的全部费用。

③运输损耗费：是指材料在运输装卸过程中不可避免的损耗。

④采购及保管费：是指为组织采购、供应和保管材料过程中所需要的各项费用，包括：采购费、仓储费、工地保管费、仓储损耗。

⑤检验试验费：是指对建筑材料、构件和建筑安装物进行一般鉴定、检查所发生的费用，包括自设试验室进行试验所耗用的材料和化学药品等费用。不包括新结构、新材料的试验费和建设单位对具有出厂合格证明的材料进行检验，对构件做破坏性试验及其他特殊要求检验试验的费用。

(3)施工机械使用费：是指施工机械作业所发生的机械使用费以及机械安拆费和场外运费。

施工机械台班单价应由下列七项费用组成，分列如下：

①折旧费：指施工机械在规定的使用年限内，陆续收回其原值及购置资金的时间价值。

②大修理费：指施工机械按规定的大修理间隔台班进行必要的大修理，以恢复其正常功能所需的费用。

③经常修理费：指施工机械除大修理以外的各级保养和临时故障排除所需的费用。包括为保障机械正常运转所需替换设备与随机配备工具附具的摊销和维护费用，机械运转中日常保养所需润滑与擦拭的材料费用及机械停滞期间的维护和保养费用等。

④安拆费及场外运费：安拆费指施工机械在现场进行安装与拆卸所需的人工、材料、机械和试运转费用以及机械辅助设施的折旧、搭设、拆除等费用；场外运费指施工机械整体或分体自停放地点运至施工现场或由一施工地点运至另一施工地点的运输、装卸、辅助材料及架线等费用。

⑤人工费：指机上司机(司炉)和其他操作人员的工作日人工费及上述人员在施工机械规定的年工作台班以外的人工费。

⑥燃料动力费：指施工机械在运转作业中所消耗的固体燃料(煤、木柴)、液体燃料(汽油、

柴油)及水、电等费用。

⑦养路费及车船使用税:指施工机械按照国家规定和有关部门规定应缴纳的养路费、车船使用税、保险费及年检费等。

2.措施费

措施费主要是指为完成工程项目施工,发生于该工程施工前和施工过程中非工程实体项目的费用。

措施费如下。

(1)环境保护费:是指施工现场为达到环保部门要求所需要的各项费用。

(2)文明施工费:是指施工现场文明施工所需要的各项费用。

(3)安全施工费:是指施工现场安全施工所需要的各项费用。

(4)临时设施费:是指施工企业为进行建筑工程施工所必须搭设的生活和生产用的临时建筑物、构筑物和其他临时设施费用等。

临时设施包括:临时宿舍、文化福利及公用事业房屋与构筑物,仓库、办公室、加工厂以及规定范围内道路、水、电、管线等临时设施和小型临时设施。

临时设施费用包括:临时设施的搭设、维修、拆除费或摊销费。

(5)夜间施工费:是指因夜间施工所发生的夜班补助费、夜间施工降效、夜间施工照明设备摊销及照明用电等费用。

(6)二次搬运费:是指因施工场地狭小等特殊情况而发生的二次搬运费用。

(7)大型机械设备进出场及安拆费:是指机械整体或分体自停放场地运至施工现场或由一个施工地点运至另一个施工地点,所发生的机械进出场运输及转移费用及机械在施工现场进行安装、拆卸所需的人工费、材料费、机械费、试运转费和安装所需的辅助设施的费用。

(8)混凝土、钢筋混凝土模板及支架费:是指混凝土施工过程中需要的各种钢模板、木模板、支架等的支、拆、运输费用及模板、支架的摊销(或租赁)费用。

(9)脚手架费:是指施工需要的各种脚手架搭、拆、运输费用及脚手架的摊销(或租赁)费用。

(10)已完工程及设备保护费:是指竣工验收前,对已完工程及设备进行保护所需费用。

(11)施工排水、降水费:是指为确保工程在正常条件下施工,采取各种排水、降水措施所发生的各种费用。

(二)间接费

间接费由规费、企业管理费组成。

1.规费

规费是指政府和有关权力部门规定必须缴纳的费用,主要规费如下。

(1)工程排污费:是指施工现场按规定缴纳的工程排污费。

(2)工程定额测定费:是指按规定支付工程造价(定额)管理部门的定额测定费。

(3)社会保障费

①养老保险费:是指企业按规定标准为职工缴纳的基本养老保险费。

②失业保险费:是指企业按照国家规定标准为职工缴纳的失业保险费。

③医疗保险费:是指企业按照规定标准为职工缴纳的基本医疗保险费。

(4)住房公积金:是指企业按规定标准为职工缴纳的住房公积金。

(5)危险作业意外伤害保险:是指按照《建筑法》规定,企业为从事危险作业的建筑安装施工人员支付的意外伤害保险费。

2. 企业管理费

企业管理费是指建筑安装企业组织施工生产和经营管理所需费用。

内容包括：

(1)管理人员工资：是指管理人员的基本工资、工资性补贴、职工福利费、劳动保护费等。

(2)办公费：是指企业管理办公用的文具、纸张、账表、印刷、邮电、书报、会议、水电、烧水和集体取暖(包括现场临时宿舍取暖)用煤等费用。

(3)差旅交通费：是指职工因公出差、调动工作的差旅费、住勤补助费，市内交通费和误餐补助费，职工探亲路费，劳动力招募费，职工离退休、退职一次性路费，工伤人员就医路费，工地转移费以及管理部门使用的交通工具的油料、燃料、养路费及牌照费。

(4)固定资产使用费：是指管理和试验部门及附属生产单位使用的属于固定资产的房屋、设备仪器等的折旧、大修、维修或租赁费。

(5)工具用具使用费：是指管理使用的不属于固定资产的生产工具、器具、家具、交通工具和检验、试验、测绘、消防用具等的购置、维修和摊销费。

(6)劳动保险费：是指由企业支付离退休职工的易地安家补助费、职工退职金、六个月以上的病假人员工资、职工死亡丧葬补助费、抚恤费、按规定支付给离休干部的各项经费。

(7)工会经费：是指企业按职工工资总额计提的工会经费。

(8)职工教育经费：是指企业为职工学习先进技术和提高文化水平，按职工工资总额计提的费用。

(9)财产保险费：是指施工管理用财产、车辆保险。

(10)财务费：是指企业为筹集资金而发生的各种费用。

(11)税金：是指企业按规定缴纳的房产税、车船使用税、土地使用税、印花税等。

(12)其他：包括技术转让费、技术开发费、业务招待费、绿化费、广告费、公证费、法律顾问费、审计费、咨询费等。

(三)利润

是指施工企业完成所承包工程获得的盈利。

(四)税金

是指国家税法规定的应计入建筑安装工程造价内的营业税、城市维护建设税及教育费附加等。

营业税的税额为营业额的3%，其中营业额是指从事建筑、安装、修缮、装饰及其他工程作业收取的全部收入。安装设备的价值作为安装工程产值时，亦包括所安装设备的价款。但建筑安装工程总承包方将工程分包或转包给他人的，其营业额中不包括付给分包或转包方的价款。

城市维护建设税是国家为了加强城市维护建设，扩大和稳定城市的维护建设资金的来源，而对有经营收入的单位和个人征收的一种税。对于施工企业来讲，城市维护建设税的计税依据为营业税。纳税人所在地为市区的，按营业税的7%征收；所在地为县镇的，按营业税的5%征收；所在地不在市区县镇的，按营业税的1%征收。

对建筑安装企业征收的教育费附加税额为营业税的3%，并与营业税同时缴纳。

三、设备、工器具购置费用的组成

设备、工器具购置费用是由设备购置费用和工器具、生产家具购置费用组成的，它是固定资产投资中的积极部分。在生产性工程建设中，设备、工器具购置费用与资本的有机构成相联系。

设备、工器具购置费用占工程造价比重的增大，意味着生产技术的进步和资本有机构成的提高。

设备购置费是指为工程建设项目购置或自制的达到固定资产标准的设备、工具、器具的费用。确定固定资产的标准是：使用年限在一年以上、单位价值在1 000元或1 500元或2 000元以上的资产，具体单位价值由主管部门规定。新建项目和扩建项目的新建车间购置或自制的全部设备、工器具，不论是否达到固定资产标准，均计入设备、工器具购置费用中。

工器具及生产家具购置费是指新建或扩建项目初步设计规定所必须购置的没有达到固定资产标准的设备、仪器、工卡模具、器具、生产家具和备品备件的费用。

四、工程建设其他费用的组成

工程建设其他费用是指从工程筹建起到工程竣工验收交付使用止的整个建设期间，除建筑安装工程费用和设备、工器具购置费用以外的，为保证工程建设顺利完成和交付使用后能够正常发挥效用而发生的各项费用的总和。

工程建设其他费用，按其内容大体可分为土地使用费，与项目建设有关的其他费用、与未来企业生产经营有关的其他费用等。

（一）土地使用费

是指建设项目通过划拨方式取得土地使用权而支付的土地征用及迁移补偿费，或者通过土地使用权出让方式取得土地使用权而支付的土地使用权出让金。

1. 土地征用及迁移补偿费

是指建设项目通过划拨方式取得无限期的土地使用权，依据《中华人民共和国土地管理法》等规定所支付的费用。内容包括：

（1）土地补偿费；

（2）青苗补偿费和被征用土地上的房屋、水井、树木等附着物补偿费；

（3）安置补助费；

（4）缴纳的耕地占用税或城镇土地使用税，土地登记费及征地管理费等；

（5）征地动迁费；

（6）水利水电工程水库淹没处理补偿费。

2. 土地使用权出让金

是指建设项目通过土地使用权出让方式，取得有限期的土地使用权，依照《中华人民共和国城镇国有土地使用权出让和转让暂行条例》规定支付的土地使用权出让金。

（二）与项目建设有关的其他费用

1. 建设单位管理费

是指建设项目从立项、筹建、建设、联合试运转、竣工验收交付使用及后评估等全过程管理所需费用。内容包括：

（1）建设单位开办费；

（2）建设单位经费。

2. 勘察设计费

是指为本建设项目提供项目建议书、可行性研究报告及设计文件等所需费用，内容包括：

（1）编制项目建议书、可行性研究报告及投资估算、工程咨询、评价以及为编制上述文件所进行勘察、设计、研究试验等所需费用；

（2）委托勘察、设计单位进行初步设计、施工图设计及概预算编制等所需费用；

(3)在规定范围内由建设单位自行完成的勘察、设计工作所需费用。

3.研究试验费

是指为本建设项目提供或验证设计参数、数据资料等进行必要的研究试验以及设计规定在施工中必须进行的试验、验证所需费用。

4.临时设施费

是指建设期间建设单位所需临时设施的搭设、维修、摊销费用或租赁费用。

5.工程监理费

是指委托工程监理单位对工程实施监理工作所需费用。

6.工程保险费

是指建设项目在建设期间根据需要,实施工程保险部分所需费用。包括以各种建筑工程及其在施工过程中的物料、机器设备为保险标的的建筑工程一切险,以安装工程中的各种机器、设备为保险标的的安装工程一切险,以及机器损坏保险等。

7.引进技术和进口设备其他费

包括出国人员费用、国外工程技术人员来华费用、技术引进费、分期或延期付款利息、担保费和进口设备检验鉴定费用。

(三)与未来企业生产经营有关的其他费用

1.联合试运转费

是指新建企业或新增加生产工艺过程的扩建企业在竣工验收前,按照设计规定的工程质量标准,进行整个车间的负荷或无负荷联合试运转发生的费用支出大于试运转收入的亏损部分。

2.生产准备费

是指新建企业或新增生产能力的企业,为保证竣工交付使用进行必要的生产准备所发生的费用。

3.办公和生活家具购置费

办公和生活家具购置费是指为保证新建、改建、扩建项目初期正常生产、使用和管理所必须购置的办公和生活家具、用具的费用。改扩建项目所需的办公和生活用具购置费,应低于新建项目。

五、预　备　费

按我国现行规定,预备费包括基本预备费和工程造价调整预备费。

(一)基本预备费

指在初步设计及概算内难以预料的工程和费用。费用内容包括:

(1)在批准的初步设计范围内,技术设计、施工图设计及施工过程中所增加的工程和费用,设计变更、局部地基处理等增加的费用。

(2)一般自然灾害造成损失和预防自然灾害所采取的措施费用。实行工程保险的工程项目费用应适当降低。

(3)竣工验收时为鉴定工程质量对隐蔽工程进行必要的挖掘和修复费用。

基本预备费的计算公式为:

基本预备费=(设备及工器具购置费+建筑安装工程费用+工程建设其他费用)×基本预备费率

（二）涨价预备费

指建设项目在建设期间内由于物价上涨、汇率变化等引起工程造价变化的预测预留费用。

涨价预备费的测算方法，一般根据国家规定的投资综合价格指数，按估算年份价格水平的投资额为基数，采用复利方法计算。

六、建设期贷款利息

建设期贷款利息包括向国内银行和其他非银行金融机构贷款、出口信贷、外国政府贷款、国际商业银行贷款以及在境内外发行的债券等在建设期内应偿还的贷款利息。国内银行贷款按现行贷款计算，国外贷款利息按协议书或贷款意向书确定的利率按复利计算。

七、固定资产投资方向调节税

为了贯彻国家产业政策，控制投资规模，引导投资方向，调整投资结构，加强重点建设，促进国民经济持续稳定协调发展，对我国境内进行固定资产投资的单位和个人（不包含中外合资经营企业、中外合作经营企业和外资企业）征收固定资产投资方向调节税（简称投资方向调节税）。

为扩大内需，鼓励投资，国务院决定自 2000 年 1 月 1 日起新发生的投资额暂停征收固定资产投资方向调节税（但未取消）。

第二节　土木工程估价依据

一、土木工程估价依据的分类

土木工程估价的依据主要包括：工程定额、估价指标、费用定额、工期定额、基础单价和工程造价指数等。

（一）工程定额

工程定额一般是指完成指定的单项施工内容在人力、物力、财力消耗方面所需的社会必要劳动量，在我国属于推荐性经济标准，其中最重要的有预算定额和概算定额。

1. 预算定额

是计价定额当中的基础性定额，主要用于在编制施工图预算时，计算工程造价和计算人工、材料、机械台班需要量。同时，预算定额是在招标承包情况下，计算标底和确定报价的主要依据。预算定额是按分部分项工程进行项目划分的。

2. 概算定额

是编制初步设计概算和修正概算时，确定工程概算造价，计算劳动、机械台班、材料需要量所使用的定额。概算定额的项目划分对象是扩大分部分项工程，其编制基础是预算定额，但比预算定额综合扩大。

（二）估价指标

估价指标是反映特定的单位工程、单项工程或建设项目所需人力、物力和财力的综合需要量。在我国属参考性经济标准，如概算指标、投资估算指标。

1. 概算指标

是按一定计量单位规定的，比概算定额更综合扩大的分部工程或单位工程的劳动、材料和机械台班的消耗量标准和造价指标。在建筑工程中，它往往按完整的建筑物、构筑物以 m^2、m^3 或座等为计量单位进行编制。概算指标是在初步设计阶段编制工程概算，计算劳动、机械台班、材料需要量的依据。它一般是在概算定额和预算定额基础上编制的。

2.投资估算指标

是在可行性研究阶段编制投资估算的基础和依据。估算指标与概预算定额相比，具有较强的综合性和概括性。它往往以独立的建设项目、单项工程或单位工程为对象，综合项目全过程投资和建设中的各类成本和费用，反映其扩大的技术经济指标。投资估算指标一般根据历史的预决算资料和价格变动等资料编制，但其编制基础仍离不开预算定额、概算定额和概算指标。

（三）费用定额

费用定额是以某些费用项目为计算基础，反映专项费用的社会必要劳动量的百分率或标准，它是定额的一种特殊形式。

（四）工期定额

工期定额是为各类工程规定的施工期限的定额天数，包括建设工期定额和施工工期定额两个层次。

建设工期是指建设项目或独立的单项工程在建设过程中所耗用的时间总量，一般以月数或天数表示。施工工期一般是指单项工程或单位工程从开工到完工所经历的时间，它是建设工期中的一部分。

（五）基础单价

基础单价是指工程建设中所消耗的劳动力、材料、机械台班及设备工器具价格的总称。

（六）工程造价指数

工程造价指数是说明不同时期工程造价的相对变化趋势和程度的指标，即说明某一时间的工程造价比另一时期工程造价上升或下降的百分比。

二、工、料、机消耗定额

（一）人工定额消耗量的确定

预算定额中人工工日消耗量是指在正常施工生产条件下，生产单位假定建筑安装产品（即分部分项工程或结构件）必须消耗的某种技术等级的人工工日数量，它由分项工程所综合的各个工序的施工劳动定额及幅度差组成，包括：基本用工、其他用工以及施工劳动定额同预算定额工日消耗量的幅度差三部分。

1.基本用工

指完成假定建筑安装产品的基本用工工日。计算公式如下：

$$\text{基本用工}=\sum(\text{综合取定的工程量}\times\text{施工劳动定额})$$

2.其他用工

通常包括：

(1)超运距用工。指预算定额的平均水平运距超过劳动定额规定的水平运距部分消耗的用工。

(2)辅助用工。指技术工种劳动定额内不包括而在预算定额内又必须考虑的工时消耗。

3.人工幅度差

即预算定额与施工劳动定额的差额，主要是指在施工劳动定额作业时间之外，而在预算定额应考虑的正常施工情况下不可避免的工时损失。

《公路工程预算定额》(JTG/T B06-2—2007)中的人工幅度差考虑了下述因素：

(1)工序搭接及转移工作面的间断时间。

(2)各工种交叉作业的相互影响。

(3)工作开始及结束时由于放样交底及任务不饱满而影响产量。

(4)配合机械施工及移动管线时发生的操作间歇。

(5)检查质量及验收隐蔽工程时影响工时利用。

(6)因雨雪或其他原因需排除故障。

(7)其他零星工作。如临时交通指挥、安全警戒、现场挖沟排水、修路、材料整理、堆放地清扫等。

(8)由于图纸或施工方法的差异需增加的工序及工作项目。

公路工程预算定额人工消耗量的确定如下式：

预算定额人工消耗量＝(基本用工＋辅助用工＋超运距用工)×人工幅度差系数

公路工程中，人工幅度差系数是用大于1的系数表示。在建筑工程中，上式应乘以(1＋人工幅度差系数)。

概算定额中人工工日消耗量是指在正常施工生产条件下，生产单位建筑安装产品(即扩大的分部分项工程或完整的结构构件)必须消耗的某种技术等级的人工工日数量。它是在预算定额人工工日消耗量基础上适当综合得出的，两者之间一般允许有一定的幅度差。

(二)材料定额消耗量的确定

预算定额中的材料消耗量，是指在合理和节约使用材料的条件下，生产单位假定建筑安装产品(即分部分项工程或结构件)必须消耗的一定品种规格的材料、半成品、构配件等的数量标准。它包括材料净耗量和材料不可避免损耗量。

1.材料净耗量

材料的净耗量是指直接用到工程中去，构成工程实体的材料消耗量。它可以采用计算法、换算法和试验室试验法进行测定。

2.材料不可避免损耗量

材料不可避免损耗量包括：

(1)施工操作中的材料损耗量，包括操作过程中不可避免的废料和损耗量。

(2)领料时材料从工地仓库、现场堆放地点或施工现场内的加工地点运至施工操作地点的不可避免的场内运输损耗量和装卸损耗量。

(3)材料在施工操作地点的不可避免的堆放损耗量。

(4)材料预算价格中没有考虑的场外运输损耗量。

各分部分项工程材料净耗量(又称材料净耗定额)与材料不可避免损耗量(又称材料损耗定额)之和，称为材料必需消耗量(材料预算定额量)。材料不可避免损耗量与材料必需消耗量之比，称为材料损耗率。两者的计算公式为：

$$\text{材料损耗率}=\frac{\text{材料不可避免损耗量}}{\text{材料必需消耗量}}\times 100\%$$

$$\text{材料必需消耗量}=\frac{\text{材料净耗量}}{1-\text{材料损耗率}}$$

3. 周转性材料摊销额

周转性材料是指在施工过程中多次使用的工具性材料，如脚手架、钢木模板、跳板、挡木板等。纳入定额的周转性材料消耗指标应当有两个：一个是一次使用量，供申请备料和编制施工作业计划使用，一般是根据施工图纸进行计算；另一个是摊销量，即周转材料使用一次摊在单位产品上的消耗量。

模板及支架摊销量＝一次使用量×(1＋施工损耗)×[1＋(周转次数－1)×补损率周转÷次数－(1－补损率)50%/周转次数]

$$脚手架摊销量=\frac{单位一次使用量\times(1-残值率)}{耐用期\div一次使用期}$$

概算定额中的材料消耗量，是指在合理和节约使用材料的条件下，生产单位建筑安装产品(即扩大的分部分项工程)必须消耗的一定品种规格的材料、半成品、构配件等的数量标准。它是由该扩大分部分项工程包含的各分部分项工程预算定额材料消耗量综合而成的。

(三)机械台班定额消耗量的确定

预算定额中的机械台班消耗量是指在正常施工条件下，生产单位假定建筑安装产品(分部分项工程或结构件)必须消耗的某类或某种型号施工机械的台班数量。它是根据合理的施工组织设计中确定的施工机械的规格、型号，综合施工定额相应的工序并考虑幅度差计算的，包括综合各工序机械台班定额之和及预算定额和施工定额的机械台班幅度差。

1. 综合各工序机械台班定额之和

其定义如下：

$$\sum(各工序实物工程量\times相应的施工机械台班定额)\times机械幅度差系数$$

2. 预算定额的机械台班幅度差

《公路工程预算定额》(JTG/T B06-2—2007)的机械幅度差考虑了下列因素：

(1)正常施工组织情况下不可避免的机械空转、技术中断及合理停置时间；

(2)必要的备用台数造成的闲置台班；

(3)由于气候关系或排除故障影响台班的利用；

(4)工地范围内机械转移的台班数及非自行式机械转移时所需的运载牵引工具；

(5)配套机械相互影响所损失的时间及停车场至工作地点超定额运距所需的时间；

(6)施工初期限于条件所造成的效率差及结尾时工程量不饱满所损失的时间；

(7)因供电、供水故障及水电路线的移动检修而发生的运转中断；

(8)不同厂牌机械的效率差、机械不配套造成的效率低；

(9)工程质量检查的影响。

公路工程中，机械幅度差系数是用大于1的系数表示。在建筑工程中，上式应乘以(1＋机械幅度差系数)。

概算定额中机械台班消耗量是指在正常施工条件下，生产单位建筑安装产品必须消耗的某类、某种型号施工机械台班数量。这是在预算定额机械台班消耗量基础上适当综合得出的，两者之间允许有一定的幅度差，这个幅度差约在5%左右。

三、基础单价

(一)人工工日单价

人工工日单价是指一个建筑安装工人一个工作日在预算中应计入的全部人工费用，包括：

基本工资、工资性补贴、辅助工资、职工福利费、劳动保护费。

$$日工资单价(G)=\sum_{i=1}^{5}G_i$$

式中：G_i 的意义分列如下。

1. 基本工资(G_1)

按照岗位技能工资制度，它一般包括岗位工资、技能工资和年工资等。

$$基本工资(G_1)=\frac{生产工人平均月工资}{年平均每月法定工作日}$$

2. 工资性补贴(G_2)

是指为了补偿工人额外或特殊的劳动消耗以及为了保证工人的工资水平不受特殊条件的影响，而以补贴形式支付给工人的劳动报酬。包括交通补贴、流动施工津贴、住房补贴、地区津贴、物价补贴和工资附加等。

$$工资性补贴(G_2)=\frac{\sum年发放标准}{全年日历日-法定假日}+\frac{\sum月发放标准}{年平均每月法定工作日}+每工作日发放标准$$

3. 生产工人辅助工资(G_3)

是指工人在年有效施工天数以外非作业天数的工资。包括职工学习、培训期间的工资，调动工作、探亲、休假期间的工资，因气候影响的停工工资，女工哺乳时间的工资，病假在 6 个月以内的工资，及产、婚、丧假期的工资。

$$生产工人辅助工资(G_3)=\frac{全年无效工作日\times(G_1+G_2)}{全年日历日-法定假日}$$

4. 职工福利费(G_4)

$$职工福利费(G_4)=(G_1+G_2+G_3)\times福利费计提比例(\%)$$

5. 生产工人劳动保护费(G_5)

$$生产工人劳动保护费(G_5)=\frac{生产工人年平均支出劳动保护费}{全年日历日-法定假日}$$

(二)材料基价

材料基价是指材料(包括构件、成品及半成品等)从其来源地(或交货地点)到达施工工地仓库(施工地点内存放材料的地点)后的出库价格。

材料基价一般由材料原价(或供应价格)、供销部门手续费、包装费、运输费、采购及保管费组成。其中材料原价与供销部门手续费之和被称为供应价，材料基价的计算公式为：

$$材料基价=[(供应价格+运杂费)\times(1+运输损耗率(\%)]\times[1+采购保管费率(\%)]$$

(三)机械台班单价

机械台班单价是指一台施工机械在正常运转条件下，一个工作班中所发生的全部费用。它由以下各项费用组成。

1. 折旧费

指机械设备在规定的使用期限(即耐用总台班)内陆续收回其原值时，每一台班所摊的费用。其计算公式如下：

$$台班折旧费=\frac{机械预算价格\times(1-残值率)}{耐用总台班数}$$

(1)机械预算价格(机械原值)

它由机械出厂价格(或到岸完税价格)和由生产厂(销售单位交货地点或口岸)运至使用单位机械管理部门验收入库的全部费用组成。

(2)残值率

它是施工机械报废时回收的残余价值占原值的比率。

(3)耐用总台班数

指机械设备从开始投入使用至报废前所使用的总台班数。

2.大修理费

指机械设备按规定的大修间隔台班进行必要的大修理以恢复机械的正常功能时每台班所摊的费用。其计算公式如下:

$$台班大修理费=\frac{一次大修理费\times(大修周期数-1)}{耐用总台班数}$$

3.经常修理费

指机械设备除大修理以外的各级保养(包括一、二、三级保养)及为排除临时故障所需的费用;为保障机械正常运转所需替换设备、随机使用工具、附具摊销和维护的费用;机械运转与日常保养所需的润滑油脂、擦拭材料(布及棉纱等)费用和机械在规定年工作台班以外的维护、保养费用等。

4.安拆费和场外运输费

安拆费是指机械在施工现场进行安装、拆卸所需人工、材料、机械和试运转费用。场外运输费是指机械整体或分体自停置地点运至现场或一工地运至另一工地的运费、装卸、辅助材料以及架线等费用。

5.燃料动力费

是指机械在运转或施工作业中所消耗的固体燃料、液体燃料、电力、水和风力等费用。

6.人工费

是指机上司机或副司机、司炉的基本工资和其他工资性津贴。

7.运输机械养路费及车船使用税

$$\begin{aligned}台班单价=&台班折旧费+台班大修费+台班经常修理费+台班安拆费及场外运费\\&+台班人工费+台班燃料动力费+台班养路费及车船使用税\end{aligned}$$

公路工程项目的基础单价,在构成上与建筑工程项目有所不同,详见本章第三节。

四、费用定额

(一)建筑安装工程费定额

建筑安装工程费费用费定额是指直接费以外,按照规定应该计入建筑安装工程中的各项费用标准。这部分费用难以用消耗量的形式列入概预算定额分项之内。在编制预算时,可采用两种办法计算:一是按工程的具体情况和实际需要计算;二是按年平均需要以费率形式计算,目前普遍采用第二种形式。

按照建设部和财政部在2003年10月15日规定的《建筑安装工程费用项目组成》,建筑安装工程费费用定额应包括规费和间接费两项。

1.规费费率

根据本地区典型工程发承包价的分析资料综合取定规费费率：

(1)每万元发承包价中人工费含量和机械费含量；

(2)人工费占直接费的比例；

(3)每万元发承包价中所含规费缴纳标准的各项基数。

规费费率有以下三种计算方式：

(1)以直接费为计算基础

$$规费费率(\%)=\frac{\sum 规费缴纳标准\times 每万元发承包价计算基数}{每万元发承包价中的人工费含量}\times 人工费占直接费的比例(\%)$$

(2)以人工费和机械费合计为计算基础

$$规费费率(\%)=\frac{\sum 规费缴纳标准\times 每万元发承包价计算基数}{每万元发承包价中的人工费含量和机械费含量}\times 100\%$$

(3)以人工费为计算基础

$$规费费率(\%)=\frac{\sum 规费缴纳标准\times 每万元发承包价计算基数}{每万元发承包价中的人工费含量}\times 100\%$$

2.企业管理费费率

企业管理费费率有三种计算方式：

(1)以直接费为计算基础

$$企业管理费费率(\%)=\frac{生产工人年平均管理费}{年有效施工天数\times 人工单价}\times 人工费占直接费比例(\%)$$

(2)以人工费和机械费合计为计算基础

$$企业管理费费率(\%)=\frac{生产工人年平均管理费}{年有效施工天数\times(人工单价+每一工日机械使用费)}\times 100\%$$

(3)以人工费为计算基础

$$企业管理费费率(\%)=\frac{生产工人年平均管理费}{年有效施工天数\times 人工单价}\times 100\%$$

(二)工程建设其他费用定额

工程建设其他费用属于建设项目或单项工程从筹建至竣工验收交付使用过程中应在固定资产投资中列支，又不能列入建筑安装工程费、设备工器具购置费的费用项目。长期以来，一直采用定性与定量相结合的方式，由主管部门判定工程建设其他费用的编制办法：一方面对适于定量的费用规定开支标准，另一方面，对难于定量的费用项目，则规定其计算办法，如表3-2所示。

工程建设其他费用编制办法

表3-2

组成内容	编制方法
一、土地、青苗等补偿费和安置补助费	1.根据有权单位批准的建设用地、临时用地面积和各省、自治区、直辖市人民政府制定颁发的各项补偿费、安置补助费标准计算；大中型水利水电工程建设移民安置办法，按有关专业部规定执行。 2.此项费用除预备费外，不作其他费用计取的基础
二、建设单位管理费	以“单项工程费用”总和为基础，按照工程项目的不同规模分别制定的建设单位管理费率计算；或以管理费用金额总数表示。对于改、扩建项目应适当降低费率
三、研究试验费	按照设计提出的研究试验内容和要求进行编制

续上表

组成内容	编制方法
四、生产职工培训费	根据初步设计规定的培训人员数、提前进厂人数、培训方法、时间和职工培训定额计算。有的工程不发生提前进厂费，不得包括此项内容
五、办公和生活家具购置费	新建项目及改、扩建项目按照设计定员新增人数乘以综合指标计算
六、联合运转费	以“单项工程费用”总和为基础，按照工程项目的不同规模分别规定试运转费率或以试运转率的总金额包干使用
七、勘察设计费	按国家有关部门颁发的工程勘察设计收费标准和有关规定进行编制
八、引进技术和进口设备项目的其他项目	生活费、差旅费、技术资料费等按照合同和国家有关规定计算，保险费按照中国人民银行、国家计委（现为发改委）等单位规定的保险费率计算

五、工程造价指数

（一）工程造价指数及其作用

工程造价指数是用工程报告期价格与基期价格相比的指数，它反映一定时期内，由于市场价格变化对工程造价影响程度的一种指标。工程造价指数与工程造价计价依据的结合，可以解决拟建工程在“量”与“价”两方面的可比性问题，它是研究工程动态性的一种重要工具。

工程造价指数反映了报告期与基期相比的价格变动趋势，在实际工作中具有以下作用：

1. 正确反映建筑市场的供求关系和生产力发展水平

随着我国经济体制改革，特别是价格体制改革的不断深化，设备、材料价格和人工费的变化对工程造价的影响日益增大。在建筑市场供求和价格水平发生经常性波动的情况下，建设工程造价及其各组成部分也处于不断变化之中，这不仅使不同时期的工程在“量”与“价”两方面都失去可比性，也给合理确定和有效控制造价造成了困难。根据工程建设的特点，编制工程造价指数，不仅能够较好地反映工程造价的变动趋势和变化幅度，而且可用以剔除价格水平变化对造价的影响，正确反映建筑市场的供求关系和生产力发展水平。

2. 为国家制定调控措施提供依据

通过分析各类工程项目的人工、材料、机械台班的价格指数，可以了解工程造价变动的原因，进而可向有关部门提供可靠数据，准确估计建筑产业价格变化原因和对宏观经济形势的影响，为国家制定调控措施提供依据。

3. 指导工程量清单计价和报价

采用工程量清单计价和报价时，都需要有明确的计价依据，并且这种计价依据应是在已建工程造价资料的基础上，以工程造价指数为依据进行调整。工程造价指数包括：人工价格指数、主要材料价格指数、施工机械台班价格指数以及建筑安装工程综合价格指数。这些指数为合理确定工程造价和有效控制工程造价提供指导。

4. 是合理结算工程价款的依据

工程建设项目一般具有建设规模大、工期长的特点，为了减少合同双方因市场物价波动而带来的风险，合同中往往规定了调价的条件和方法，而反映市场物价变动幅度的工程造价指数，是计算价格变动和实现工程价款动态结算的必要条件，同时使签订的合同更具科学性和合理性。

(二)工程造价指数的分类

1. 按照工程范围、类别、用途分类

(1)单项价格指数。是分别反映各类工程的人工、材料、施工机械及主要设备报告期价格对基期价格的变化程度的指标。可利用它研究主要单项价格变化的情况及其发展变化的趋势。如人工费价格指数、主要材料价格指数、施工机械台班价格指数、主要设备价格指数。

(2)综合造价指数。是综合反映各类项目或单项工程人工费、材料费、施工机械使用费和设备费等报告期价格对基期价格变化而影响工程造价程度的指标,是研究造价总水平变动趋势和程度的主要依据。如建筑安装工程造价指数、建设项目或单项工程造价指数、建筑安装工程直接费造价指数、其他直接费及间接费造价指数、工程建设其他费用造价指数等。

2. 按造价资料期限长短分类

(1)时点造价指数。是不同时点(如 2004 年 9 月 9 日 9 时对上一年同一时点)价格对比计算的相对数。

(2)月指数。是不同月份价格对比计算的相对数。

(3)季指数。是不同季度价格对比计算的相对数。

(4)年指数。是不同年度价格对比计算的相对数。

3. 按不同基期分类

(1)定基指数。是各时期价格与某固定时期的价格对比后编制的指数。

(2)环比指数。是各时期价格都以其前一期价格为基础计算的造价指数。例如,与上月对比计算的指数,为月环比指数。

(三)工程造价指数的编制

工程造价指数一般应按各主要构成要素(建筑安装工程造价、设备工器具购置费和工程建设其他费用)分别编制价格指数,然后经汇总得到工程造价指数。

1. 人工、机械台班、材料等要素价格指数的编制

人工、机械台班、材料等要素价格指数的编制是编制建筑安装工程造价指数的基础。其计算公式如下:

$$\text{材料(设备、人工、机械)价格指数} = \frac{P_n}{P_0} \tag{3-1}$$

式中:P_0——基期人工费、施工机械台班和材料、设备预算价格;

P_n——报告期人工费、施工机械台班和材料、设备预算价格。

2. 建筑安装工程造价指数的编制

(1)建筑安装工程造价指数的编制特点

建筑安装工程作为一种特殊商品,其价格指数的编制也较一般商品具有独特之处。首先,由于建筑产品采用的是分部组合计价方法,其价格指数也必定要按照一定的层次结构计算,即先要编制投入品价格指数(包括各类材料、人工和机械台班价格指数),接着在投入品价格指数的基础上计算工料机费用指数(即包括人工费指数、材料费指数、机械使用费指数),并进一步汇总出成本指数(包括直接工程费指数、间接费指数等),最后在上述指数基础上,编制建筑安装工程造价指数。其次,建安工程单件性计价的特点决定了工程造价指数应是对造价发展趋势的综合反映,而不仅仅是对某一特定工程的造价分析,即指数计算有很强的综合性。指数的准确性和实用性在很大程度上受到指数结构的合理性和指数综合技巧的制约。

(2)建筑安装工程造价指数的基本计算公式

工程造价指数可采用拉氏指数公式或派氏指数公式计算。拉氏指数公式表示为：

$$K_L = \frac{\sum p_1 q_0}{\sum p_0 q_0} \tag{3-2}$$

派氏指数公式表示为：

$$K_P = \frac{\sum p_1 q_1}{\sum p_0 q_1} \tag{3-3}$$

式中：K_L、K_p——各层指数；

p_1、p_0——分别表示报告期和基期的要素价格或费用；

q_1、q_0——分别表示报告期和基期的消耗量或销售量。

拉氏公式将同度量因素固定在基期，其结果说明，按过去的要素消耗量计算建筑安装工程要素价格的变动程度，即：公式子项与母项的差额，说明由于价格的变动，按过去的消耗量实施建筑安装工程，将多支出或少支出的金额。而派氏公式以报告期数量指标为同度量因素，使价格变动与现实的消耗数量相联系，而不是与价格变动前的消耗数量相联系。由此可见，用派氏公式计算价格总指数，比较符合价格指数的经济意义。

(3)投入品价格指数的编制

建筑安装工程的投入品包括材料、人工、机械三大类及几百个品种、上千种规格，只能从中选出一定的代表投入品编制价格指数。代表投入品的选择一般基于以下原则：一是实际消耗量较大；二是市场价格变动趋势有代表性；三是价格变动有独立的发展趋势；四是市场价格信息准确、及时；五是生产供应稳定。

代表投入品确定后，还要对投入品市场进行调查。由于市场的广泛性和不确定性，造成同时期的投入品市场价格在有形市场中存在差异，因此要按投入产品的耗用量或成交量对投入品价格进行加权计算。

得到相应的工料机费用指数后将工料机三种费用指数进行综合，并将不同时期的取费率代入公式得到直接工程费指数、间接费指数和建造成本指数等。

(4)建筑安装工程造价指数的编制方法

建筑安装工程造价指数编制通常采用如下方法：根据工料机费用指数和成本指数的计算结果，分别考虑基期和报告期的利税水平，可得到范例工程报告期和基期造价的比值，即建筑安装工程造价指数。目前我国各地区、部门大都采用这种编制方法。

建筑安装工程指数的编制过程详见图 3-2。

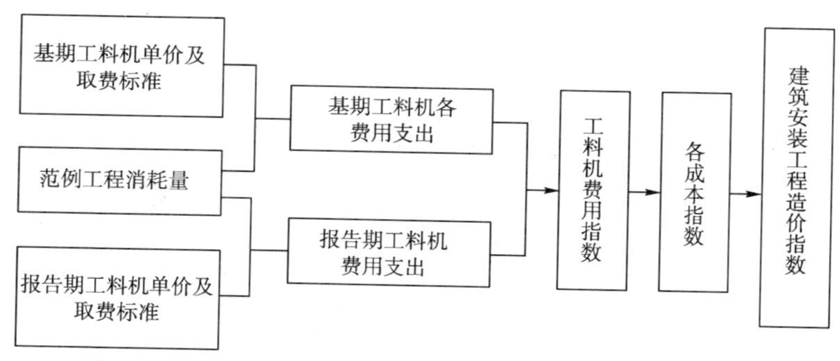

图 3-2 建筑安装工程指数编制过程

3. 设备工具和工程建设其他费用价格指数的编制

(1)设备工器具价格指数。设备工器具的种类、品种和规格很多，其指数一般可选择用量大、价格高、变动多的主要设备工器具的购置数量和单价进行登记，按照下面的公式进行计算：

$$设备、工器具价格指数=\frac{\sum(报告期设备工器具单价\times报告期购置数量)}{(基期设备工器具单价\times报告期购置数量)}$$

(2)工程建设其他费用指数。

工程建设其他费用指数可以按照每万元投资额中的其他费用支出定额计算，计算公式如下：

$$工程建设其他费用指数=\frac{报告期每万元投资支出中其他费用}{基期每万元投资支出中其他费用}$$

4.建设项目或单项工程造价指数的编制

编制建设项目或单项工程造价指数的公式如下：

建设项目或单项工程造价指数

=建筑安装工程造价指数×基期建筑安装工程费占总造价的比例

+∑(单项设备价格指数×基期该项设备费占总造价的比例)

+工程建设其他费用指数×基期工程建设其他费用占总造价的比例

第三节　公路建设项目估价方法

一、公路基本建设工程概、预算费用组成

根据交通部2007年第33号公告颁发的《公路基本建设工程概、预算编制方法》(JTG B06—2007)(以下简称《概、预算编制办法》)，公路基本建设工程概、预算费用组成如图3-3所示。

二、建筑安装工程费用的编制

建筑安装工程费包括直接费、间接费、施工技术装备费、利润和税金。

现行《概、预算编制办法》中，除了直接工程费是根据工程具体数量、定额、工程所在地实际价格计算出来以外，其他工程费和间接费基本上都是由费率计算得来。为此《概、预算编制办法》规定了不同的计算基数，同时划分了工程类别。

(一)计算基数、工程类别

1.计算基数

(1)人工费，是各项规费的计算基数。

(2)人工费和机械使用费之和，是高原地区施工增加费、风沙地区施工增加费和行车干扰工程施工增加费的计算基数。

(3)直接工程费，是除了高原地区施工增加费、风沙地区施工增加费和行车干扰工程施工增加费以外的其他工程费的计算基数。

(4)直接费，是计算企业管理费的计算基数。

(5)建筑安装工程费，是计算建设项目管理费的计算基数。

2.工程类别

其他工程费及间接费取费标准的工程类别共划分为十三类：

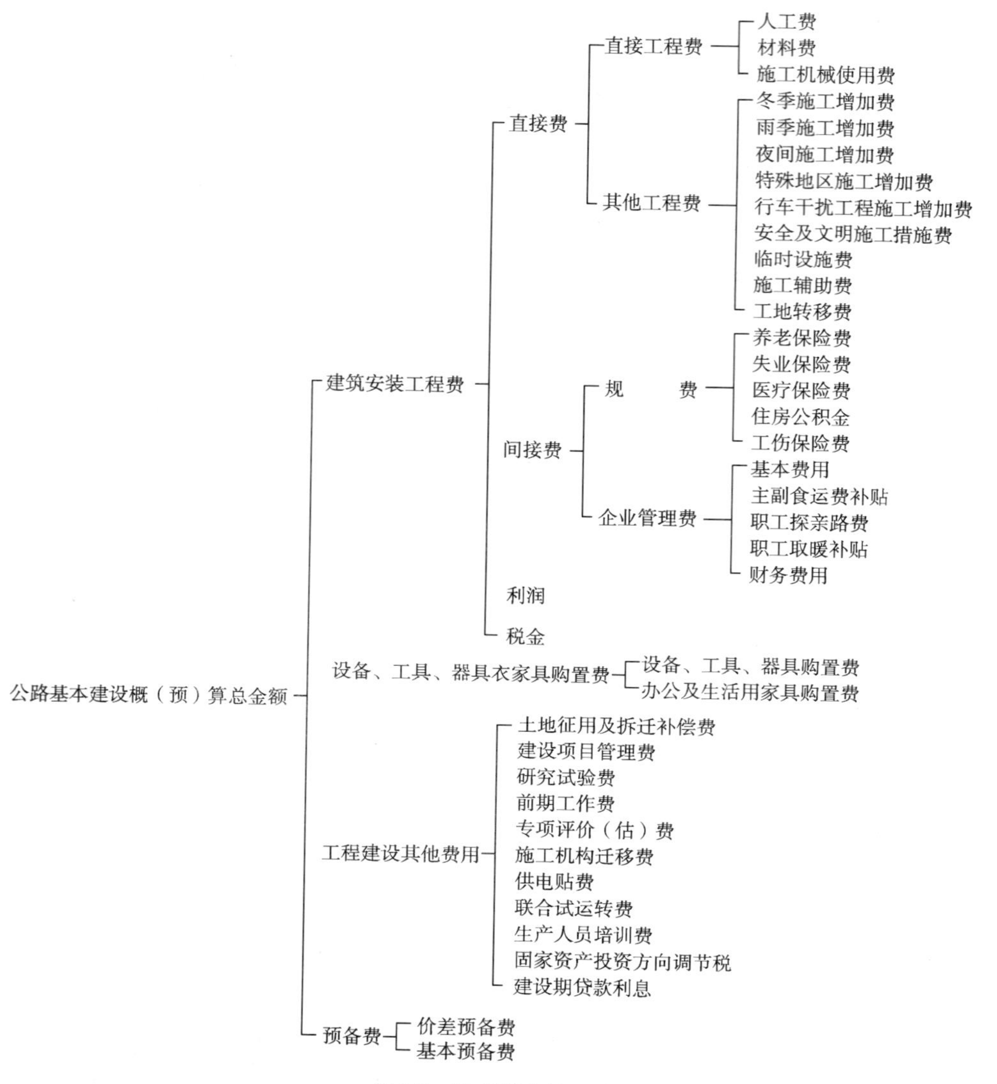

图 3-3　概、预算费用组成

(1)人工土方：指人工施工的路基、改河等土方工程，以及人工施工的砍树、挖根、除草、平整场地、挖盖山土等工程项目，并适用于无路面的便道工程。

(2)机械土方：指机械施工的路基、改河等土方工程，以及机械施工的砍树、挖根、除草等工程项目。

(3)汽车运输：指汽车、拖拉机、机动翻斗车等运送的路基、改河土(石)方、路面基层和面层混合料、水泥混凝土及预制构件、绿化苗、木等。

(4)人工石方：指人工施工的路基、改河等石方工程，以及人工施工的挖盖山石项目。

(5)机械石方：指机械施工的路基、改河等石方工程(机械打眼即属机械施工)。

(6)高级路面：指沥青混凝土路面、厂拌沥青碎石路面和水泥混凝土路面的面层。

(7)其他路面：指除高级路面以外的其他路面面层，各等级路面的基层、底基层、垫层、透层、黏层、封层，采用结合料稳定的路基和软土等特殊路基处理等工程，以及有路面的便道工程。

(8)构造物 I:指无夜间施工的桥梁、涵洞、防护(包括绿化)及其他工程,交通工程及沿线设施工程(设备安装及金属标志牌、防撞钢护栏、防眩板(网)、隔离栅、防护网除外),以及临时工程中的便桥、电力电信线路、轨道铺设等工程项目。

(9)构造物 II:指有夜间施工的桥梁工程。

(10)构造物 III:指商品混凝土(包括沥青混凝土和水泥混凝土)的浇筑和外购构件及设备的安装工程。商品混凝土和外购构件及设备的费用不作为其他工程费和间接费的计算基数。

(11)技术复杂大桥:指单孔跨径在 120m 以上(含 120m)和基础水深在 10m 以上(含 10m)的大桥主桥部分的基础、下部和上部工程。

(12)隧道:指隧道工程的洞门及洞内土建工程。

(13)钢材及钢结构:指钢桥及钢吊桥的上部构造,钢沉井、钢围堰、钢套箱及钢护筒等基础工程,钢索塔,钢锚箱,钢筋及预应力钢材,模数式及橡胶板式伸缩缝,钢盆式橡胶支座,四氟板式橡胶支座,金属标志牌、防撞钢护栏、防眩板(网)、隔离栅、防护网等工程项目。

购买路基填料的费用不作为其他工程费和间接费的计算基数。

(二)直接费

直接费由直接工程费和其他工程费组成。其中直接工程费是指施工过程中耗费的构成工程实体和有助于工程形成的各项费用,包括人工费、材料费、施工机械使用费。

1. 直接工程费

1)人工费

(1)费用内容

人工费是指列入概、预算定额的直接从事建筑安装工程施工的生产工人开支的各项费用,内容包括:基本工资、工资性补贴、生产工人辅助工资、职工福利费。

(2)人工费的计算

人工费可根据该工程项目的工程量和相应的定额值、人工单价(元/工日)按下式计算:

$$人工费=工程数量\times定额值\times人工单价(元/工日)$$

公路工程生产工人的人工单价按以下公式计算:

$$人工单价(元/工日)=[基本工资(元/月)+地区生活补贴(元/月)+工资性津贴(元/月)]\times(1+14\%)\times12月\div240(工日)$$

式中:①基本工资,指发放生产工人的基本工资,流动施工津贴和生产工人劳动保护费,以及职工缴纳的养老、失业、医疗保险费和住房公积金等。按不低于工程所在地政府主管部门发布的最低工资标准的 1.2 倍计算;②地区生活补贴,指国家规定的边远地区生活补贴、特区补贴;③工资性津贴,指物价补贴,煤、燃气补贴,交通费补贴等。

以上各项标准由各省、自治区、直辖市公路(交通)工程造价(定额)管理站根据当地人民政府的有关规定核定后公布执行,并抄送交通部公路司备案。并应根据最低工资标准的变化情况及时调整公路工程生产工人工资标准。

人工费单价仅作为编制概、预算的依据,不作为施工企业实发工资的依据。

2)材料费

(1)材料费的计算

材料费是指施工过程中耗用的构成工程实体的原材料、辅助材料、构(配)件、零件、半成品、成品的用量和周转材料的摊销量,按工程所在地的材料预算价格计算的费用。这些材料分为两类：主要材料和次要材料，定额中主要材料是按照材料类型分别给出其消耗数量的；次要材料则不分类型，合计给出消耗金额，并称之为其他材料费(元/定额工程量)。

两种材料费的计算如下：

某工程细目某种材料费＝工程数量×定额值×某材料预算价格

某工程细目其他材料费＝工程数量×定额值(元/定额工程数量)

(2)材料预算价格

材料预算价格指的是材料由其来源地(或交货地)到达工地仓库后的出库价格。

材料预算价格由材料原价、运杂费、场外运输损耗、采购及仓库保管费组成。

材料预算价格＝(材料原价＋运杂费)×(1＋场外运输损耗率)×(1＋采购及保管费率)－包装品回收价值

①材料原价

各种材料原价按以下规定计算。

外购材料：国家或地方的工业产品，按工业产品出厂价格或供销部门的供应价格计算，并根据情况加计供销部门手续费和包装费。如供应情况、交货条件不明确时，可采用当地规定的价格计算。

地方性材料：地方性材料包括外购的砂、石材料等，按实际调查价格或当地主管部门规定的预算价格计算。

自采材料：自采的砂、石、黏土等自采材料，按定额中开采单价加辅助生产间接费和矿产资源税(如有)计算。

材料原价应按实计取。各省、自治区、直辖市公路(交通)工程造价(定额)管理站应通过调查，编制本地区的材料价格信息，供编制概、预算使用。

②运杂费

运杂费是指材料自供应地点至工地仓库(施工地点存放材料的地方)的运杂费用，包括装卸费、运费，如果发生，还应计囤存费及其他杂费(如过磅、标签、支撑加固、路桥通行等费用)。

通过铁路、水路和公路运输部门运输的材料，按铁路、航运和当地交通部门规定的运价计算运费。

施工单位自办的运输，单程运距 15km 以上的长途汽车运输按当地交通部门规定的统一运价计算运费；单程运距 5～15km 的汽车运输按当地交通部门规定的统一运价计算运费，当工程所在地交通不便、社会运输力量缺乏时，如边远地区和某些山岭区，允许按当地交通部门规定的统一运价加 50%计算运费；单程运距 5km 及以内的汽车运输以及人力场外运输，按预算定额计算运费，其中人力装卸和运输另按人工费加计辅助生产间接费。

一种材料如有两个以上的供应点时，都应根据不同的运距、运量、运价采用加权平均的方法计算运费。

由于预算定额中汽车运输台班已考虑工地便道特点，以及定额中已计入了“工地小搬运”项目，因此平均运距中汽车运输便道里程不得乘调整系数，也不得在工地仓库或堆料场之外再加场内运距或二次倒运的运距。

有容器或包装的材料及长大轻浮材料，应按规定的毛重计算。桶装沥青、汽油、柴油按每吨摊销一个旧汽油桶计算包装费(不计回收)。

③场外运输损耗

场外运输损耗是指有些材料在正常的运输过程中发生的损耗，这部分损耗应摊入材料单价内。

④采购及保管费

材料采购及保管费是指材料供应部门（包括工地仓库及各级管理部门）在组织采购、供应和保管材料过程中，所需的各项费用及工地仓库的材料储存损耗。

材料采购及保管费，以材料的原价加运杂费及场外运输损耗的合计数为基数，乘以采购保管率计算。材料的采购及保管费费率为2.5%。

外购的构件、成品及半成品的预算价格，其计算方法与材料相同，但设备、构件（如外购的钢桁梁、钢筋混凝土构件及加工钢材等半成品）的采购保管费率为1%。

商品混凝土预算价格的计算方法与材料相同，但其采购保管费率为0。

3)施工机械使用费

(1)机械使用费的计算

在概、预算中发生的施工机械使用费，包括按台班数量计算的机械使用费和不按台班数量计算的（小型）机械使用费两类。亦即，施工机械使用费，是指列入概、预算定额的施工机械台班数量按相应台班费用定额计算的施工机械使用费和小型机具使用费。

①按台班数量计算的机械使用费

某工程细目的某种机械的机械使用费，可按下式计算：

工程细目中某机械使用费＝工程细目的工程数量×概、预算定额值×机械台班单价

②不按台班数量计算的机具使用费

指某工程细目的小型机具使用费。它在概、预算定额中以“元”表示（而不是台班）。某工程细目的小型机具使用费，可按下式计算：

工程细目的小型机具使用费＝工程细目的工程数量×概、预算定额值

③机械使用费

$$\text{工程细目中的机械使用费}=\sum_{i}^{n}(\text{工程细目中某机械使用费}+\text{工程细目小型机具使用费})$$

(2)机械台班单价的计算

机械台班单价，应按交通部公布的《公路工程机械台班费用定额》(JTG/T B06-03—2007)分析计算。机械台班单价由不变费用和可变费用两部分组成。

①不变费用

不变费用包括：折旧费、大修理费、经常修理费、安装拆卸及辅助设施费。这类费用主要是取决于机械年工作制度的费用，不因施工地点和条件的不同而有较大的变化，故称不变费用。据此特点，在《公路工程机械台班费用定额》中，将以上各项不变费用直接以货币形式表示。在编制机械台班单价时，除青海、新疆、西藏边远地区外，应直接采用。至于边远地区的维修工资、配件材料等价差较大而需调整不变费用时，可根据具体情况，由省、自治区交通厅制定系数并报交通部公路司备案后执行。

②可变费用

可变费用包括机上人工费、动力燃料费、养路费及车船使用税。这类费用常因施工地点和条件不同而发生较大的变化，故称可变费用。它的特点是一般只有在机械运转工作时才会发生。在台班定额中只规定实物量，即人工工日、动力燃料（包括汽油、柴油、电力、煤、木柴）等每

台班的实物消耗数量，人工、动力燃料单价则应按各地区实际情况计算，其中：工资标准应按《公路基本建设工程概、预算编制方法》(JTG B06—2007)的规定执行，工程船舶和潜水设备的工日单价，按当地有关部门规定计算，动力燃料费按当地的动力物质的工地预算价格计算，养路费及车船使用税，如需缴纳时，应根据各省、自治区、直辖市及国务院有关部门的规定标准，按机械的年工作台班计入台班费用。

当工程用电为自行发电时，电动机械每度电的单价可由下列近似公式计算：

$$A = 0.24\frac{K}{N}$$

式中：A——每 kW·h 电单价(元)；

K——发电机组的台班单价(元)；

N——发电机组的总功率(kW)。

通过分析计算后，机械台班单价为：

机械台班单价＝不变费用＋可变费用

2. 其他工程费

其他工程费是指直接工程费以外施工过程中发生的直接用于工程的费用。内容包括冬季施工增加费、雨季施工增加费、夜间施工增加费、特殊地区施工增加费、行车干扰工程施工增加费、安全及文明施工措施费、临时设施费、施工辅助费、工地转移费等九项。公路工程中的水、电费及因场地狭小等特殊情况而发生的材料二次搬运等其他工程费已包括在概、预算定额中，不再另计。

以上九项费用均以规定的计算基数乘以相应的费率计算。

(1)冬季施工增加费

是指按照《公路工程质量检验评定标准》(JTG F80—2004)所规定的冬季施工要求，为保证工程质量和安全生产所需采取的防寒保温设施、工效降低和机械作业率降低以及技术操作过程的改变等所增加的有关费用。

冬季施工增加费的内容包括：①因冬季施工所需增加的一切人工、机械与材料的支出；②施工机具所需修建的暖棚(包括拆、移)，增加油脂及其他保温设备费用；③因施工组织设计确定，需增加的一切保温、加温及照明等有关支出；与冬季施工有关的其他各项费用，如清除工作地点的冰雪等费用。

冬季施工增加费的计算方法，是将全国划分为若干个冬季区，并根据各类工程的特点规定各冬季区的取费标准，以各类工程的直接工程费之和为基数，按工程所在地的气温区取定费率计算。

为了简化冬季施工增加费的计算手续，采用全年平均摊销的方法，即不论是否在冬季施工，均按规定的取费标准计取冬季施工增加费。一条路线穿过两个以上的气温区时，可分段计算或按各区的工程量比例求得全线的平均增加率，计算冬季施工增加费。

(2)雨季施工增加费

雨季施工增加费是指雨季期间施工为保证工程质量和安全生产所需采取的防雨、排水、防潮和防护措施、工效降低和机械作业率降低以及技术作业过程的改变等，所需增加的有关费用。

雨季施工增加费的内容包括：①因雨季施工所需增加的工、料、机费用的支出，包括工作效率的降低及易被雨水冲毁的工程所增加的工作内容等；②路基土方工程的开挖和运输，因雨季施工(非土壤中水影响)而引起的粘附工具,降低工效所增加的费用;③因防止雨水必须采取的防护措施的费用,如挖临时排水沟、防止基坑坍塌所需的支撑、挡板等;④材料因受潮、受湿的耗损费用;⑤增加防雨、防潮设备的费用;⑥其他有关雨季施工所需增加的费用,如因河水高涨致使工作困难而增加的费用等。

雨季施工增加费的计算方法,是将全国划分为若干雨量区和雨季期,并根据各类工程的特点规定各雨量区和雨季期的取费标准,以各类工程的直接工程费之和为基数,按工程所在地的雨量区、雨季期取定费率计算。

雨季施工增加费的计算也采用全年平均摊销的方法,即不论是否在雨季施工,均按规定的取费标准计取雨季施工增加费。一条路线通过不同的雨量区和雨季期时,应分别计算雨季施工增加费或按工程量比例求得平均的增加率,计算全线雨季施工增加费。

室内管道及设备安装工程不计雨季施工增加费。

(3)夜间施工增加费

夜间施工增加费是指根据设计、施工的技术要求和合理的施工进度要求,必须在夜间连续施工而发生的工效降低、夜班津贴以及有关照明设施(包括所需照明设施的安拆、摊销、维修及油燃料、电)等增加的费用。

夜间施工增加费按夜间施工工程项目(如桥梁工程项目包括上、下部构造全部工程)的直接工程费之和为基数,按规定的费率计算。

夜间施工工程项目包括:构造物 II、构造物 III、技术复杂大桥和钢材及钢结构。

上述工程类别中的设备安装工程及金属标志牌、防撞钢护栏、防眩板(网)、隔离栅、防护网等不计夜间施工增加费。

(4)特殊地区施工增加费

特殊地区施工增加费包括高原地区施工增加费、风沙地区施工增加费和沿海地区施工增加费三项。

①高原地区施工增加费

高原地区施工增加费是指在海拔高度 1 500m 以上地区施工,由于受气候、气压的影响,致使人工、机械效率降低而增加的费用。该费用以各类工程人工费和机械使用费之和为基数,按规定的费率计算。

一条路线通过两个以上(含两个)不同的海拔高度分区时,应分别计算高原地区施工增加费或按工程量比例求得平均的增加率,计算全线高原地区施工增加费。

②风沙地区施工增加费

风沙地区施工增加费是指在沙漠地区施工时,由于受风沙影响,按照施工及验收规范的要求,为保证工程质量和安全生产而增加的有关费用。内容包括防风、防沙及气候影响的措施费,材料费,人工、机械效率降低增加的费用,以及积沙、风蚀的清理修复等费用。

风沙地区的划分,根据《公路自然区划标准》、《沙漠地区公路建设成套技术研究报告》的公路自然区划和沙漠公路区划,结合风沙地区的气候状况将风沙地区分为三区九类;半干旱、半湿润沙地为风沙一区,干旱、极干旱寒冷沙漠地区为风沙二区,极干旱炎热沙漠地区为风沙三区;根据覆盖度(沙漠中植被、戈壁等覆盖程度)又将每区分为固定沙漠(覆盖度>50%)、半固定沙漠(覆盖度 10%~50%)、流动沙漠(覆盖度<10%)三类,覆盖度由工程勘察设计人员在公路工程勘察设计时确定。

一条路线穿过两个以上不同风沙区时,按路线长度经过不同的风沙区加权计算项目全线风沙地区施工增加费。

风沙地区施工增加费以各类工程的人工费和机械使用费之和为基数，根据工程所在地的风沙区划及类别，按规定的费率计算。

③沿海地区工程施工增加费

沿海地区工程施工增加费是指工程项目在沿海地区施工受海风、海浪和潮汐的影响，致使人工、机械效率降低等所需增加的费用。本项费用由沿海各省、自治区、直辖市交通厅(局)制定具体的适用范围(地区)，并抄送交通部公路司备案。

沿海地区工程施工增加费以各类工程的直接工程费之和为基数，按规定的费率计算。

(5)行车干扰工程施工增加费

行车干扰工程施工增加费是指由于边施工边维持通车，受行车干扰的影响，致使人工、机械效率降低而增加的费用。该费用以受行车影响部分的工程项目的人工费和机械使用费之和为基数，按规定的费率计算。

(6)安全及文明施工措施费

是指工程施工期间为满足安全生产、文明施工、职工健康生活所发生的费用。不包括施工期间为保证交通安全而设置的临时安全设施和标志、标牌的费用，需要时，应根据设计要求计算。安全及文明施工措施费以各类工程的直接工程费之和为基数，按规定的费率计算。

(7)临时设施费

是指施工企业为进行建筑安装工程施工所必需的生活和生产用的临时建筑物、构筑物和其他临时设施的费用等，但不包括概、预算定额中临时工程在内。

临时设施包括：临时生活及居住房屋(包括职工家属房屋及探亲房屋)、文化福利及公用房屋(如广播室、文体活动室等)和生产、办公房屋(如仓库、加工厂、加工棚、发电站、变电站、空压机站、停机棚等)，工地范围内的各种临时的工作便道(包括汽车、马车、架子车道)、人行便道，工地临时用水、用电的水管支线和电线支线，临时构筑物(如水井、水塔等)以及其他小型临时设施。

临时设施费用内容包括：临时设施的搭设、维修、拆除费或摊销费。

临时设施费以各类工程的直接工程费之和为基数，按规定的费率计算。

临时设施除了计算上述费用外，其用工数量也应反映在概、预算文件中。计算方法如下：

$$路线工程临时设施用工数量=路线长度(km)\times用工指标$$

$$独立大中桥临时设施用工数量=桥面面积(100m^2)\times用工指标$$

临时设施用工指标见《概、预算编制办法》附录三。

(8)施工辅助费

施工辅助费包括生产工具用具使用费、检验试验费和工程定位复测、工程点交、场地清理等费用。

生产工具用具使用费是指施工所需不属于固定资产的生产工具、检验、试验用具及仪器、仪表等的购置、摊销和维修费，以及支付给生产工人自备工具的补贴费。

检验试验费是指施工企业对建筑材料、构件和建筑安装工程进行一般鉴定、检查所发生的费用，包括自设试验室进行试验所耗用的材料和化学药品的费用，以及技术革新和研究试验费。但不包括新结构、新材料的试验费和建设单位要求对具有出厂合格证明的材料进行检验、对构件破坏性试验及其他特殊要求检验的费用。

施工辅助费以各类工程的直接工程费之和为基数，按规定的费率计算。

(9)工地转移费

工地转移费是指施工企业根据建设任务的需要，由已竣工的工地或后方基地迁至新工地的搬迁费用，其内容包括：

①施工单位全体职工及随职工迁移的家属向新工地转移的车费、家具行李运费、途中住宿费、行程补助费、杂费及工资与工资附加费等；

②公物、工具、施工设备器材、施工机械的运杂费，以及外租机械的往返费及本工程内部各工地之间施工机械、设备、公物、工具的转移费等；

③非固定工人进退场及一条路线中各工地转移的费用。

工地转移费以各类工程的直接工程费之和为基数，按规定的费率计算。

转移距离以工程承包单位(如工程处、工程公司等)转移前后驻地距离或两路线中点的距离为准；编制概(预)算时，如施工单位不明确时，高速、一级公路及独立大桥、隧道按省城(自治区首府)至工地的里程；二级及以下公路按地(市、盟)至工地的里程计算工地转移费；工地转移里程数在表列里程之间时，费率可内插计算。工地转移距离在50km以内的工程不计取本项费用。

(10)冬季、雨季及夜间施工增加的人工数

冬季、雨季及夜间施工除了计算费用外，还需计算增加的人工数量。计算方法如下：

冬季施工增加工数＝概、预算工数之和×相应百分率

雨季施工增加工数＝概、预算工数之和×相应百分率×雨季期月数

夜间施工增加工数＝夜间施工工数之和×4%

冬季及雨季施工增工百分率见《公路基本建设工程概、预算编制办法》(JTG B06—2007)附录三。

(三)间接费

间接费由规费和企业管理费两项组成。

1.规费

规费是指政府和有关权力部门规定施工企业必须缴纳的费用，包括：

(1)养老保险费：指施工企业按规定标准为职工缴纳的基本养老保险费。

(2)失业保险费：指施工企业按国家规定标准为职工缴纳的失业保险费。

(3)医疗保险费：指施工企业按规定标准为职工缴纳的基本医疗保险费和生育保险费。

(4)住房公积金：指施工企业按规定标准为职工缴纳的住房公积金。

(5)工伤保险费：指施工企业按规定标准为职工缴纳的工伤保险费。

各项规费以各类工程的人工费之和为基数，按国家或工程所在地相关部门规定的标准计算。

$$各类工程规费＝各类工程的人工费之和\times\sum_{l}^{5}相关部门规定的费率$$

2.企业管理费

企业管理费由基本费用、主副食运费补贴、职工探亲路费、职工取暖补贴和财务费用五项组成。

(1)基本费用，是指施工企业为组织施工生产和经营管理所需的费用，内容包括：管理人员工资；办公费；差旅交通费；固定资产使用费；工具用具使用费；劳动保险费；工会经费；职工教育经费；保险费；工程保修费；工程排污费；税金以及其他费用。

(2)主副食运费补贴，是指施工企业在远离城镇及乡村的野外施工购买生活必需品所需增加的费用。

(3)职工探亲路费，是指按照有关规定施工企业职工在探亲期间发生的往返车船费、市内交通费和途中住宿费等费用。

(4)职工取暖补贴，是指按规定发放给职工的冬季取暖费或在施工现场设置的临时取暖设施的费用。

(5)财务费用，是指施工企业为筹集资金而发生的各项费用，包括企业经营期间发生的短期贷款利息净支出、汇兑净损失、调剂外汇手续费、金融机构手续费，以及企业筹集资金发生的其他财务费用。

以上费用均以各类工程的直接费之和为基数，按规定的费率计算。

$$\text{各类工程企业管理费}=\text{各类工程直接费之和}\times\sum_{l}^{5}\text{规定的费率}$$

3.辅助生产间接费

辅助生产间接费是指由施工单位自行开采加工的砂、石等自采材料及施工单位自办的人工装卸和运输的间接费。

辅助生产间接费按人工费的5%计。该项费用并入材料预算单价内构成材料费，不直接出现在概(预)算中。

高原地区施工单位的辅助生产，可按其他工程费中高原地区施工增加费费率，以直接工程费为基数计算高原地区施工增加费(其中：人工采集、加工材料、人工装卸、运输材料按人工土方费率计算；机械采集、加工材料按机械石方费率计算；机械装、运输材料按汽车运输费率计算)。辅助生产高原地区施工增加费不作为辅助生产间接费的计算基数。

(四)利润

利润是指施工企业完成所承包工程应取得的盈利。利润按直接费与间接费之和扣除规费的7%计算。

$$\text{利润}=(\text{直接费}+\text{间接费}-\text{规费})\times 7\%$$

(五)税金

税金是指按国家税法规定应计入建筑安装工程造价内的营业税、城市维护建设税及教育费附加等。

$$\text{综合税金额}=(\text{直接费}+\text{间接费}+\text{利润})\times\text{综合税率}$$

$$\text{综合税率}=\left[\frac{1}{1-\text{营业税税率}\times(1+\text{城市维护建设税税率}+\text{教育费附加税率})}\right]-1$$

按照现行税法规定计算的综合税率：

(1)纳税地点在市区的企业，综合税率为：3.41%。

(2)纳税地点在县城、乡镇的企业，综合税率为：3.35%。

(3)纳税地点不在市区、县城、乡镇的企业，综合税率为：3.22%。

三、其他费用的编制

(一)设备、工具、器具及家具购置费

设备、工具、器具及家具购置费包括达到固定资产标准的设备、工具、器具的费用以及没有达到固定资产标准的设备、仪器、工卡模具、器具、生产家具和备品备件、办公和生活用家具的费用。

1.设备购置费

设备购置费是指为满足公路的营运、管理、养护需要，购置的构成固定资产标准的设备和虽低于固定资产标准但属于设计明确列入设备清单的设备的费用。包括渡口设备；隧道照明、消防、通风的动力设备；高等级公路的收费、监控、通信、供电设备，养护用的机械、设备和工具、器具等的购置费用。

设备购置费应由设计单位列出计划购置的清单（包括设备的规格、型号、数量），以设备原价加综合业务费和运杂费按以下公式计算：

设备购置费＝设备原价＋运杂费（运输费＋装卸费＋搬运费）
＋运输保险费＋采购及保管费

需要安装的设备，应在第一部分建筑安装工程费的有关项目内另计设备的安装工程费。

2.工器具及生产家具（简称工器具）购置费

工器具购置费是指建设项目交付使用后为满足初期正常营运必须购置的第一套不构成固定资产的设备、仪器、仪表、工卡模具、器具、工作台（框、架、柜）等的费用。不包括：构成固定资产的设备、工器具和备品、备件；已列入设备购置费中的专用工具和备品、备件。

工器具购置应由设计单位列出计划购置的清单（包括规格、型号、数量），购置费的计算方法同设备购置费。

3.办公和生活用家具购置费

办公和生活用家具购置费是指为保证新建、改建项目初期正常生产、使用和管理所必须购置的办公和生活用家具、用具的费用。

范围包括：行政、生产部门的办公室、会议室、资料档案室、阅览室、单身宿舍及生活福利设施等的家具、用具。

办公和生活用家具购置费按规定的标准计算。

（二）工程建设其他费用

1.土地征用及拆迁补偿费

土地征用及拆迁补偿费系指按照《中华人民共和国土地管理法》及其《实施条例》、《中华人民共和国基本农田保护条例》等法律、法规的规定，为进行公路建设需征用土地所支付的土地征用及拆迁补偿费等费用。

（1）费用内容

包括：土地补偿费；征用耕地安置补助费；拆迁补偿费；复耕费；耕地开垦费；森林植被恢复费。

（2）计算方法

土地征用及拆迁补偿费应根据审批单位批准的建设工程用地和临时用地面积及其附着物的情况，以及实际发生的费用项目，按国家有关规定及工程所在地的省（自治区、直辖市）人民政府颁发的有关规定和标准计算。

森林植被恢复费应根据审批单位批准的建设工程占用林地的类型及面积，按国家有关规定及工程所在地的省（自治区、直辖市）人民政府颁发的有关规定和标准计算。

当与原有的电力电信设施、水利工程、铁路及铁路设施互相干扰时，应与有关部门联系，商定合理的解决方案和补偿金额，也可由这些部门按规定编制费用以确定补偿金额。

2. 建设项目管理费

建设项目管理费包括建设单位(业主)管理费、工程质量监督费、工程监理费、工程定额测定费、设计文件审查费和竣(交)工验收试验检测费六项。

(1)建设单位(业主)管理费,是指建设单位(业主)为建设项目的立项、筹建、建设、竣(交)工验收、总结等工作所发生的费用。不包括应计入设备、材料预算价格的建设单位采购及保管设备、材料所需的费用。

由施工企业代建设单位(业主)办理“土地、青苗等补偿费”的工作人员所发生的费用,应在建设单位(业主)管理费项目中支付。当建设单位(业主)委托有资质的单位代理招标时,其代理费应在建设单位(业主)管理费中支出。

建设单位(业主)管理费以建筑安装工程费总额为基数,按规定的费率,以累进办法计算。

(2)工程质量监督费,是指根据国家有关部门规定,各级公路工程质量监督机构对工程建设质量和安全生产实施监督应收取的管理费用。

工程质量监督费以建筑安装工程费总额为基数,按 0.15%计算。

(3)工程监理费,是指建设单位(业主)委托具有公路工程监理资格的单位,按施工监理规范进行全面的监督和管理所发生的费用。

工程监理费以建筑安装工程费总额为基数,按规定的费率计算。

建设单位(业主)管理费和工程监理费均为实施建设项目管理的费用,执行时可根据建设单位(业主)和施工监理单位所实际承担的工作内容和工作量统筹使用。

(4)工程定额测定费,是指各级公路(交通)工程定额(造价管理)站为测定劳动定额、搜集定额资料、编制工程定额及定额管理所需要的工作经费。

工程定额测定费以建筑安装工程费总额为基数,按 0.12%计算。

(5)设计文件审查费,是指国家和省级交通主管部门在项目审批前,为保证勘察设计工作的质量,组织有关专家或委托有资质的单位,对设计单位提交的建设项目可行性研究报告和勘察设计文件以及对设计变更、调整概算进行审查所需要的相关费用。

设计文件审查费以建筑安装工程费总额为基数,按 0.1%计算。

(6)竣(交)工验收试验检测费,是指在公路建设项目交工验收和竣工验收前,由建设单位(业主)或工程质量监督机构委托有资质的公路工程质量检测单位按照有关规定对建设项目的工程质量进行检测,并出具检测意见所需要的相关费用。

竣(交)工验收试验检测费按规定的标准计算。

3. 研究试验费

研究试验费系指为本建设项目提供或验证设计数据、资料进行必要的研究试验和按照设计规定在施工过程中必须进行试验、验证所需的费用,以及支付科技成果、先进技术的一次性技术转让费。不包括:①应由科技三项费用(即新产品试制费、中间试验费和重要科学研究补助费)开支的项目;②应由施工辅助费开支的施工企业对建筑材料、构件和建筑物进行一般鉴定、检查所发生的费用及技术革新研究试验费;③应由勘察设计费或建筑安装工程费用中开支的项目。

计算方法:按照设计提出的研究试验内容和要求进行编制,不需验证设计基础资料的不计本项费用。

4. 建设项目前期工作费

建设项目前期工作费系指委托勘察设计、咨询单位对建设项目进行可行性研究、工程勘察设计，以及设计、监理、施工招标文件及招标标底或造价控制值文件编制时，按规定应支付的费用。包括：①编制项目建议书、可行性研究报告、投资估算，以及相应的勘察、设计、专题研究等所需的费用；②初步设计和施工图设计的勘察费、设计费、概（预）算及调整概算编制费等；③设计、监理、施工招标文件及招标标底（或造价控制值或清单预算）文件编制费等。

计算方法：依据委托合同计列，或按国家颁发的收费标准和有关规定进行编制。

5. 专项评价（估）费

专项评价（估）费是指依据国家法律、法规规定须进行评价（评估）、咨询，按规定应支付的费用。包括环境影响评价费、水土保持评估费、地震安全性评价费、地质灾害危险性评价费、压覆重要矿床评估费、文物勘察费、通航论证费、行洪论证（评估）费、使用林地可行性研究报告编制费、用地预审报告编制费等费用。

专项评价（估）费按国家颁发的收费标准和有关规定进行编制。

6. 施工机构迁移费

施工机构迁移费系指施工机构根据建设任务的需要，经有关部门决定成建制地（指工程处等）由原驻地迁移到另一地区时，职工及随同家属的差旅费，调迁期间的工资，施工机械、设备、工具、用具和周转性材料所发生的一次性搬迁费用。不包括：①应由施工企业自行负担的，在规定距离范围内调动施工力量以及内部平衡施工力量所发生的迁移费用；②由于违反基建程序，盲目调迁队伍所发生的迁移费；③因中标而引起施工机构迁移所发生的迁移费。

施工机构迁移费应经建设项目的主管部门同意按实计算。但计算施工机构迁移费后，如迁移地点即新工地地点（如独立大桥），则其他工程费内的工地转移费应不再计算；如施工机构迁移地点至新工地地点尚有部分距离，则工地转移费的距离，应以施工机构新地点为计算起点。

7. 供电贴费（停止征收）

供电贴费是指按照国家规定，建设项目应交付的供电工程贴费、施工临时用电贴费。

由于目前我国外部供电工程建设已基本完善，国家计委（现已改为发改委）、经贸委计价格[2002]98 号文规定，在编制概预算时该项费用不再计列。

8. 联合试运转费

联合试运转费指新建、改（扩）建工程项目，在竣工验收前按照设计规定的工程质量标准，进行动（静）载荷载实验所需的材料、油燃料和动力的消耗，机械和检测设备使用费，工具用具和低值易耗品费，参加联合试运转人员工资及其他费用等。不包括应由设备安装工程项下开支的调试费的费用。上述费用在计算时应抵扣试车期间的收入额。

联合试运转费以建筑安装工程费总额为基数，独立特大型桥梁按 0.075%、其他工程按 0.05%计算。

9. 生产人员培训费

生产人员培训费指新建、改（扩）建公路工程项目，为保证生产的正常运行，在工程竣工验收交付使用前对运营部门生产人员和管理人员进行培训所必需的费用。

费用内容包括：培训人员的工资、工资性补贴、职工福利费、差旅交通费、劳动保护费、培训及教学实习费等。

生产人员培训费按设计定员和 2 000 元/人的标准计算。

10. 固定资产投资方向调节税（暂停征收）

固定资产投资方向调节税系指为了贯彻国家产业政策，控制投资规模，引导投资方向，调整投资结构，加强重点建设，促进国民经济持续稳定协调发展，依照《中华人民共和国固定资产投资方向调节税暂行条例》规定，公路建设项目应缴纳的固定资产投资方向调节税。计算应按国家有关规定进行。

11. 建设期贷款利息

建设期贷款利息系指建设项目中分年度使用国内贷款或国外贷款部分，在建设期内应归还的贷款利息。费用内容包括各种金融机构贷款、企业集资、建设债券和外汇贷款等利息。计算公式如下：

$$建设期贷款利息=\sum(上年末付息贷款本息累计+本年度付息贷款额\div 2)\times 年利率$$

（三）预备费

预备费由价差预备费及基本预备费两部分组成。在公路工程建设期限内，凡需动用预备费时，属于公路交通部门投资的项目，需经建设单位提出，按建设项目隶属关系，报交通部或交通厅（局）基建主管部门核定批准。属于其他部门投资的建设项目，按其隶属关系报有关部门核定批准。

1. 价差预备费

价差预备费系指设计文件编制年至工程竣工年期间，第一部分费用的人工费、材料费、机械使用费、其他工程费、间接费等以及第二、三部分费用由于政策、价格变化可能发生上浮而预留的费用及外资贷款汇率变动部分的费用。

价差预备费以概（预）算或修正概算第一部分建筑安装工程费总额为基数，按设计文件编制年始至建设项目工程竣工年终的年数和年工程造价增长率计算。

计算公式如下：

$$价差预备费=P\times[(1+i)^{n-1}-1]$$

式中：P——建筑安装工程费总额；

i——年工程造价增长率（%）；

n——设计文件编制年至建设项目开工年＋建设项目建设期限（年）。

年工程造价增长率按有关部门公布的工程投资价格指数计算，或由设计单位会同建设单位根据该工程人工费、材料费、施工机械使用费、其他工程费、间接费以及第二、三部分费用可能发生的上浮等因素，以第一部分建安费为基数进行综合分析预测。

设计文件编制至工程完工在一年以内的工程，不列此项费用。

2. 基本预备费

基本预备费系指在初步设计和概算中难以预料的工程和费用，包括：①在进行技术设计、施工图设计和施工过程中，在批准的初步设计和概算范围内所增加的工程费用。②在设备订货时，由于规格、型号改变的价差；材料货源变更、运输距离或方式的改变以及因规格不同而代换使用等原因发生的价差。③由于一般自然灾害所造成的损失和预防自然灾害所采取的措施费用。④在项目主管部门组织竣（交）工验收时，验收委员会（或小组）为鉴定工程质量必须开挖和修复隐蔽工程的费用。⑤投保的工程根据工程特点和保险合同发生的工程保险费用。

基本预备费以第一、二、三部分费用之和（扣除固定资产投资方向调节税和建设期贷款利息两项费用）为基数按下列费率计算：

设计概算按5%计列；修正概算按4%计列；施工图预算按3%计列。

采用施工图预算加系数包干承包的工程，包干系数为施工图预算中直接费与间接费之和的 3%。施工图预算包干费用由施工单位包干使用。

(四)回收金额

概、预算定额所列材料一般不计回收,只对按全部材料计价的一些临时工程项目和由于工程规模或工期限制达不到规定周转次数的拱盔、支架及施工金属设备的材料按规定的回收率计算回收金额。

第四节　建筑工程项目估价方法

一、设计概算的编制

一般工业与民用建设项目设计按初步设计和施工图设计两阶段进行,称之为两阶段设计;对于技术上复杂而又缺乏设计经验的项目,可按初步设计、技术设计和施工图设计三个阶段进行,称之为三阶段设计。设计阶段的建设工程造价表现形式分别为设计概算和施工图预算。

(一)设计概算的内容

设计概算是指在初步设计或技术设计阶段,在投资估算的控制下,根据设计要求对工程造价进行的概略计算,它是设计文件的组成部分。采用两阶段设计的建设项目,初步设计阶段必须编制设计概算;采用三阶段设计的项目,技术设计阶段必须编制修正概算。设计概算分为三级概算,即单位工程概算、单项工程综合概算和建设项目总概算。

设计概算的编制内容及相互关系如图 3-4 所示。

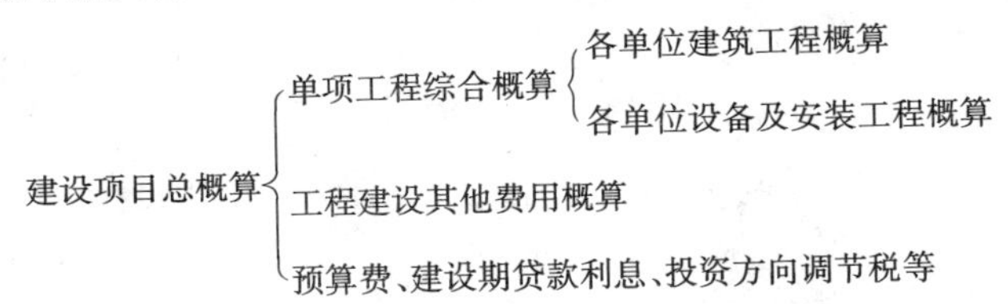

图 3-4　设计概算的编制内容及相互关系

单位工程概算是确定单项工程中的各单位工程建设费用的文件,是编制单项工程综合概算的依据。单位工程概算分为建筑工程概算和设备及安装工程概算两大类:

(1)建筑工程概算分为土建工程概算、给排水工程概算、采暖工程概算、通风工程概算、电气照明工程概算、工业管道工程概算、特殊构筑物工程概算。

(2)设备及安装工程概算分为机械设备及安装工程概算、电气设备及安装工程概算。

单项工程综合概算是确定一个单项工程所需建设费用的文件,是根据单项工程内各专业单位工程概算汇总编制而成的。当建设项目只有一个单项工程时,单项工程综合概算实际上就是总概算,这时综合概算中还应包括工程建设其他费用、预备费、建设期贷款利息和投资方向调节税等概算。单项工程综合概算的组成内容如图 3-5 所示。

建设项目总概算是确定整个建设项目从筹建到竣工验收所需全部费用的文件,它是由各个单项工程综合概算以及工程建设其他费用和预备费用概算汇总编制而成的,建设项目总概算的组成内容如图 3-6 所示。

(二)设计概算的编制方法

1.建筑单位工程概算的编制方法

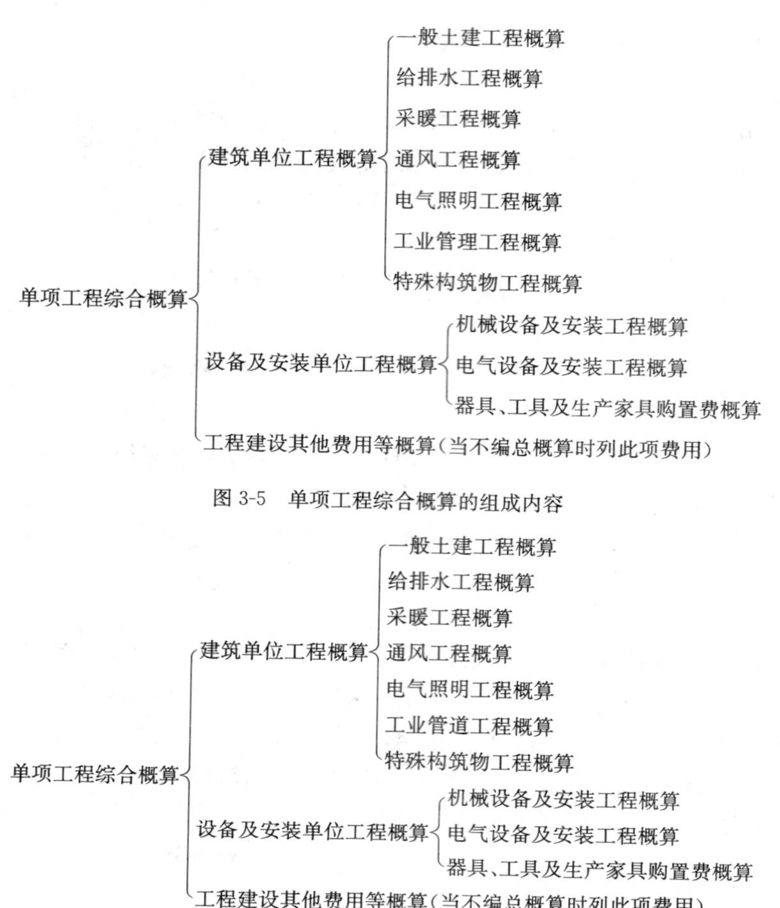

图 3-5 单项工程综合概算的组成内容

图 3-6 建设项目总概算的组成内容

(1)概算定额法

概算定额法也称扩大单价法。当初步设计达到一定深度,建筑结构方案已经确定时,可采用这种方法编制建筑工程概算。采用概算定额法编制概算,首先应根据概算定额编制成扩大单位估价表(概算定额基价),然后用算出的扩大分部分项工程的工程量,乘以扩大单价,进行具体计算,其中工程量的计算是根据定额中规定的各个扩大分部分项工程内容,遵循定额中规定的计量单位、工程量计算规则及方法来进行。

采用扩大单价法编制建筑工程概算比较准确,但计算比较繁琐。

(2)概算指标法

当初步设计深度不够,不能准确地计算工程量,但工程采用的技术比较成熟而又有类似概算指标可以利用时,可采用概算指标来编制概算。

概算指标,是按一定单位规定的,比概算定额更综合扩大的分部工程或单位工程的劳动、材料和机械台班的消耗量标准和造价指标。在建筑工程中,它往往按完整的建筑物、构筑物以 m^2、m^3 或座等为计量单位。

当设计对象在结构特征、地质及自然条件上与概算指标完全相同时,如基础埋深及形式、层高、墙体、楼板等主要承重构件相同,就可直接套用概算指标编制概算。

当设计对象的结构特征与某个概算指标有局部不同时,则需要对该概算指标进行修正,然后用修正后的概算指标进行计算。修正计算公式如下：

$$\begin{matrix}\text{单位造价}\\\text{修正指标}\end{matrix}=\text{原指标单位}-\begin{matrix}\text{换出结构}\\\text{构件价值}\end{matrix}+\begin{matrix}\text{换入结构}\\\text{构件价值}\end{matrix}$$

$$\begin{matrix}\text{换出(换入)}\\\text{结构单价}\end{matrix}=\begin{matrix}\text{换出(换入)结构}\\\text{构件工程量}\end{matrix}\times\begin{matrix}\text{相应的概算定}\\\text{额地区单价}\end{matrix}$$

(3)类似工程预算法

当工程设计对象与已建或在建工程相类似，结构特征基本相同，或者概算定额和概算指标不全，就可以采用这种方法编制单位工程概算。

类似工程预算法是以原有的相似工程的预决算为基础，按编制概算指标的方法，求出单位工程的概算指标，再按概算指标法编制建筑工程概算。

利用类似工程预算法应考虑到设计对象与类似预算的设计在结构与建筑上的差异、地区工资的差异、材料预算价格的差异、施工机械使用费的差异和间接费用的差异等。其中结构设计与建筑设计的差异可参考修正概算指标的方法加以修正，而其他的差异则需编制修正系数。

计算修正系数时，先求类似预算的人工工资、材料费、机械使用费、间接费在全部价格中所占的比重，然后分别求其修正系数，最后求出总的修正系数，用总修正系数乘以类似预算的价值，就可以得到概算价值。计算公式如下：

$$\begin{matrix}\text{工资修正}\\\text{系数}\ K_1\end{matrix}=\frac{\text{编概算地区人工工资标准}}{\text{类似工程所在地区人工工资标准}}$$

$$\begin{matrix}\text{材料预算价格}\\\text{修正系数}\ K_2\end{matrix}=\frac{\sum\left(\begin{matrix}\text{类似工程各}\\\text{主要材料量}\end{matrix}\times\begin{matrix}\text{编概算地区材料}\\\text{预算价格}\end{matrix}\right)}{\text{类似工程主要材料费用}}$$

$$\begin{matrix}\text{机械使用费}\\\text{修正系数}\ K_3\end{matrix}=\frac{\sum\left(\begin{matrix}\text{类似工程各}\\\text{主要材料量}\end{matrix}\times\begin{matrix}\text{编概算地区材料}\\\text{预算价格}\end{matrix}\right)}{\text{类似工程主要机械的使用费}}$$

$$\begin{matrix}\text{总修正}\\\text{系数}\ K\end{matrix}=\begin{matrix}\text{类似预算}\\\text{工资比重}\end{matrix}\times K_1+\begin{matrix}\text{类似预算}\\\text{材料费比重}\end{matrix}\times K_2+\begin{matrix}\text{类似预算}\\\text{机械费比重}\end{matrix}\times K_3$$

当设计对象与类似工程的结构有部分不同时，就应增减工程价值，然后再求出修正后总造价。

2.设备及安装单位工程概算的主要编制方法

(1)设备购置概算的编制方法

设备购置费由设备原价和设备运杂费组成。

在编制概算时，国产标准设备原价可根据设备型号、规格、性能、材质、数量及附带的配件，向制造厂家询价，或向设备、材料信息部门查询；国产非标准设备原价，可用每台设备估价指标(元/台)乘以设备台数，或每吨设备估价指标(元/吨)乘以设备吨重进行确定。

设备运杂费按规定的运杂费率计算。

(2)设备安装工程概算的编制方法

①预算单价法。当初步设计有详细设备清单时，可直接按预算价编制设备安装单位工程概算。根据计算的设备安装工程量，乘以安装工程预算综合单价，经汇总求得。

采用预算单价法编制概算，计算比较具体，精确性较高。

②扩大单价法。当初步设计的设备清单不完备，或仅有成套设备的质量时，可采用主体设备、成套设备或工艺线的综合扩大安装单价编制概算。

③概算指标法。当初步设计的设备清单不完全或安装预算单价及扩大综合单价不全，无法采用预算单价法和扩大单价法时，可采用概算指标编制概算。常用的概算指标形式包括两类：一是按设备费的百分比计算安装工程费用，适用于价格波动不大的定型产品和通用产品；二是按每吨设备安装费指标计算安装工程费用，适用于设备价格波动较大的非标准设备和引进设备的安装工程概算。

3. 单项工程综合概算的编制方法

单项工程综合概算一般包括编制说明和综合概算表。

(1)编制说明。主要内容包括：编制依据、编制方法、主要材料和设备的数量、其他有关问题等。

(2)综合概算表。综合概算表是根据单项工程内的各个单位工程概算等基本资料，按照统一规定的表格进行编制的。

4. 建设项目总概算的编制方法

总概算书一般主要包括编制说明和总概算表，有的还列出单项工程综合概算表、单位工程概算表等。

二、施工图预算的编制

施工图预算是确定建筑安装工程预算造价的文件，它是在施工图设计完成后，以施工图为依据，根据预算定额、取费标准以及地区人工、材料、机械台班的预算价格进行编制的。

与设计概算的编制过程相似，施工图预算是由单位工程设计预算、单项工程综合预算和建设项目总预算三级预算逐级汇总组成的。由于施工图预算是以单位工程为单位编制，按单项工程综合而成，所以施工图预算编制的关键在于编好单位工程施工图预算。

(一)编制方法

尽管建筑安装工程包含的专业类别很多，各类工程的内容和施工方法各不相同，但施工图预算的编制方法主要有单价法和实物法两种。

1. 单价法

单价法是用事先编制好的分项工程的单位估价表来编制施工图预算的方法。按施工图计算的各分项工程的工程量，并乘以相应单价，汇总相加，得到单位工程的人工费、材料费、机械使用费之和；再加上按规定程序计算出来的措施费、间接费、利润和税金，便可得出单位工程的施工图预算造价。

单价法编制施工图预算，其中直接工程费的计算公式为：

$$\text{单位工程施工图预算直接工程费}=\sum_{1}^{n}(\text{工程量}\times\text{预算定额单价})$$

单价法编制施工图预算的具体步骤如下：

(1)根据设计图纸和预算定额划分分项工程并计算工程量。

计算工程量一般可按下列具体步骤进行：

①根据施工图示的工程内容和定额项目，列出计算工程量分部分项工程；

②根据一定的计算顺序和计算规则，列出计算式；

③根据施工图示尺寸及有关数据，代入计算式进行数学计算；

④按照定额中的分部分项工程的计量单位对相应的计算结果的计量单位进行调整，使之一致。

(2)根据地区单位估价表和分项工程量计算分项工程直接费。

套用单位估价表时需注意以下几方面：

①分项工程量的名称、规格、计量单位必须与单位估价表所列内容一致，否则重套、错套、漏套预算基价都会引起直接工程费的偏差，导致造价偏高或偏低。

②当施工图纸的某些设计要求与定额单价的特征不完全符合时，必须根据定额使用说明对定额基价进行调整或换算。

③当施工图纸的某些设计要求与定额单价特征相差甚远，既不能直接套用也不能换算、调整时，必须编制补充单位估价表或补充定额。

(3)汇总单位工程直接费后，根据有关规定计算其他直接费。

(4)根据规定计算材料价差、间接费、利润、税金。

(5)汇总各项费用得单位工程价格。

单价法是建筑工程编制施工图预算的主要方法，具有计算简单、工作量较小和编制速度较快，便于工程造价管理部门集中统一管理的优点。但由于是采用事先编制好的统一的单位估价表，其价格水平只能反映定额编制年份的价格水平。在市场经济价格波动较大的情况下，单价法的计算结果会偏离实际价格水平，虽然可采用调价，但调价系数和指数从测定到颁布，时间滞后且计算也较繁琐。

2.实物法

实物法是首先根据施工图纸分别计算出分项工程量，然后套用相应预算人工、材料、机械台班的定额用量，再分别乘以工程所在地当时的人工、材料、机械台班的实际单价，求出分项工程的人工费、材料费和施工机械使用费，并汇总求和，进而按规定计取其他各项费用，将以上费用汇总就可得出分项工程施工图预算造价。

实物法编制施工图预算，其中直接工程费的计算公式为：

$$
\begin{aligned}
\text{单位工程预算直接工程费}=&\sum_{1}^{n}(\text{工程量}\times\text{人工消耗定额}\times\text{人工单价})\\
&+\sum_{1}^{n}(\text{工程量}\times\text{材料消耗定额}\times\text{材料单价})\\
&+\sum_{1}^{n}(\text{工程量}\times\text{机械台班消耗定额}\times\text{机械台班单价})
\end{aligned}
$$

实物法与单价法之间的最大区别是：单价法套用的定额是单位估价表（量、价合一的定额），是用基期的人工、材料、机械台班单价计算的单位工程直接费；而实物法套用的定额是量、价分离的定额，即定额仅给出实物消耗量，人工、材料和机械台班则采用工程所在地当时的实际单价计算。

在市场经济条件下，人工、材料和机械台班单价是随市场而变化的，而且它们是影响工程造价最活跃、最主要的因素。用实物法编制施工图预算，由于采用工程所在地的当时人工、材料、机械台班价格，能较好地反映实际价格水平，工程造价的准确性高。虽然计算过程较单价法繁琐，但随计算机应用的普及，这问题得到迎刃而解。因此，定额实物法是与市场经济体制相适应的预算编制方法。

与建筑工程不同的是，公路建设项目的投资估算、概、预算的编制均是采用实物法。

（二）工料单价法计价程序

由于当前是工程量清单计价和施工图预算计价两种计价模式并存，所以根据建设部2001年第107号部令《建筑工程施工发包与承包计价管理办法》的规定，建筑安装工程计价程序也给出了两种方法：工料单价法和综合单价法。工料单价法仍然用于施工预算计价方法，综合单价法用于工程量清单计价。

工料单价法是以分部分项工程量乘以单价后的合计为直接工程费，直接工程费以人工、材料、机械的消耗量及其相应价格确定。直接工程费汇总后另加间接费、利润、税金生成工程发承包价，其计价程序分为以直接费为计算基础、以人工费和机械费为计算基础和以人工费为计算基础三种。

1. 以直接费为计算基础的计价程序

以直接费为计算基础的计价程序如表3-3所示。

工料单价法以直接费为计算基础的计价程序

表3-3

序　号	费用项目	计算方法	备　注
1	直接工程费	按预算表	
2	措施费	按规定标准计算	
3	小计	(1)+(2)	
4	间接费	(3)×相应费率	
5	利润	[(3)+(4)]×相应利润率	
6	合计	(3)+(4)+(5)	
7	含税造价	(6)×(1+相应税率)	

2. 以人工费和机械费为计算基础的计价程序

以人工费和机械费为计算基础的计价程序如表3-4所示。

以人工费和机械费为计算基础的计价程序

表3-4

序　号	费用项目	计算方法	备　注
1	直接工程费	按预算表	
2	其中人工费和机械费	按预算表	
3	措施费	按规定标准计算	
4	其中人工费和机械费	按规定标准计算	
5	小计	(1)+(3)	
6	人工费和机械费小计	(2)+(4)	
7	间接费	(6)×相应费率	
8	利润	(6)×相应利润率	
9	合计	(5)+(7)+(8)	
10	含税造价	(9)×(1+相应税率)	

3. 以人工费为计算基础的计价程序

以人工费为计算基础的计价程序如表3-5所示。

以人工费为计算基础的计价程序

表 3-5

序　号	费用项目	计算方法	备　注
1	直接工程费	按预算表	
2	直接工程费中人工费	按预算表	
3	措施费	按规定标准计算	
4	措施费中人工费	按规定标准计算	
5	小计	(1)+(3)	
6	人工费小计	(2)+(4)	
7	间接费	(6)×相应费率	
8	利润	(6)×相应利润率	
9	合计	(5)+(7)+(8)	
10	含税造价	(9)×(1+相应税率)	

第五节　工程造价的审核

土木工程概、预算文件的审查是一项政策性、技术性、经济性和实践性很强的技术经济工作。审查的目的，是确定建设项目的投资总额，为项目的经济评价、投资控制、招标投标、保证实施等提供可靠的依据。审查的要求和内容，应与基本建设程序各阶段的作用、深度相结合。

土木工程概、预算文件一般是由设计单位完成的，完成之后，建设单位会委托工程造价管理专业机构(如定额站)进行审查，审查意见送项目主管部门后，主管部门再聘请有关单位和专家进行评审，评审通过，工程造价总额在允许范围之内，审查意见可作为批复的依据。

一、工程概预算审查的主要内容

1. 审查编制依据

首先审查编制依据的合法性，采用的有关编制依据是否经过国家和授权机关的批准，未经批准的不能采用，如经批准的上一阶段设计文件；各种定额和取费标准是否符合国家有关部门的现行规定，有无调整和新的规定，如有，应按新的调整办法和规定执行；再次审查编制依据的适用范围，如采用的定额取费标准是否与本工程一致，是否在其适用范围之内。

2. 审查编制内容

审查概、预算的列项是否完整，有无遗漏；是否体现了设计要求，施工方法选择合理；费用计算是否包括了从项目筹建到竣工交付使用的全部建设费用；是否结合实际、符合规定、经济合理、不重不漏、计算正确、内容完整。

3. 审查工程量

主体工程的工程量应根据设计图纸和相应定额所规定的工程量计算规则进行审查，部分工程量由施工组织设计提供，如清除表土、耕地填前碾压所增加的土石方数量，施工现场临时用地面积等。辅助工程的工程量，如围堰、排水、工作平台、吊装设备、预制厂等，应结合建设项目的实际情况和施工方法进行审查。

4. 审查定额的使用

审查定额的套用和换算是否正确。审查时，必须熟悉定额的说明，分部分项工程的工作内容及适用范围，并根据工程特点和设计图纸的要求，进行比较分析两者是否一致，是否有重套和漏套现象。对于定额的换算，首先应审查是否允许换算，然后再审查换算是否按规定进行，抽换是否正确。

5.审查其他各项费用

审查其他直接费、现场经费、间接费的费率取定是否合理，计算是否正确；土地、青苗等补偿费和安置补助费是否符合国家和地方政府的有关规定；设备、工具、器具的购置是否与批准的计划相符，价格计算是否合理可靠。

6.审查技术经济指标

审查指标有无错误，是否合理或超过国家控制标准。通常可与同类工程的技术经济指标对比，也可与上一阶段的造价文件比较，分析指标高低的原因。

二、工程概预算审查的步骤和方法

1.审查步骤

(1)先看设计文件总说明部分，了解建设项目各项工程概况，重点掌握与工程造价有关的问题。如：技术标准、水文地质、气候条件、施工场地、交通现状、筑路材料及下一阶段须解决的主要问题。

(2)阅读设计方案比选的具体内容，了解与工程造价有关的问题，从经济角度分析其是否优越。

(3)阅读编制总说明，掌握编制依据与要求。

(4)审查工程概预算总表，分析工程造价较大的工程项目和费用、经济指标情况。

(5)审查材料价格和机械台班单价计算，分析其合理性。

(6)分析施工方案的合理性、经济性，内容包括施工工艺及辅助工程设施。如设备数量、施工便道、便桥、临时码头、水上水下设施、供水供电设施、大型机械设备安排(如规模、位置)以及工期安排等。

(7)审查各项费率的取定，分析其合理性。

(8)审查分项工程的列项，工程量计算以及定额的套用。

(9)审查其他各项费用的计算是否符合规定和合理。

(10)编写审查报告，报告中应形成结论性意见。

2.审查方法

工程概预算的审查应根据工程投资规模、性质、结构复杂程度和要求确定审查方法。为了既保证质量，又加快审查进度，可以采用以下审查方法：

(1)全面审查法

又叫逐项审查法，是指对设计图纸所表示的全部内容，按照编制要求进行细致地全面地审查的方法，基本上相当于重复编制一次概、预算，审查的顺序按照编制程序逐一进行。这种方法的优点是全面、细致，审查质量高，效果好，但缺点是工作量大、时间长。

(2)标准预算审查法

对于利用标准图纸或通用图纸施工的工程先集中力量编制标准预算，以此作为审查的比较依据。按照标准图纸或通用图纸施工的工程，一般上部结构和作法基本相同，只是由于现场施工条件或地质情况不同，而在基础部分作局部改变。在审查中，可直接把审查对象与标准对照，对于局部变动部分单独审查。

这种方法的优点是时间短、效率高，其缺点是适用范围小，尤其对公路工程项目更是如此。

(3)分组计算审查法

是把概、预算中有关项目划分为若干组，利用同组中的一个数据审查分项工程量的一种方法。

一个单位工程的概、预算，其分部分项工程少则几十个，多则几百个，若都逐项计算，一则费时，二则费力。为了加快审查速度，可以把若干分部分项工程，按相邻具有一定内在联系的项目进行编组，利用同组中分项工程间有相同或相近计算基数的关系，审查一个分项工程数量，就能判断同组中其他几个分项工程量的准确程度。

(4)对比审查法

是利用已建成的或已审查修正的同类工程概预算，对比审查拟建工程概预算的一种方法。审查时需将费用进行分解，求出各分部工程的工程量和主要材料用量及技术经济指标，然后进行对比分析，以发现错误，寻找原因，修正差错。

(5)重点审查法

对概、预算中的重点部分、重点项目进行审查。作为重点审查的内容有：影响面大、涉及范围广的部分和项目，工程量大或造价高的项目，材料预算单位，补充和换算定额项目，各种费率的取定。重点抽查法的特点是重点突出，审查时时间短，但缺乏全面性。

以上方法在审查概预算时，可以根据情况结合起来使用。

第四章　决策阶段工程造价控制

第一节　概　　述

一、建设项目决策的含义

决策就是指在充分考虑各种可能的前提下，人们基于对客观规律的认识，对未来实践的方向、目标、原则和方法做出决定的过程。所谓投资决策就是指在实施投资活动之前，对投资的各种可行性方案进行分析和对比，从而确定效益好、质量高、回收期短、成本低的最优方案的过程。

项目投资决策是选择和决定投资行动方案的过程，是对拟建项目的必要性和可行性进行技术经济论证，对不同建设方案进行技术经济比较选择及做出判断和决定的过程。项目投资决策是投资行动的准则，正确的项目投资行动来源于正确的项目投资决策。由此可见，项目决策正确与否，直接关系到项目建设的成败，关系到工程造价的高低及投资效果的好坏。正确决策是合理确定与控制工程造价的前提。

二、建设项目决策与工程造价的关系

（一）项目决策的正确性是工程造价合理性的前提

项目决策正确，意味着对项目建设做出科学的决断，以及在建设的前提下，优选出最佳投资行动方案，达到资源的合理配置。这样才能合理地估计和计算工程造价，并且在实施最优投资方案过程中，有效地控制工程造价。项目决策失误，主要体现在不该建设的项目进行投资建设，或者项目建设地点的选择错误，或者投资方案的确定不合理等。诸如此类的决策失误，会直接带来不必要的资金投入和人力、物力及财力的浪费，甚至造成不可弥补的损失。在这种情况下，合理地进行工程造价的确定与控制已经毫无意义了。因此，要达到工程造价的合理性，事先就要保证项目决策的正确性，避免决策失误。

（二）项目决策的内容是决定项目造价的基础

工程造价的确定与控制贯穿于项目建设全过程，但决策阶段各项技术经济决策，对该项目的工程造价有重大影响，特别是建设标准水平的确定、建设地点的选择、工艺的评选、设备选用等，直接关系到工程造价的高低。据有关资料统计，在项目建设各大阶段中，投资决策阶段影响工程造价的程度最高，达到70%～80%。因此，决策阶段项目决策的内容是决定工程造价的基础，直接影响投资决策阶段之后的各个建设阶段工程造价的确定与控制是否科学、合理的问题。

（三）工程造价是影响项目决策的因素之一

决策阶段的投资估算是进行投资方案选择的重要依据之一，同时也是决定项目是否可行及主管部门进行项目审批的参考依据。

(四)项目决策的结果影响工程造价的控制效果

投资决策过程,是一个由浅入深、不断深化的过程,依次分为若干工作阶段,不同阶段决策的深度不同,投资估算的精确度也不同。由于在项目建设的决策阶段、初步设计阶段、技术设计阶段、施工图设计阶段、工程招投标及承发包阶段、施工阶段,以及竣工验收等不同阶段,相应形成投资估算、设计概算、修正核算、施工图预算、承包合同价、结算价及竣工决算。这些造价形式之间存在着前者控制后者,后者补充前者这样的相互作用关系。按照"前者控制后者"的制约关系,意味着投资估算对其后面的各种形式造价起着制约作用,作为限额目标。由此可见,只有加强项目决策的深度,采用科学的估算方法和可靠的数据资料,合理地计算投资估算,保证投资估算准确,才能保证其他阶段的造价被控制在合理范围,使投资控制目标能够实现,避免"三超"现象的发生。

三、项目决策阶段影响工程造价的主要因素

(一)项目合理规模的确定

项目合理规模的确定,就是要合理选择拟建项目的生产规模,解决"生产多少"的问题。每一个建设项目都存在一个合理规模的选择问题。生产规模过小,使得资源得不到有效配置,单位产品成本较高,经济效益低下;生产规模过大,超过了项目产品市场的需求量,则会导致开工不足、产品积压或降价销售,致使项目经济效益低下。因此,项目规模的合理选择关系着项目的成败,决定着工程造价支出的有效与否。

1.规模效益

当项目单位产品的报酬为一定时,项目的经济效益与项目的生产规模成正比。此时可以根据项目产品的市场需求量及项目的经济技术环境,选择能取得最大收益的项目规模。但是,在许多工业生产中,当把所有投入量加倍时,由于通过更有效的方式来组织生产经营,从而使产出量的增加多于一倍。或者说,当需要量增加一倍的产出量时,由于采用更有效的生产经营方式,从而并不需要增加一倍的投入量。在这种情况下,单位产品的成本随生产规模的扩大而下降,单位产品的报酬随生产规模的扩大而增加。在经济学中,这一现象被称为规模效益递增。而所谓规模效益,就是指这种伴随生产规模扩大引起单位成本下降而带来的经济效益。

规模效益的客观存在对项目规模的合理选择意义重大而深远,可以充分利用规模效益来合理确定和有效控制工程造价,提高项目的经济效益。但同时也须注意,规模扩大所产生的效益不是无限的,它受到技术进步、管理水平、项目经济技术环境等多种因素的制约。超过一定限度,规模效益将不再出现,甚至可能出现规模报酬递减。

2.项目规模合理性的制约因素

(1)市场因素。市场因素是项目规模确定中需考虑的首要因素。其中,项目产品的市场需求状况是确定项目生产规模的前提。一般情况下,项目的生产规模应以市场预测的需求量为限,并根据项目产品市场的长期发展趋势作相应调整。除此之外,还要考虑原材料市场、资金市场、劳动力市场等,它们也对项目规模的选择起着程度不同的制约作用。例如,项目规模过大可能导致材料供应紧张和价格上涨,项目所需投资资金的筹措困难和资金成本上升等。

(2)技术因素。先进的生产技术及技术装备是项目规模效益赖以存在的基础,而相应的管理技术水平则是实现规模效益的保证。若与经济规模生产相适应的先进技术及其装备的来源没有保障,或获取技术的成本过高,或管理水平跟不上,则不仅预期的规模效益难以实现,还会给项目的生存和发展带来危机,导致项目投资效益低下,工程造价支出严重浪费。

（3）环境因素。项目的建设、生产和经营离不开一定的社会经济环境，项目规模确定中需考虑的主要环境因素有：政策因素、燃料动力供应、协作及土地条件、运输及通讯条件。其中，政策因素包括产业政策、投资政策、技术经济政策、国家、地区及行业经济发展规划等。特别应注意，为了取得较好的规模效益，国家对部分行业的新建项目规模作了下限规定，选择项目规模时应予以遵照执行。

（二）建设标准水平的确定

建设标准的主要内容有：建设规模、占地面积、工艺装备、建筑标准、配套工程、劳动定员等方面的标准或指标。建设标准是编制、评估、审批项目可行性研究的重要依据，是衡量工程造价是否合理及监督检查项目建设的客观尺度。

建设标准能否起到控制工程造价、指导建设的作用，关键在于标准制订是否合理。标准订得过高，会脱离我国的实际情况和财力、物力的承受能力，增加造价，浪费投资；标准订得过低，将会妨碍技术进步，影响国民经济的发展和人民生活的改善。因此，建设标准水平应从我国目前的经济发展水平出发，根据不同地区、不同规模、不同等级、不同功能合理确定。大多数工业交通项目应采用中等适用的标准，对少数引进国外先进技术和设备的项目或少数有特殊要求的项目，标准可适当提高。在建筑方面，应坚持适用、经济、安全、朴实的原则。建设项目标准中的各项规定能定量的应尽量给出指标，不能规定指标的要有定性的原则要求。

（三）建设地区及建设地点（厂址）的选择

一般情况下，确定某个建设项目的具体地址（或厂址），需要经过建设地区选择和建设地点选择（厂址选择）这样两个不同层次的、相互联系又相互区别的工作阶段。这两个阶段是一种递进关系。其中，建设地区选择是指在几个不同地区之间对拟建项目适宜配置在哪个区域范围的选择，建设地点选择是指对项目具体坐落位置的选择。

1. 建设地区的选择

建设地区选择的合理与否，在很大程度上决定着拟建项目的命运，影响着工程造价的高低、建设工期的长短、建设质量的好坏，还影响到项目建成后的经营状况。因此，建设地区的选择要充分考虑各种因素的制约，具体要考虑以下因素：

（1）要符合国民经济发展战略规划、国家工业布局总体规划和地区经济发展规划的要求。

（2）要根据项目的特点和需要，充分考虑原材料条件、能源条件、水源条件、各地区对项目产品需求及运输条件等。

（3）要综合考虑气象、地质、水文等建厂的自然条件。

（4）要充分考虑劳动力来源、生活环境、协作、施工力量、风俗文化等社会环境因素的影响。

因此，在综合考虑上述因素的基础上，建设地区的选择要遵循以下两个基本原则：

（1）靠近原料、燃料提供地和产品消费地的原则。满足这一要求，在项目建成投产后，可以避免原料、燃料和产品的长期远途运输，减少费用，降低产品的生产成本，并且缩短流通时间，加快流动资金的周转速度。但这一原则并不是意味着项目安排在距原料、燃料提供地和产品消费地的等距离范围内，而是根据项目的技术经济特点和要求，具体分析对待。

（2）工业项目适当聚集的原则。在工业布局中，通常是一系列相关的项目聚成适当规模的工业基地和城镇，从而有利于发挥“集聚效益”。集聚效益形成的客观基础是：第一，现代化生产是一个复杂的分工合作体系，只有相关企业集中配置，才能对各种资源和生产要素充分利用，便于形成综合生产能力，尤其对那些具有密切投入产出链环关系的项目，集聚效益尤为明显；第二，现代产业需要有相应的生产性和社会性基础设施相配合，其能力和效率才能充分发挥，企业布点适当集中，才有可能统一建设比较齐全的基础结构设施，避免重复建设，节约投资，提高这些设施的效益；第三，企业布点适当集中，才能为不同类型的劳动者提供多种就业机会。

但是，工业布局的聚集程度，并非愈高愈好。当工业聚集超越客观条件时，也会带来许多弊端，促使项目投资增加，经济效益下降。这主要是因为：第一，各种原料、燃料需要量大增，原料、燃料和产品的运输距离延长，流通过程中的劳动耗费增加；第二，城市人口相应集中，形成对各种农副产品的大量需求，势必增加城市农副产品供应的费用；第三，生产和生活用水量大增，在本地水源不足时，需要开辟新水源远距离引水，耗资巨大；第四，大量生产和生活排泄物集中排放，势必造成环境污染、破坏生态平衡，利用自然界自净能力净化“三废”的可能性相对下降。为保持环境质量，不得不花费巨资兴建各种人工净化处理设施，增加环境保护费用。当工业集聚带来的“外部不经济性”的总和超过生产集聚带来的利益时，综合经济效益反而下降，这就表明集聚程度已超过经济合理的界限。

2. 建设地点（厂址）的选择

建设地点的选择是在已选定建设地区的基础上，具体确定项目所在的建筑地段、坐落位置和东、西、南、北四邻。其要求有两点：一是从保证拟建厂直接经济效益出发，要满足该厂生产建设和职工生活的要求，二是从保证间接的、社会的效益出发，要求厂址的布局有利于所在城镇和工业小区总体规划的实现，不造成对四邻和所在城镇、流域的景观与环境生态平衡的破坏。

（四）生产工艺和平面布置方案确定

1. 生产工艺方案的确定

生产工艺是指生产产品所采用的工艺流程和制作方法。工艺流程是指投入物（原料或半成品）经过有次序的生产加工，成为产出物（产品或加工品）的过程。评价及确定拟采用的工艺是否可行，主要有先进适用和经济合理两项标准。

（1）先进适用。这是评定工艺的最基本的标准。先进与适用，是对立的统一。保证工艺的先进性是首先要满足的，它能够带来产品质量、生产成本的优势。但是不能单独强调先进而忽视适用，还要考察工艺是否符合我国国情和国力，是否符合我国的技术发展政策。就引进工艺技术来讲，世界上最先进的工艺，往往由于对原材料要求过高，国内设备不配套或技术不容易掌握等原因而不适合我国的实际需要。因此，一般来说，引进的工艺和技术既要比国内现有的工艺先进，又要注意在我国的适用性，并不是越先进越好。例如，有的引进项目，可以在主要工艺上采用先进技术，而其他部分则采用适用技术。总之，要根据国情和建设项目的经济效益，综合考虑先进与适用的关系。对于拟采用的工艺，除了必须保证能用指定的原材料按时生产出符合数量、质量要求的产品外，还要考虑与企业的生产和销售条件（包括原有设备能否配套，技术和管理水平、市场需求、原材料种类等）是否相适应，特别要考虑到原有设备能否利用，技术和管理水平能否跟上等。

（2）经济合理。经济合理是指所用的工艺应能以最小的消耗获得最大的经济效果，要求综合考虑所用工艺所能产生的经济效益和国家的经济承受能力。在可行性研究中可能提出几种不同的工艺方案，各方案的劳动需要量、能源消耗量、投资数量等可能不同，在产品质量和产品成本等方面可能也有差异，因而应反复进行比较，从中挑选经济合理的工艺。

2. 平面布置方案的设计

平面布置方案设计，是根据拟建项目的生产性质、规模和生产工艺等要求，结合建厂地区的自然、气候、地形、地质，以及厂内外运输、公用设施和厂际协作等具体条件，按照原料进厂到成品出厂的整个生产工艺过程，对生产车间、辅助生产设施及其他建筑物和构筑物等进行经济合理的布置，以及对交通运输进行组织布置的规划设计工作。平面布置是否合理，在技术上将直接影响厂内物料(包括原材料、燃料、产品、废料等)运输流向、厂内外道路、管线布置、生产安全、环境卫生与保护、基建施工、生产管理、节约用地等方面的合理性和可能性，同时在经济上将直接影响项目投资和生产费用，以及劳动生产率。正确合理的平面布置设计方案，能够做到工艺流程合理、总体布置紧凑，减少建筑工程量，节约用地，减少项目投资，加快建设进度，并且能使项目建成后较快地投入正常生产，发挥良好的投资效益，节省经营管理费用。

(五)设备的选用

在设备选用中，应注意处理好以下问题：

(1)要尽量选用国产设备。凡国内能够制造，并能保证质量、数量和按期供货的设备，或者进口一些技术资料就能仿制的设备，原则上必须国内生产，不必从国外进口；凡只引进关键设备就能由国内配套使用的，就不必成套引进。

(2)要注意进口设备之间以及国内外设备之间的衔接配套问题。有时一个项目从国外引进设备时，为了考虑各供应厂家的设备特长和价格等问题，可能分别向几家制造厂购买，这时，就必须注意各厂所供设备之间技术、效率等方面的衔接配套问题。为了避免各厂所供设备不能配套衔接，引进时最好采用总承包的方式。

还有一些项目，一部分为进口国外设备，另一部分则引进技术由国内制造。这时，也必须注意国内外设备之间的衔接配套问题。

(3)要注意进口设备与原有国产设备、厂房之间的配套问题。主要应注意本厂原有国产设备的质量、性能与引进设备是否配套，以免因国内外设备能力不平衡而影响生产。有的项目利用原有厂房安装引进设备，就应将原有厂房的结构、面积、高度以及原有设备的情况了解清楚，以免设备到厂后安装不下或互不适应而造成浪费。

(4)要注意进口设备与原材料、备品备件及维修能力之间的配套问题。应尽量避免引进的设备所用主要原料需要进口。如果必须从国外引进时，应安排国内有关厂家尽快研制这种原料。在备品备件供应方面，随机引进的备品备件数量往往有限，有些备件在厂家输出技术或设备之后不久就被淘汰，因此采用进口设备，还必须同时组织国内研制所需备品备件问题，以保证设备长期发挥作用。另外，对于进口的设备，还必须掌握如何操作和维修，否则不能发挥设备的先进性。在外商技术人员调试安装时，可培训国内技术人员及时学会操作，必要时也可派人出国培训。

(5)引进技术资料应注意的问题。技术资料，即所谓“软件”，是指从国外引进的使用专有技术、技术诀窍或专利权的许可证及各种技术资料。

四、项目决策阶段工程造价控制的主要措施

项目决策阶段的工程造价控制，应以编制、审查可行性研究报告和项目评估为重点。主要措施包括：

(1)选好可行性研究咨询设计单位。应根据拟建项目特点，采取方案竞赛或设计招标方式，选择与项目专业特点相适应的、有资质、有经验、有实绩的咨询设计单位承担可行性研究工作。

(2)组织专家及相关人员对可行性研究报告进行预审，广泛听取意见，并根据预审意见优化方案，完善可行性研究报告。

(3)委托第三方或组织专家，根据国家颁布的法规、政策、方法、参数等，对拟建项目建设的必要性、建设条件、生产条件、产品市场需求、项目竞争力与发展前景、工程技术、经济效益等进行全面评价和分析论证，审查项目可行性研究报告的可靠性、真实性和客观性。

(4)坚持以市场需求为前提、技术为手段、财务效益为核心的原则，围绕影响项目投资及效益的主要因素，进行多方案技术经济比较，务必使建设项目在技术上的先进性和适用性、经济上的合理性和盈利性、实施上的可行性和可能性得到充分体现。

(5)对建设项目的环境保护、消防、劳动安全、工业卫生、三废回收利用、节能措施等要充分重视，并列入可行性研究内容和投资估算内。

(6)坚持不搞“大而全”、“小而全”建设的原则，对公用、辅助设施项目应充分利用社会协作(或第三方投资)，但必须在前期工作阶段予以逐项落实。

(7)投资估算采用的依据、方法、标准、数据正确，符合国家或地区的有关规定；考虑汇率、利息、税金、物价等因素；项目内容（工程内容）和费用应与可行性研究报告的内容一致；对环境保护、工业卫生、劳动安全、消防、人防、绿化等需要政府监督管理部门进行专业专项审查的内容，应按审查意见及整改措施列入估算。既要防止缺项、漏项和有意压低造价，又要防止高估冒算、任意提高标准、扩大建设规模。项目前期已发生的费用(如咨询、评价、征地动迁等)也应列入估算。

(8)资金筹措及建设期利息。可行性研究报告的资金筹措方案与实际筹资方案是否一致，取定利率是否与实际协议融资成本一致，资金流量计划与利息计算是否准确合理。

(9)财务效益、经济效益、社会效益评估。基本数据的选定应可靠，参数的选取及效益指标的计算应正确合理、符合现行规定；主要原料、能源、物质的采购价格及产品销售价格的预测依据应充分；数据取定应合理可靠，项目效益计算口径与项目投资范围应一致。

(10)建设项目法人成立时间应与建设全过程投资控制要求一致。按照“谁投资、谁决策、谁收益、谁承担风险”的原则，建设项目法人应对项目的策划、资金筹措、建设实施、生产经营、债务偿还和资产的保值增值，实行全过程负责。按照建设全过程投资控制的要求，建设项目法人及其聘任的项目经理、项目管理班子应尽早参与相关工作。为此，在编报项目策划时，就应考虑项目法人的组建方案和项目经理、项目管理班子人选，参与前期工作，重点抓好可行性研究报告的编制、审查和项目评估、报批工作，落实建设项目投资控制组织措施。

第二节　建设项目可行性研究

一、项目可行性研究作用

建设项目可行性研究的主要作用是作为项目投资决策的科学依据，防止和减少决策失误造成的浪费，提高投资效益。经批准的可行性研究报告具有以下作用：

(1)作为确定建设项目的依据。建设项目可行性研究报告一经审批通过，意味着该项目正式批准立项，可以进行初步设计，所以经批准的可行性研究报告是确定建设项目的依据。

(2)作为编制设计文件的依据。在可行性研究报告中，对项目选址、建设规模、主要生产流程、设备造型和施工进度等方面都作了较详细的论证、研究，为设计文件的编制提供了依据。

项目设计文件中的有关技术经济数据，都应该在可行性研究工作中进行认真研究。

（3）作为向银行贷款的依据。可行性研究报告详细预测了项目的财务效益和经济效益及贷款偿还能力。世界银行等国际金融组织，均把可行性研究报告作为申请项目投资贷款的先决条件。我国的银行也都以可行性研究报告作为审批建设项目投资贷款的依据。通过对贷款项目进行全面、细致的分析评估后，确认项目具有偿还贷款能力，银行不承担过大风险时，才能同意贷款。

（4）作为拟建项目与有关协作单位签订合同或协议的依据。根据可行性研究报告，拟建项目可以与有关协作单位签订原材料、燃料、动力、运输、通信、建筑安装、设备购置等方面的协议。

（5）作为环保部门审查项目对环境影响的依据，亦作为向当地政府部门或规划部门申请建设执照的依据。项目在建设中和投产后对市改建设、环境及生态都有影响，因此项目的开工建设需当地市政、规划及环保部门的审批和认可。在可行性研究报告中，对选址、总图布置、环境及生态保护方案等诸方面都作了论证，为申请和批准建设执照提供了依据。

（6）作为施工组织、工程进度安排及竣工验收的依据。可行性研究报告对以上工作都有明确的要求，所以它是检查施工进度及工程质量的依据。

（7）作为项目后评估的依据。在项目后评估时，以可行性研究报告为依据，将项目的预期效果与实际效果进行对比考核，从而对项目的运行进行全面评价。

二、可行性研究报告的内容

可行性研究报告的内容，体现了进行可行性研究工作的内容，是主管部门进行审批的主要依据。工业建设项目可行性研究报告一般应包括以下内容。

1. 总论

综述项目概况，包括项目的名称、主办单位、承担可行性研究的单位、项目提出的背景、投资的必要性和经济意义、投资环境、提出项目调查研究的主要依据、工作范围和要求、项目的历史发展概况、项目建议书及有关审批文件、可行性研究的主要结论概要和存在的问题与建议。

2. 产品的市场需求和拟建规模

主要内容包括：调查国内外市场近期需求状况，并对未来趋势进行预测，对国内现有工厂生产能力进行调查估计，进行产品销售预测、价格分析，判断产品的市场竞争能力及进入国际市场的前景；确定拟建项目的规模，对产品方案和发展方向进行技术经济论证比较。

3. 资源、原材料、燃料及公用设施情况

经过全国储量委员会正式批准的资源储量、品位、成分以及开采、利用条件的评述；所需原料、辅助材料、燃料的种类、数量、质量及其来源和供应的可能性；有毒、有害及危险品的种类、数量积储运条件，材料试验情况；所需动力（水、电、汽等）公用设施的数量、供应条件、外部协作条件，以及签订协议和合同的情况。

4. 建厂条件和厂址选择

确定建厂地区的地理位置，与原材料产地和产品市场的距离，根据建设项目的生产技术要求，在指定的建设地区内，对建厂的地理位置、气象、水文、地质、地形条件、地震、洪水情况和社会经济现状进行调查研究，收集基础资料，了解交通运输、通信设施及水、电、气、热的现状和发展趋势；厂址面积、占地范围，厂区总体布置方案，建设条件、地价、拆迁及其他工程费用情况；对厂址选择进行多方案的技术经济分析相比选，提出选择意见。

5.项目设计方案

在选定的建设地点内进行总图和交通运输的设计，进行多方案比较和选择；确定项目的构成范围，主要单项工程（车间）的组成，厂内外主体工程和公用辅助工程的方案比较论证；项目土建工程总量的估算，土建工程布置方案的选择，包括场地平整、主要建筑和构筑物与厂外工程的规划；采用技术和工艺方案的论证，包括技术来源、工艺路线和生产方法，主要设备选型方案和技术工艺的比较；引进技术、设备的必要性尽及其来源国别的选择比较；设备的国外分交或与外商合作创造方案没想；以及必要的工艺流程图。

6.环境保护与劳动安全

对项目建设地区的环境状况进行调查，分析拟建项目“三废”（废气、废水、废渣）的种类、成分和数量，并预测其对环境的影响，提出合理方案的选择和回收利用情况，对环境影响进行评价；提出劳动保护、安全生产、城市规划、防震、防洪、防空、文物保护等要求以及采取相应的措施方案。

7.企业组织、劳动定员和人员培训

全厂生产管理体制、机构的设置，对选择方案的论证，工程技术和管理人员的素质和数量的要求；劳动定员的配备方案，人员的培训规划和费用估算。

8.项目施工计划和进度要求

根据勘察设计、设备制造、工程施工、安装、试生产所需时间与进度要求，选择项目实施方案和总进度，并用横道图和网络图来表述最佳实施方案。

9.投资估算和资金筹措

投资估算包括项目总投资估算，主体工程及辅助、配套工程的估算，以及流动资金的估算；资金筹措应说明资金来源、筹措方式、各种资金来源所占的比例、资金成本及贷款的偿付方式。

10.项目的经济评价

项目的经济评价包括财务评价和国民经济评价，并通过有关指标的计算，进行项目盈利能力、偿还能力等分析，得出经济评价结论。

11.综合评价与结论、建议

运用各项数据，从技术、经济、社会、财务等各个方面综合论述项目的可行性推荐一个或几个方案供决策参考，指出项目存在的问题以及结论性意见和改进建议。

可以看出，建设项目可行性研究报告的内容可概括为三大部分。第一是市场研究，包括产品的市场调查和预测研究，这是项目可行性研究的前提和基础，其主要任务是要解决项目的“必要性”问题；第二是技术研究，即技术方案和建设条件研究，这是项目可行性研究的技术基础，它要解决项目在技术上的“可行性”问题；第三是效益研究，即经济效益的分析和评价，这是项目可行性研究的核心部分，主要解决项目在经济上的“合理性”问题。市场研究、技术研究和效益研究共同构成项目可行性研究的三大支柱。

三、可行性研究报告的编制

（一）可行性研究报告的编制程序

根据我国现行的工程建设项目建设程序和国家颁布的《关于建设项目进行可行性研究试行管理办法》的有关规定，可行性研究的编制程序为：

（1）建设单位提出项目建议书。各部、省、市、自治区和全国性工业公司以及现有的企、事业单位，根据国家经济发展的长远规划、经济建设的方针、任务和技术经济政策，结合资源情况、建设布局等条件，在广泛调查研究、收集资料的基础上，初步分析建设条件和投资效果，提出需要进行可行性研究的项目建议书。

(2)项目筹建单位委托进行可行性研究工作。在项目建议书经过有权部门审定批准后，项目筹建单位就可委托经过资格审定的工程咨询公司(或设计单位)着手编制拟建项目的可行性研究报告。

(3)设计或咨询单位进行可行性研究工作，编制完整的可行性研究报告。设计或咨询单位与委托单位签订委托合同(协议书)承接可行性研究任务以后，即可按照可行性研究的步骤逐步开展工作，最终编制出详尽的可行性研究报告

(二)可行性研究报告的编制依据

编制可行性研究报告的主要依据有：

(1)项目建议书(初步可行性研究报告)及其批复文件。

(2)国家和地方的经济和社会发展规划、行业部门发展规划。

(3)国家有关法律、法规和政策。

(4)对于大中型骨干项目，必须具有国家批准的资源报告、国土开发整治规划、区域规划、江河流域规划、工业基地规划等有关文件。

(5)有关机构发布的工程建设方面的标准、规范和定额。

(6)合资、合作项目各方签订的协议书或意向书。

(7)委托单位的委托合同。

(8)经国家统一颁布的有关项目评价的基本参数和指标。

(9)有关的基础数据。

(三)编制要求

(1)编制单位必须具备承担可行性研究的条件。

(2)确保可行性研究报告的真实性和科学性。

(3)可行性研究的深度要规范化和标准化。

(4)可行性研究报告必须经签证和审批。

(四)可行性研究报告的审批

我国建设项目的可行性研究报告，须按照国家发展和改革委员会(以下简称发改委)的有关规定审批：

(1)大中型建设项目的可行性研究报告，由各主管部门、各省、市、自治区或全国性专业公司负责预审，报国家计审批，或国家发改委委托有关单位审批。

(2)重大项目和特殊项目的可行性研究报告由国家发改委同有关部门预审，报国务院审批。

(3)小型项目的可行性研究报告，按隶属关系由各主管部门、各省、市、自治区或全国性专业公司审批。

经可行性研究证明不可行的项目，经审定后即将项目取消。

第三节　建设项目投资估算

投资估算是项目决策的重要依据之一。在整个投资决策过程中，要对建设工程造价进行估算，在此基础上研究是否可以建设。投资估算要保证必要的准确性，如果误差太大，必将导致决策的失误。因此，准确、全面地估算建设项目的工程造价，是项目可行性研究乃至整个建

设项目投资决策阶段造价管理的重要任务。

一、项目投资估算的作用

投资估算在项目开发建设过程中的作用有以下几点：

(1)项目建议书阶段的投资估算，是项目主管部门审批项目建议书的依据之一，并对项目的规划、规模起参考作用。

(2)项目可行性研究阶段的投资估算，是项目投资决策的重要依据，也是研究、分析、计算项目投资经济效果的重要条件。

(3)项目投资估算对工程设计概算起控制作用，设计概算不得突破批准的投资估算额，并应控制在投资估算额以内。

(4)项目投资估算可作为项目资金筹措及制订建设贷款计划的依据，建设单位可根据批准的项目投资估算额，进行资金筹措和向银行申请贷款。

(5)项目投资估算是核算建设项目固定资产投资需要额和编制固定资产投资计划的重要依据。

二、投资估算的阶段划分与精度要求

(一)国外项目投资估算的阶段划分与精度要求

在国外，英、美等国把建设项目的投资估算分为以下五个阶段：

第一阶段：是项目的投资设想时期。对投资估算精度的要求为允许误差大于±30%。

第二阶段：是项目的投资机会研究时期。其对投资估算精度的要求为误差控制在±30%以内。

第三阶段：是项目的初步可行性研究时期。其对投资估算精度的要求为误差控制在±20%以内。

第四阶段：是项目的详细可行性研究时期。其对投资估算精度的要求为误差控制在±10%以内。

第五阶段：是项目的工程设计阶段。其对投资估算精度的要求为误差控制在±5%以内。

(二)我国项目投资估算的阶段划分与精度要求

我国建设项目的投资估算划分为以下 4 个阶段。

1. 项目规划阶段的投资估算

建设项目规划阶段是指有关部门根据国民经济发展规划、地区发展规划和行业发展规划的要求，编制一个建设项目的建设规划。其对投资估算精度的要求为允许误差大于±30%。

2. 项目建议书阶段的投资估算

在项目建议书阶段，是按项目建议书中的产品方案、项目建设规模、产品主要生产工艺、企业车间组成、初选建厂地点等，估算建设项目所需要的投资额。其对投资估算精度的要求为误差控制在±30%以内。

3. 初步可行性研究阶段的投资估算

初步可行性研究阶段，是在掌握了更详细、更深入的资料条件下，估算建设项目所需的投资额。其对投资估算精度的要求为误差控制在±20%以内。

4. 详细可行性研究阶段的投资估算

详细可行性研究阶段的投资估算至关重要，因为这个阶段的投资估算经审查批准之后，便是工程设计任务书中规定的项目投资限额，并可据此列入项目年度基本建设计划。

三、投资估算的内容

根据国家规定，从满足建设项目投资设计和投资规模的角度出发，建设项目投资的估算包括固定资产投资估算和流动资金估算两部分。

1. 固定资产投资估算

固定资产投资估算的内容按照费用的性质划分，包括建筑安装工程费、设备及工器具购置费、工程建设其他费用(此时不含流动资金)、基本预备费、涨价预备费、建设期贷款利息、固定资产投资方向调节税等。其中，建筑安装工程费、设备及工器具购置费形成固定资产；工程建设其他费用可分别形成固定资产、无形资产及其他资产。基本预备费、涨价预备费、建设期利息，在可行性研究阶段为简化计算，一并计入固定资产。

固定资产投资可分为静态部分和动态部分。涨价预备费、建设期利息和固定资产投资方向调节税构成动态投资部分；其余部分为静态投资部分。

2. 流动资金估算

流动资金是指生产经营性项目投产后，用于购买原材料、燃料、支付工资及其他经营费用等所需的周转资金。它是伴随着固定资产投资而发生的长期占用的流动资产投资，实际上就是财务中的营运资金。

四、投资估算的编制依据、要求与步骤

1. 投资估算的编制依据

(1)专门机构发布的建设工程造价费用构成、估算指标、计算方法，以及其他有关计算工程造价的文件；

(2)专门机构发布的工程建设其他费用计算办法和费用标准，以及政府部门发布的物价指数；

(3)拟建项目各单项工程的建设内容及工程量。

2. 投资估算的编制要求

(1)工程内容和费用构成齐全，计算合理，不重复计算，不提高或者降低估算标准，不漏项、不少算；

(2)选用指标与具体工程之间存在标准或者条件差异时，应进行必要的换算或调整；

(3)投资估算精度应能满足控制初步设计概算要求。

3. 投资估算的编制步骤

(1)分别估算各单项工程所需的建筑工程费、安装工程费、设备及工器具购置费；

(2)在汇总各单项工程费用的基础上，估算工程建设其他费用和基本预备费；

(3)估算涨价预备费和建设期利息；

(4)估算流动资金。

五、固定资产投资估算方法

(一)静态投资部分的估算方法

1. 单位生产能力估算法

其计算公式为：

$$C_2 = \frac{C_1}{Q_1 \times Q_2 \times f} \tag{4-1}$$

式中:C_1——已建类似项目的投资额;

C_2——拟建项目投资额;

Q_1——已建类似项目的生产能力;

Q_2——拟建项目的生产能力;

f——不同时期、不同地点的定额、单价、费用变更等的综合调整系数。

单位生产能力估算法估算误差较大,可达±30%。此法只能是粗略地快速估算,由于误差大,应用该估算法时需要小心,应注意以下几点:

(1)地方性。建设地点不同,地方性差异主要表现为:两地经济情况不同;土壤、地质、水文情况不同;气候、自然条件的差异;材料、设备的来源、运输状况不同等。

(2)配套性。一个工程项目或装置,均有许多配套装置和设施,也可能产生差异,如:公用工程、辅助工程、厂外工程和生活福利工程等,这些工程随地方差异和工程规模的变化均各不相同,它们并不与主体工程的变化成线性关系。

(3)时间性。工程建设项目的兴建,不一定是在同一时间建设,时间差异或多或少存在,在这段时间内可能在技术、标准、价格等方面可能发生变化。

2.生产能力指数法

生产能力指数法又称指数估算法,它是根据已建成的类似项目生产能力和投资额来粗略估算拟建项目投资额的方法。其计算公式为:

$$C_2 = C_1 \times \left(\frac{Q_2}{Q_1}\right)^n \times f \tag{4-2}$$

式中:n——生产能力指数。

其余符号含义同前。

上式表明,造价与规模(或容量)呈非线性关系,且单位造价随工程规模(或容量)的增大而减小。在正常情况下,$0 \leqslant n \leqslant 1$。不同生产率水平的国家和不同性质的项目中,$n$ 的取值是不相同的。例如,化工项目美国取 $n=0.6$,英国取 $n=0.66$,日本取 $n=0.7$。

若已建类似项目的生产规模与拟建项目生产规模相差不大,Q_1 与 Q_2 的比值在 0.5~2 之间,则指数 n 的取值可近似为 1。

若已建类似项目的生产规模与拟建项目生产规模相差不大于 50 倍,且拟建项目生产规模的扩大仅靠增大设备规模来达到时,则 n 的取值约在 0.6~0.7 之间;若是靠增加相同规格设备的数量达到时,n 的取值约在 0.8~0.9 之间。

指数法主要应用于拟建装置或项目与用来参考的已知装置或项目的规模不同的场合。

生产能力指数法与单位生产能力估算法相比精确度略高,其误差可控制在±20%以内,尽管估价误差仍较大,但有它独特的好处:即这种估价方法不需要详细的工程设计资料,只知道工艺流程及规模就可以;其次对于总承包工程而言,可作为估价的旁证,在总承包工程报价时,承包商大都采用这种方法估价。

3.系数估算法

系数估算法也称为因子估算法,它是以拟建项目的主体工程费或主要设备费为基数,以其他工程费占主体工程费的百分比为系数估算项目总投资的方法。这种方法简单易行,但是精度较低，一般用于项目建议书阶段。系数估算法的种类很多，下面介绍几种主要类型。

(1)设备系数法。以拟建项目的设备费为基数，根据已建成的同类项目的建筑安装费和其他工程费等占设备价值的百分比，求出拟建项目建筑安装工程费和其他工程费，进而求出建设项目总投资。其计算公式如下：

$$C = E(1 + f_1 p_1 + f_2 p_2 + f_3 p_3 + \cdots\cdots) + I \tag{4-3}$$

式中：　　C——拟建项目投资额；

E——拟建项目设备费；

p_1、p_2、p_3……——已建项目中建筑安装费及其他工程费等占设备费的比重(%)；

f_1、f_2、f_3……——于时间因素引起的定额、价格、费用标准等变化的综合调整系数；

I——拟建项目的其他费用。

(2)主体专业系数法。以拟建项目中投资比重较大，并与生产能力直接相关的工艺设备投资为基数，根据已建同类项目的有关统计资料，计算出拟建项目各专业工程(总图、土建、采暖、给排水、管道、电气、自控等)占工艺设备投资的百分比，据以求出拟建项目各专业投资，然后汇总即为项目总投资。其计算公式为：

$$C = E(1 + f_1 p'_1 + f_2 p'_2 + f_3 p'_3 + \cdots\cdots) + I \tag{4-4}$$

式中：p'_1、p'_2、p'_3……——已建项目中各专业工程费用占设备费的比重(%)；

其余符号同前。

(3)朗格系数法。这种方法是以设备费为基数，乘以适当系数来推算项目的建设费用。其计算公式为：

$$C = E(1+\sum K_i) \cdot K_C \tag{4-5}$$

式中：C——总建设费用；

E——主要设备费；

K_i——管线、仪表、建筑物等项费用的估算系数；

K_C——管理费、合同费、应急费等项费用的总估算系数。

总建设费用与设备费用之比为朗格系数 K_L。即：

$$K_L=(1+\sum K_i) \cdot K_C \tag{4-6}$$

运用朗格系数法估算投资的步骤如下：

①计算设备到达现场的费用，包括设备出厂价、陆路运费、海上运输费、装卸费、关税、保险、采购等。

②根据计算出的设备费乘以 1.43，即得到包括设备基础、绝热工程、油漆工程和设备安装工程的总费用(a)。

③以上述计算的结果(a)再分别乘以 1.1、1.25、1.6(视不同流程)，即可得到包括配管工程在内的费用(b)。

④以上述计算的结果(b)再乘以 1.5，即得到此装置(或项目)的直接费(c)，此时，装置的建筑工程、电气及仪表工程等均含在直接费用中。

⑤最后以上述计算结果(c)再分别乘以 1.31、1.35、1.38(视不同流程)，即得到工厂的总费用 C。

如果某工厂建设的设备费用为 E;则根据上述计算程序可分别写成：

$$C=E\times1.43\times1.1\times1.5\times1.31=E\times3.1$$

应用朗格系数法进行工程项目或装置估价的精度仍不是很高，其原因如下：

①装置规模大小发生变化的影响；

②不同地区自然地理条件的影响；

③不同地区经济地理条件的影响；

④不同地区气候条件的影响；

⑤主要设备材质发生变化时，设备费用变化较大而安装费变化不大所产生的影响。

尽管如此，由于朗格系数法是以设备费为计算基础，而设备费用在一项工程中所占的比重对于石油、石化、化工工程而言，占 45%～55%，几乎占一半左右，同时一项工程中每台设备所含有的管道、电气、自控仪表、绝热、油漆、建筑等，都有一定的规律。所以，只要对各种不同类型工程的朗格系数掌握得准确，估算精度仍可较高。朗格系数法估算误差为 10%～15%。

4. 比例估算法

根据统计资料，先求出已有同类企业主要设备投资占全厂建设投资的比例，然后再估算出拟建项目的主要设备投资，即可按比例求出拟建项目的建设投资。其表达式为：

$$I=\frac{1}{K\times\sum Q_i p_i}\qquad(i=1\sim n)\tag{4-7}$$

式中：I——拟建项目的建设投资；

K——主要设备投资占拟建项目投资的比例；

n——设备种类数；

Q_i——第 i 种设备的数量；

p_i——第 i 种设备的单价(到厂价格)。

5. 指标估算法

这种方法是把建设项目划分为建筑工程、设备安装工程、设备购置费及其他基本建设费等费用项目或单位工程，再根据各种具体的投资估算指标，进行各项费用项目或单位工程投资的估算，在此基础上，可汇总成每一单项工程的投资。另外，再估算工程建设其他费用及预备费，即求得建设项目总投资。

估算指标是一种比概算指标更为扩大的单位工程指标或单项工程指标。

使用估算指标法应根据不同地区、年代进行调整。因为地区、年代不同，设备与材料的价格均有差异，调整方法可以按主要材料消耗量或“工程量”为计算依据；也可以按不同的工程项目的“万元工料消耗定额”而定不同的系数。如果有关部门已颁布了有关定额或材料价差系数(物价指数)，也可以据其调整。

使用估算指标法进行投资估算决不能生搬硬套，必须对工艺流程、定额、价格及费用标准进行分析，经过实事求是的调整与换算后，才能提高其精确度。

(二)建设投资动态部分估算方法

建设投资动态部分主要包括价格变动可能增加的投资额和建设期利息两部分内容，如果是涉外项目，还应该计算汇率的影响。动态部分的估算应以基准年静态投资的资金使用计划为基础来计算，而不是以编制的年静态投资为基础计算。

1. 涨价预备费的估算

涨价预备费的估算可按国家或部门(行业)的具体规定执行，一般按下式计算：

$$PF = \sum I_t[(1+f)^t - 1] \qquad (t=1\sim n) \tag{4-8}$$

式中：PF——涨价预备费估算额；

I_t——第 t 年投资计划额；

f——年均投资价格上涨率；

n——建设期年份数。

上式中的年度投资用计划额 I_t，可由建设项目资金使用计划表中得出，年价格变动率可根据工程造价指数信息的累积分析得出。

2. 汇率变化对涉外建设项目动态投资的影响及计算方法

(1)外币对人民币升值。项目从国外市场购买设备材料所支付的外币金额不变，但换算成人民币的金额增加；从国外借款，本息所支付的外币金额不变，但换算成人民币的金额增加。

(2)外币对人民币贬值。项目从国外市场购买设备材料所支付的外币金额不变，但换算成人民币的金额减少；从国外借款，本息所支付的外币金额不变，但换算成人民币的金额减少。

估计汇率变化对建设项目投资的影响，是通过预测汇率在项目建设期内的变动程度，以估算年份的投资额为基数，计算求得。

3. 建设期利息的估算

建设期利息是指项目借款在建设期内发生并计入固定资产投资的利息。计算建设期利息时，为了简化计算，通常假定当年借款按半年计息，以上年度借款按全年计息，计算公式为：

各年应计利息＝(年初借款本息累计＋本年借款额/2)×年利率

年初借款本息累计＝上一年年初借款本息累计＋上年借款＋上年应计利息

本年借款＝本年度固定资产投资－本年自有资金投入

对于有多种借款资金来源，每笔借款的年利率各不相同的项目，既可分别计算每笔借款的利息，也可先计算出各笔借款加权平均的年利率，并以此利率计算全部借款的利息。

六、流动资金估算方法

流动资金估算一般采用分项详细估算法。个别情况或者小型项目可采用扩大指标法。

(一)分项详细估算法

流动资金的显著特点是在生产过程中不断周转，其周转额的大小与生产规模及周转速度直接相关。分项详细估算法是根据周转额与周转速度之间的关系，对构成流动资金的各项流动资产和流动负债分别进行估算。分项详细估算法是对流动资产和流动负债主要构成要素即存货、现金、应收账款、预付账款以及应付账款和预收账款等几项内容分项进行估算，计算公式为：

流动资金＝流动资产－流动负债

流动资产＝应收账款＋预付账款＋存货＋现金

流动负债＝应付账款＋预收账款

流动资金本年增加额＝本年流动资金－上年流动资金

估算的具体步骤，首先计算各类流动资产和流动负债的年周转次数，然后再分项估算占用资金额。

1.周转次数计算

周转次数是指流动资金的各个构成项目在一年内完成多少个生产过程。

周转次数＝360(d)÷最低周转天数

各类流动资产和流动负债的最低周转天数参照同类企业的平均周转天数并结合项目特点确定，或按部门(行业)规定，在确定最低周转天数时应考虑储存天数、在途天数，并考虑适当的保险系数。又因为：

周转次数＝周转额/各项流动资金平均占用额

如果周转次数已知，则：

各项流动资金平均占用额＝周转额/周转次数

2.应收账款估算

应收账款是指企业对外赊销商品、劳务而尚未收回的资金。应收账款的周转额应为全年赊销销售收入。在可行性研究时，用销售收入代替赊销收入。计算公式为：

应收账款＝年销售收入/应收账款周转次数

3.预付账款估算

预付账款是指企业为购买各类材料、半成品或服务所预先支付的款项，计算公式为：

预付账款＝外购商品或服务年费用金额/预付账款周转次数

4.存货估算

存货是指企业在日常生产经营过程中持有以备出售，或者仍然处在生产过程，或者在生产或提供劳务过程中将消耗的材料或物料等，包括各类材料、商品、在产品、半成品和产成品等。为简化计算，项目评价中仅考虑外购原材料、燃料、其他材料、在产品和产成品，并分项进行计算。计算公式为：

存货＝外购原材料、燃料＋在产品＋产成品

外购原材料、燃料＝年外购原材料、燃料费用/分项周转次数

其他材料＝年其他材料费用/其他材料周转次数

在产品＝(年外购材料、燃料＋年工资及福利费＋年修理费
＋年其他制造费)/在成品周转次数

产成品＝(年经营成本－年营业费用)/产成品周转次数

5.现金需要量估算

项目流动资金中的现金是指货币资金，即企业生产运营活动中停留于货币形态的那部分资金，包括企业库存现金和银行存款。计算公式为：

现金需要量＝(年工资及福利费＋年其他费用)/现金周转次数

年其他费用＝制造费用＋管理费用＋销售费用
－(以上三项费用中所含的工资及福利费、折旧费、维简费、摊销费、修理费)

6.流动负债估算

流动负债是指将在一年（含一年）或者超过1年的一个营业周期内偿还的债务，包括短期借款、应付票据、应付账款、预收账款、应付工资、应付福利费、应付股利、应交税金、其他暂收应付款项、预提费用和一年内到期的长期借款等。在项目评价中，流动负债的估算可以只考虑应付账款和预收账款两项。计算公式为：

应付账款＝(年外购原材料、燃料＋其他材料年费用)/应付账款周转次数

预收账款＝预收的营业收入年金额/预收账款周转次数

根据流动资金各项估算结果，编制流动资金估算表。

(二)扩大指标估算法

扩大指标估算法是根据现有同类企业的实际资料，求得各种流动资金率指标，亦可依据行业或部门给定的参考值或经验确定比率。公式为：

年流动资金额＝年费用基数×各类流动资金率

年流动资金额＝年产量×单位产品产量占用流动资金额

(三)估算流动资金应注意的问题

(1)在项目评价中，最低周转天数取值对流动资金估算的准确程度有较大影响。在确定最低周转天数时应根据项目的特点，投入和产出性质、供应来源以及各分项的属性，并考虑保险系数分项确定。

(2)当投入物和产出物采用不含税价格时，估算中应注意将销项税额和进项税额分别包括在相应的年费用金额中。

(3)流动资金一般应在项目投产前开始筹措。为了简化计算，流动资金可在投产第一年开始安排，并随生产运营计划的不同而有所不同，因此流动资金的估算应根据不同的生产运营计划分年进行。

(4)用详细估算法计算流动资金，需以经营成本及其中的某些科目为基数，因此实际上流动资金估算应在经营成本估算之后进行。

第四节　建设项目财务分析

一、财务分析的基本概念

(一)财务分析的概念及作用

财务分析是项目经济评价的重要组成部分，是在财务效益与费用的估算以及编制财务辅助报表的基础上，编制财务报表，计算财务分析指标，考察和分析项目的盈利能力、偿债能力和财务生存能力，判断项目的财务可行性，明确项目对财务主体的价值以及对投资者的贡献，为投资决策、融资决策以及银行审贷提供依据。

(二)财务分析的程序

财务分析程序见图4-1。

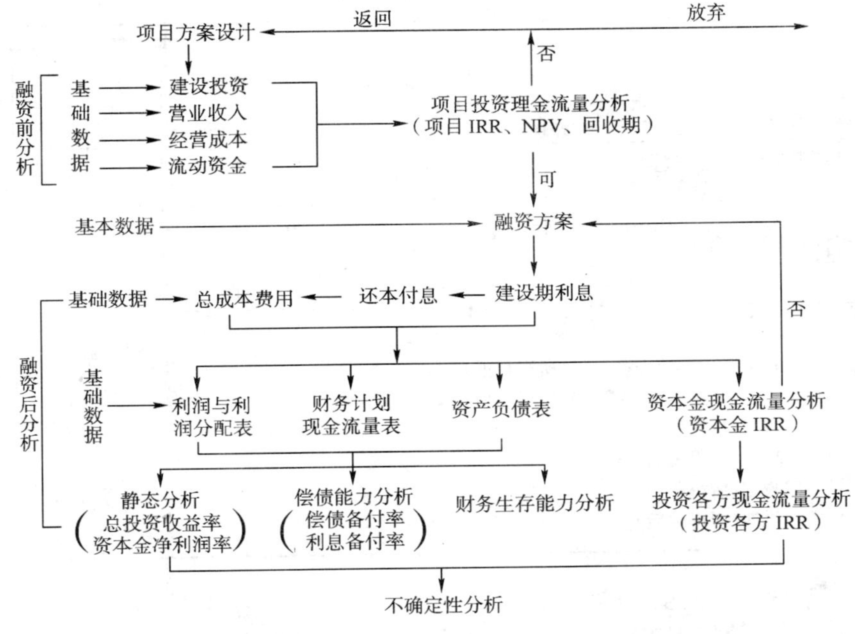

图 4-1 财务分析程序图

二、基础财务报表的编制

为了进行投资项目的经济效果分析，需编制的财务报表主要有：各类现金流量表、利润与利润分配表、财务计划现金流量表、资产负债表和借款还本付息计划表。

(一)各类现金流量表的编制

1. 项目投资现金流量表的编制(表 4-1)

(1)本表适用于新设法人项目与既有法人项目的增量和“有项目”的现金流量分析。

(2)调整所得税为以息税前利润为基数计算的所得税，区别于“利润与利润分配表”、“项目资本金现金流量表”和“财务计划现金流量表”中的所得税。

项目投资现金流量表(人民币单位：万元) 表 4-1

序号	项目	合计	计算期							
			1	2	3	4	5	6	…	n
1	现金流入									
1.1	营业收入									
1.2	补贴收入									
1.3	回收固定资产余值									
1.4	回收流动资金									
2	现金流出									
2.1	建设投资									
2.2	流动资金									
2.3	经营成本									
2.4	营业税金及附加									
2.5	维持营运投资									

续上表

序　号	项　　目	合　计	计　算　期							
			1	2	3	4	5	6	…	n
3	所得税前净现金流量(1－2)									
4	累计所得税前净现金流量									
5	调整所得税									
6	所得税后净现金流量(3－5)									
7	累计所得税后净现金流量									

计算指标：

项目投资财务内部收益率(%)(所得税前)

项目投资财务内部收益率(%)(所得税后)

财务净现值(所得税前)(i_c＝ %)

财务净现值(所得税后)(i_c＝ %)

投资回收期(所得税前)

投资回收期(所得税后)

2.项目资本金现金流量表的编制(表 4-2)

(1)项目资本金包括用于建设投资、建设期利息和流动资金的资金。

(2)对外商投资项目，现金流出中应增加职工奖励及福利基金科目。

(3)本表适用于新设法人项目与既有法人项目“有项目”的现金流量分析。

项目资本金现金流量表(人民币单位：万元)　　表 4-2

序　号	项　　目	合　计	计　算　期							
			1	2	3	4	5	6	…	n
1	现金流入									
1.1	营业收入									
1.2	补贴收入									
1.3	回收固定资产余值									
1.4	回收流动资金									
2	现金流出									
2.1	项目资本金									
2.2	借款本金偿还									
2.3	借款利息支出									
2.4	经营成本									
2.5	营业售税金及附加									
2.6	所得税									
2.7	维持营运投资									
3	净现金流量(1－2)									

计算指标：

资本金财务内部收益率(%)＝

3. 投资各方现金流量表的编制(表 4-3)

投资各方现金流量表(人民币单位:万元)　　表 4-3

序 号	项　　目	合 计	计 算 期							
			1	2	3	4	5	6	…	n
1	现金流入									
1.1	实分利润									
1.2	资产处置收益分配									
1.3	租赁费收入									
1.4	技术转让或使用收入									
1.5	其他现金流入									
2	现金流出									
2.1	实缴资本									
2.2	租赁资产支出									
2.3	其他现金流出									
3	净现金流量(1—2)									
计算指标: 投资各方财务内部收益率(%)=										

注:1. 实分利润是指投资者由项目获得的利润。
2. 资产处置收益分配是指对有明确的合营期限的项目,在期满时对资产余值按股比或约定比例的分配。
3. 租赁费收入是指出资方将自己的资产租赁给项目使用所获得的收入,此时应将资产价值作为现金流出,列为租赁资产支出科目。
4. 技术转让或使用收入是指出资方将专利或专有技术转让或允许该项目使用所获得的收入。

本表可按不同投资方分别编制:

(1)投资各方现金流量表既适用于内资企业也适用于外商企业;既适用于合资企业也适用于合作企业。

(2)投资各方现金流量表中现金流入是指出资方因该项目的实施将实际获得的各种收入;现金流出指出资方因该项目的实施将实际投入的各种支出。表中科目应根据具体情况调整。

4. 财务计划现金流量表的编制(表 4-4)

(1)对于新设法人项目,本表投资活动的现金流入为零。

(2)对于既有法人项目,可适当增加科目。

(3)必要时,现金流出中可增加应付优先股股利科目。

(4)对于外商投资项目应将职工奖励与福利基金作为经营活动现金流出。

财务计划现金流量表(单位:万元)　表 4-4

序号	项目	合计	计算期							
			1	2	3	4	5	6	…	n
1	经营活动净现金流量(1.1—1.2)									
1.1	现金流入									
1.1.1	营业收入									
1.1.2	增值税销项税额									
1.1.3	补贴收入									
1.1.4	其他流入									
1.2.	现金流出									
1.2.1	经营成本									
1.2.2	增值税进项税额									
1.2.3	营业税金及附加									
1.2.4	增值税									
1.2.5	所得税									
1.2.6	其他流出									
2	投资活动净现金流量(2.1—2.2)									
2.1	现金流入									
2.2	现金流出									
2.2.1	建设投资									
2.2.2	维持营运投资									
2.2.3	流动资金									
2.2.4	其他流出									
3	筹资活动净现金流量(3.1—3.2)									
3.1	现金流入									
3.1.1	项目资本金投入									
3.1.2	建设项目借款									
3.1.3	流动资金借款									
3.1.4	债券									
3.1.5	短期借款									
3.1.6	其他流入									
3.2	现金流出									
3.2.1	各种利息支出									
3.2.2	偿还债务本金									
3.2.3	应付利润(股利分配)									
3.2.4	其他流出									
4	净现金流量(1+2+3)									
5	累计盈余资金									

(二)利润与利润分配表的编制(表 4-5)

(1)对于外商出资项目由第 11 项减去储备基金、职工奖励与福利基金和企业发展基金后，得出可供投资者分配的利润。

(2)第 14～16 项根据企业性质和具体情况选择填列。

(3)法定盈余公积金按净利润计提。

表 4-5

利润与利润分配表(人民币单位:万元)

序号	项目	合计	计算期							
			1	2	3	4	5	6	…	n
1	营业收入									
2	营业税金及附加									
3	总成本费用									
4	补贴收入									
5	利润总额(1－2－3＋4)									
6	弥补以前年度亏损									
7	应纳所得税额(5－6)									
8	所得税									
9	净利润(5－8)									
10	期初未分配利润									
11	可供分配利润(9＋10)									
12	提取法定盈余公积金									
13	可供投资者分配的利润(11－12)									
14	应付优先股股利									
15	提取任意盈余公积金									
16	应付普通股股利(13－14－15)									
17	各投资方利润分配									
	其中:××方									
	××方									
18	未分配利润(13－14－15－17)									
19	息税前利润(利润总额＋利息支出)									
20	息税折旧摊销前利润(息税前利润＋折旧＋摊销)									

(三)资产负债表的编制(表 4-6)

(1)对于外商投资项目,第 2.5.3 项改为累计储备金和企业发展基金。

(2)对于既有法人项目,一般只针对法人编制,可按需要增加科目,此时表中资本金是指企业全部实收资本,包括原有和新增的实收资本。必要时,也可以针对“有项目”范围编制。此时表中资本金仅指“有项目”范围的对应数值。

(3)货币资金包括现金和累计盈余资金。

资产负债表（人民币单位：万元）　　表 4-6

序　号	项　　目	计　算　期							
		1	2	3	4	5	6	…	n
1	资产								
1.1	流动资产总额								
1.1.1	货币资金								
1.1.2	应收账款								
1.1.3	预付账款								
1.1.4	存货								
1.1.5	其他								
1.2	在建工程								
1.3	固定资产净值								
1.4	无形及其他资产净值								
2	负债及所有者权益(2.4+2.5)								
2.1	流动负债总额								
2.1.1	短期借款								
2.1.2	应付账款								
2.1.3	预收账款								
2.1.4	其他								
2.2	建设投资借款								
2.3	流动资金借款								
2.4	负债小计(2.1+2.2+2.3)								
2.5	所有者权益								
2.5.1	资本金								
2.5.2	资本公积金								
2.5.3	累计盈余公积金								
2.5.4	累计未分配利润								
计算指标： 资产负债率(%)									

(四)借款还本付息计划表的编制(表 4-7)

(1)本表直接适用于新设法人项目，如有多种借款或债券，必要时应分别列出。

(2)对于既有法人项目，在按有项目范围进行计算时，可根据需要增加项目范围内原有借款的还本付息计算；在计算企业层次的还本付息时，可根据需要增加项目范围外借款的还本付息计算；当简化直接进行项目层次新增借款还本付息计算时，可直接按新增数据进行计算。

(3)本表可另加流动资金借款的还本付息计算。

借款还本付息计划表(人民币单位:万元)　　表 4-7

序号	项目	合计	计算期							
			1	2	3	4	5	6	…	n
1	借款 1									
1.1	期初借款余额									
1.2	当期还本付息									
	其中:还本									
	付息									
1.3	期末借款余额									
2	借款 2									
2.1	期初借款余额									
2.2	当期还本付息									
	其中:还本									
	付息									
2.3	期末借款余额									
3	债券									
3.1	期初债务余额									
3.2	当期还本付息									
	其中:还本									
	付息									
3.3	期末债务余额									
4	借款和债券合计									
4.1	期初余额									
4.2	当期还本付息									
	其中:还本									
	付息									
4.3	期末余额									
计算指标	利息备付率(%)									
	偿债备付率(%)									

三、财务分析的内容与方法

财务分析应在项目财务效益与费用估算的基础上进行。财务分析的内容应根据项目的性质和目标确定。

对于经营性项目,财务分析应通过编制财务分析报表,计算财务指标,分析项目的盈利能力、偿债能力和财务生存能力,判断项目的财务可接受性,明确项目对财务主体及投资者的价值贡献,为项目决策提供依据。

对于非经营性项目,财务分析应主要分析项目的财务生存能力。

(一)建设项目财务的内容

财务分析可分为融资前分析和融资后分析,一般宜先进行融资前分析,在融资前分析结论满足要求的情况下，初步设定融资方案，再进行融资后分析。在项目建议书阶段，可只进行融资前分析。

1. 融资前财务分析

融资前分析只进行盈利能力分析，并以项目投资折现现金流量分析为主，计算项目投资内部收益率和净现值指标，也可计算投资回收期指标(静态)，用以反映收回项目投资所需要的时间。融资前分析应以动态分析（折现现金流量分析)为主，静态分析（非折现现金流量分析)为辅。

融资前动态分析应以营业收入、建设投资、经营成本和流动资金的估算为基础，考察整个计算期内现金流入和现金流出，编制项目投资现金流量表，利用资金时间价值的原理进行折现，计算项目投资内部收益率和净现值等指标。

融资前分析排除了融资方案变化的影响，从项目投资总获利能力的角度，考察项目方案设计的合理性。融资前分析计算的相关指标，应作为初步投资决策与融资方案研究的依据和基础。

根据分析角度的不同，融资前分析可选择计算所得税前指标和(或)所得税后指标。

2. 融资后财务分析

融资后分析应以融资前分析和初步的融资方案为基础，考察项目在拟定融资条件下的盈利能力、偿债能力和财务生存能力，判断项目方案在融资条件下的可行性。融资后分析用于比选融资方案，帮助投资者做出融资决策。

融资后的盈利能力分析应包括动态分析和静态分析下列两种：

(1)动态分析包括下列两个层次：①项目资本金现金流量分析，应在拟定的融资方案下，从项目资本金出资者整体的角度，确定其现金流入和现金流出，编制项目资本金现金流量表，利用资金时间价值的原理进行折现，计算项目资本金财务内部收益率指标，考察项目资本金可获得的收益水平。②投资各方现金流量分析，应从投资各方实际收入和支出的角度，确定其现金流入和现金流出，分别编制投资各方现金流量表，计算投资各方的财务内部收益率指标，考察投资各方可能获得的收益水平。当投资各方不按股本比例进行分配或有其他不对等的收益时，可选择进行投资各方现金流量分析。

(2)静态分析系指不采取折现方式处理数据，依据利润与利润分配表计算项目资本金净利润率（ROE)和总投资收益率（ROI)指标。

对静态分析指标的判断，应按不同指标选定相应的参考值（企业或行业的对比值)。当静态分析指标分别符合其相应的参考值时，认为从该指标看盈利能力满足要求。如果不同指标得出的判断结论相反，应通过分析原因，得出合理的结论。

(二)建设项目财务分析方法

1. 经营性项目财务分析方法

(1)财务盈利能力评价

盈利能力分析的主要指标包括项目投资财务内部收益率和财务净现值、项目资本金财务内部收益率、投资回收期、总投资收益率、项目资本金净利润率等，可根据项目的特点及财务分析的目的、要求等选用。

①财务净现值（FNPV)系指按设定的折现率（一般采用基准收益率)计算的项目计算期内净现金流量的现值之和，可按下式计算：

$$FNPV=\sum_{t=1}^{n}(CI-CO)_t(1+i_c)^{-t} \tag{4-9}$$

式中：FNPV——财务净现值；

$(CI-CO)_t$——第 t 年的净现金流量；

n——项目计算期；

i_c——设定的折现率(同基准收益率)。

一般情况下，财务盈利能力分析只计算项目投资财务净现值，可根据需要选择计算所得税前净现值或所得税后净现值。按照设定的折现率计算的财务净现值大于或等于零时，项目方案在财务上可考虑接受。

②财务内部收益率 (FIRR) 系指能使项目计算期内净现金流量现值累计等于零时的折现率，即 FIRR 作为折现率使下式成立：

$$\sum_{t=1}^{n}(CI-CO)_t(1+FIRR)^{-t}=0 \tag{4-10}$$

式中：FIRR——财务内部收益率。

项目投资财务内部收益率、项目资本金财务内部收益率和投资各方财务内部收益率都依据上式计算，但所用的现金流入和现金流出不同。

当财务内部收益率大于或等于所设定的判别基准，(通常称为基准收益率)时，项目方案在财务上可考虑接受。项目投资财务内部收益率、项目资本金财务内部收益率和投资各方财务内部收益率可有不同的判别基准。

③项目投资回收期 (P_t) 系指以项目的净收益回收项目投资所需要的时间，一般以年为单位。项目投资回收期宜从项目建设开始年算起，若从项目投产开始年计算，应予以特别注明。项目投资回收期可采用下式计算：

$$\sum_{t=1}^{p_t}(CI-CO)_t=0 \tag{4-11}$$

项目投资回收期可借助项目投资现金流量表计算。项目投资现金流量表中累计净现金流量由负值变为零的时点，即为项目的投资回收期。投资回收期应按下式计算：

$$P_t=T-1+\frac{\left|\sum_{i=1}^{T-1}(CI-CO)_i\right|}{(CI-CO)_T} \tag{4-12}$$

式中：T——各年累计净现金流量首次为正值或零的年数。

投资回收期短，表明项目投资回收快，抗风险能力强。

④总投资收益率(ROI)表示总投资的盈利水平，系指项目达到设计能力后正常年份的年息税前利润或运营期内年平均息税前利润 (EBIT)与项目总投资(TI)的比率；总投资收益率应按下式计算：

$$ROI=\frac{EBIT}{TI}\times 100\% \tag{4-13}$$

式中：EBIT——项目正常年份的年息税前利润或运营期内年平均息税前利润；

TI——项目总投资。

总投资收益率高于同行业的收益率参考值，表明用总投资收益率表示的盈利能力满足要求。

⑤项目资本金净利润率(ROE)表示项目资本金的盈利水平，系指项目达到设计能力后正常年份的年净利润或运营期内年平均净利润（NP)与项目资本金（EC)的比率;项目资本金净利润率应按下式计算：

$$ROE=\frac{NP}{EC}\times 100\% \tag{4-14}$$

式中：NP——项目工常年份的年净利润或运营期内年平均净利润；

EC——项目资本金。

项目资本金净利润率高于同行业的净利润率参考值，表明用项目资本金净利润率表示的盈利能力满足要求。

(2)清偿能力评价

对筹措了债务资金的项目，偿债能力考察项目能否按期偿还借款的能力。通过计算利息备付率和偿债备付率指标，判断项目的偿债能力。如果能够得知或根据经验设定所要求的借款偿还期，可以直接计算利息备付率和偿债备付率指标;如果难以设定借款偿还期，也可以先大致估算出借款偿还期，再采用适宜的方法计算出每年需要还本和付息的金额，代入公式计算利息备付率和偿债备付率指标。

偿债能力分析应通过计算利息备付率（ICR)、偿债备付率（DSCR)和资产负债率(LDAR)等指标，分析判断财务主体的偿债能力。上述指标应按下列公式计算：

①利息备付率(ICR)系指在借款偿还期内的息税前利润（EBIT)与应付利息（PI)的比值，它从付息资金来源的充裕性角度反映项目偿付债务利息的保障程度，应按下式计算：

$$ICR=\frac{EBIT}{PI}\times 100\% \tag{4-15}$$

式中：EBIT——息税前利润；

PI——计入总成本费用的应付利息。

利息备付率应分年计算。利息备付率高，表明利息偿付的保障程度高。

利息备付率应当大于1，并结合债权人的要求确定。

②偿债备付率（DSCR)系指在借款偿还期内，用于计算还本付息的资金($EBITDA-T_{AX}$)与应还本付息金额（PD)的比值，它表示可用于还本付息的资金偿还借款本息的保障程度，应按下式计算：

$$DSCR=\frac{EBITDA-T_{AX}}{PD}\times 100\% \tag{4-16}$$

式中：EBITDA——息税前利润加折旧和摊销；

T_{AX}——企业所得税；

PD——应还本付息金额，包括还本金额和计入总成本费用的全部利息。融资租赁费用可视同借款偿还。运营期内的短期借款本息也应纳入计算。

如果项目在运行期内有维持运营的投资，可用于还本付息的资金应扣除维持运营的投资。

偿债备付率应分年计算，偿债备付率高，表明可用于还本付息的资金保障程度高。

偿债备付率应大于1，并结合债权人的要求确定。

③资产负债率(LOAR))系指各期末负债总额（TL)同资产总额（TA)的比率，应按下式

计算：

$$LOAR=\frac{TL}{TA}\times 100\% \tag{4-17}$$

适度的资产负债率，表明企业经营安全、稳健，具有较强的筹资能力，也表明企业和债权人的风险较小。对该指标的分析，应结合国家宏观经济状况、行业发展趋势、企业所处竞争环境等具体条件判定。项目财务分析中，在长期债务还清后，可不再计算资产负债率。

(3)财务生存能力分析

财务生存能力分析，应在财务分析辅助表和利润与利润分配表的基础上编制财务计划现金流量表，通过考察项目计算期内的投资、融资和经营活动所产生的各项现金流入和流出，计算净现金流量和累计盈余资金，分析项目是否有足够的净现金流量维持正常运营，以实现财务可持续性。

财务可持续性应首先体现在有足够大的经营活动净现金流量，其次各年累计盈余资金不应出现负值。若出现负值，应进行短期借款，同时分析该短期借款的年份长短和数额大小，进一步判断项目的财务生存能力。短期借款应体现在财务计划现金流量表中，其利息应计入财务费用。为维持项目正常运营，还应分析短期借款的可靠性。

通过以下相辅相成的两个方面可具体判断项目的财务生存能力：

①拥有足够的经营净现金流量是财务可持续的基本条件，特别是在运营初期。一个项目具有较大的经营净现金流量，说明项目方案比较合理，实现自身资金平衡的可能性大，不会过分依赖短期融资来维持运营；反之，一个项目不能产生足够的经营净现金流量，或经营净现金流量为负值，说明维持项目正常运行会遇到财务上的困难，项目方案缺乏合理性，实现自身资金平衡的可能性小，有可能要靠短期融资来维持运营；或者是非经营项目本身无能力实现自身资金平衡，提示要靠政府补贴。

②各年累计盈余资金不出现负值是财务生存的必要条件。在整个运营期间，允许个别年份的净现金流量出现负值，但不能容许任一年份的累计盈余资金出现负值。一旦出现负值时应适时进行短期融资，该短期融资应体现在财务计划现金流量表中，同时短期融资的利息也应纳入成本费用和其后的计算。较大的或较频繁的短期融资，有可能导致以后的累计盈余资金无法实现正值，致使项目难以持续运营。

财务计划现金流量表是项目财务生存能力分析的基本报表，其编制基础是财务分析辅助报表和利润与利润分配表。

2.非经营性项目财务分析方法

对于非经营性项目，财务分析可按下列要求进行：

(1)对没有营业收入的项目，不进行盈利能力分析，主要考察项目财务生存能力。此类项目通常需要政府长期补贴才能维持运营，应合理估算项目运营期各年所需的政府补贴数额，并分析政府补贴的可能性与支付能力。对有债务资金的项目，还应结合借款偿还要求进行财务生存能力分析。

(2)对有营业收入的项目，财务分析应根据收入抵补支出的程度，区别对待。收入补偿费用的顺序应为：补偿人工、材料等生产经营耗费、缴纳流转税、偿还借款利息、计提折旧和偿还借款本金。有营业收入的非经营性项目可分为下列两类：

①营业收入在补偿生产经营耗费、缴纳流转税、偿还借款利息、计提折旧和偿还借款本金

后尚有盈余，表明项目在财务上有盈利能力和生存能力，其财务分析方法与一般项目基本相同。

②对一定时期内收入不足以补偿全部成本费用，但通过在运行期内逐步提高价格（收费）水平，可实现其设定的补偿生产经营耗费、缴纳流转税、偿还借款利息、计提折旧、偿还借款本金的目标，并预期在中、长期产生盈余的项目，可只进行偿债能力分析和财务生存能力分析。由于项目运营前期需要政府在一定时期内给予补贴，以维持运营，因此应估算各年所需的政府补贴数额，并分析政府在一定时期内可能提供财政补贴的能力。

第五章　设计阶段工程造价的控制

在拟建工程项目做出投资决策后，设计就成为工程造价控制的关键阶段。据统计，技术先进、经济合理的工程设计，可以降低工程造价 10%～20%。因此对于设计阶段的工程造价的控制对于整个工程的造价控制将具有十分重要的意义。本章将介绍工程设计的程序，分析设计招投标和设计方案的比较对工程造价的影响，最后引入设计阶段控制工程造价的主要方法：推行标准设计、限额设计和应用价值工程优化设计来提高设计质量，控制工程造价。

第一节　设计阶段工程造价控制概述

一、土木工程设计程序和内容

为保证工程建设和设计工作有机的配合和衔接，应将工程设计划分为几个阶段：国家规定，一般土木工程建设项目设计按初步设计和施工图设计两个阶段进行，称之为“两阶段设计”；对于技术上复杂而又缺乏设计经验的项目，可按初步设计、扩大初步设计和施工图设计三个阶段进行，称之为“三阶段设计”。小型建设项目中技术简单的，在简化的初步设计确定后，就可做施工图设计。在各个设计阶段，都需要编相应的工程造价控制文件，即设计概算、修正概算、施工图预算等，逐步由粗到细确定工程造价控制目标，并经过分段审批，切块分解，层层控制工程造价。

（一）土木工程设计程序

工程设计包括准备工作、编制各阶段的设计文件、配合施工和参加施工验收、进行工程设计总结等全过程，如图 5-1 所示。

(1)设计前准备工作。设计单位根据主管部门或业主的委托书进行可行性研究，调查研究设计所需的基础资料，包括勘察资料，环境及水文地质资料，科学试验资料，水、电及原材料供应资料，用地情况及指标，外部运输及协作条件等资料，开展工程设计所需的科学试验。在此基础上进行方案设计。

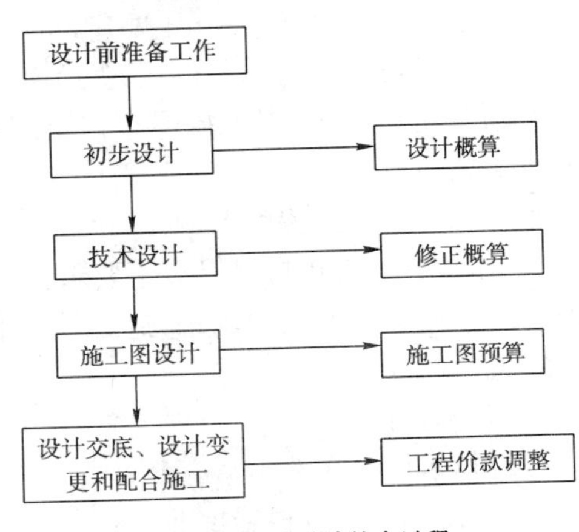

图 5-1　工程设计的全过程

(2)初步设计。设计单位根据批准的可行性研究报告或设计承包合同和基础资料进行初步设计和编制初步设计文件。

(3)技术设计。对技术复杂而又无设计经验或特殊的建设工程，设计单位应根据批准的初步设计文件进行技术设计和编制技术设计文件(含修正总概算)。

(4)施工图设计。设计单位根据批准的初步设计文件(或技术设计文件)和主要设备订货情况进行施工图设计,并编制施工图设计文件(含施工图预算)。

(5)设计交底和配合施工。设计单位应负责交代设计意图,进行技术交底和解释设计文件,及时解决施工中设计文件出现的问题,参加竣工验收及进行全面的工程设计总结。对于大中型工业项目和大型复杂的民用工程,应派现场设计代表积极配合现场施工并参加隐蔽工程验收。

(二)土木工程设计阶段的划分

根据国家有关文件的规定,设计阶段可如下划分:

(1)建设项目一般按初步设计和施工图设计两个阶段进行。

(2)技术上复杂的建设项目,根据主管部门的要求,可按初步设计、技术设计和施工图设计三个阶段进行。

(3)小型建设项目中技术简单的,经主管部门同意,在简化的初步设计确定后,就可做施工图设计。另外,设计必须有概算,凡是没有批准初步设计和总概算的建设项目,不能列入年度基本建设计划。

(4)对有些牵涉面广的大型矿区、油田、林区、垦区和联合企业等建设项目,应做总体设计。

1. 初步设计

(1)初步设计文件

初步设计是设计的第一阶段,应根据批准的可行性研究报告和可靠的设计基础资料进行编制。初步设计和总概算经批准后,是确定建设项目的投资额、编制固定资产投资计划、签订建设工程总包合同、贷款总合同、实行投资包干、控制建设工程拨款、组织主要设备订货、进行施工准备以及编制技术、设计文件或施工图设计文件等的依据。

初步设计根据批准的可行性研究报告和准确的设计基础资料,对建设项目进行总体研究,论述在确定的时间、地点和投资额内,项目在技术上的可能性和经济上的合理性。通过对项目的基本技术规定,编制项目的总概算。根据有关规定,如果初步设计提出的总概算超过可行性研究报告确定的总投资估算10%以上,或其他主要指标需要变更时,要重新报批可性研究报告。

(2)初步设计的内容

各类建设项目的初步设计内容不尽相同,但一般应包括以下内容:①设计依据;②设计指导思想;③建设规模;④产品方案;⑤原料、燃料、动力的用量和来源;⑥工艺流程;⑦主要设备选型及配置;⑧总体运输;⑨主要建筑物、构筑物;⑩共用、辅助设施;⑪新技术采用情况;⑫主要材料用量;⑬外部协作条件;⑭占地面积和土地利用情况;⑮综合利用和“三废”治理;⑯生活区建设;⑰抗震和人防措施;⑱生产组织和劳动定员;⑲各项技术经济指标;⑳建设顺序和期限;㉑总概算等。

(3)初步设计的深度

初步设计的深度应满足以下要求:①设计方案的比较和确定;②主要设备材料订货;③土地征用;④基建投资的控制;⑤施工图设计的编制;⑥施工组织设计的编制;⑦施工准备和生产准备等。

2. 技术设计

(1)技术设计文件

技术设计文件应根据批准的初步设计文件进行编制。技术设计和修正总概算经批准后,是建设工程拨款和编制施工图设计文件等的依据。

(2)内容

技术设计的内容，有关部门可根据工程的特点和需要自行制定。其深度应能满足确定设计方案中重大技术问题和有关试验、设备制造等方面的要求。

3. 施工图设计

(1)施工图设计文件

施工图设计文件应根据批准的初步设计文件(或技术设计文件)和主要设备订货情况进行编制并据以指导施工。施工图预算经审定后，即作为预算包干、工程结算等的依据。

(2)内容和深度

①内容。施工图设计的内容应根据批准的初步设计文件或技术设计文件进行编制。

②深度。施工图设计的深度应能满足以下要求：A)设备材料的安排和非标准设备的制作；B)施工图预算的编制；C)施工要求。

二、工程设计与工程造价的关系

工程设计是根据建设项目投资者意图和要求，对建设项目做出全面、具体的实施方案，是建设项目实施的依据。工程设计一旦确定，构成建设项目投资的关键要素——资源消耗(品种、规格、数量、质量等)也就同时确定。在市场经济条件下，工程建设规模、建设标准、工艺装备水平必须与投资者的财力相适应。一个优秀的设计，不仅使建设项目投资得到合理使用和有效控制，对质量、工期及项目建成后的运营效益都将起到决定性的作用。

工程设计是在技术上和经济上对拟建项目从整体上实施的一种预安排。其实质是综合协调工程项目的功能、技术和经济等方面的关系。

(一)工业建筑设计与工程造价的关系

工业建筑设计中，影响工程造价的主要因素是总平面图设计、空间平面设计、建筑材料与结构方案的选择等。

1. 总平面图设计

(1)合理确定拟建工程项目的生产规模，尽量节约用地，并适当留有发展余地；在满足生产工艺要求和使用合理的原则下，尽量设计外形规整的建筑，以增加场地有效使用面积；结合地形、地质条件，因地制宜地布置建筑物和构筑物。减少用地和土石方工程量。

(2)配套运输设计应根据工厂生产工艺要求和建设场地等具体情况，正确布置运输线路，尽量做到运距短、无交叉、无重复。缩短运输线和管线长度，降低投资和生产成本。

2. 空间设计

(1)柱网尺寸的确定。柱网的布置是确定柱子的行距(跨度)和间距的依据。当柱距不变时，跨度越大则单位面积的造价越低。这是因为除屋架外，其他结构构件如柱、外墙、基础等分摊在单位面积上的平均造价随跨度增大而减少。

(2)厂房层数的选择。在工业厂房设计中，多层厂房的优点是占地面积小，减少了基础和屋盖工程量，缩短了交通线、管线和围墙的长度，降低了屋盖和基础部分的造价，缩小了传热面，节约了热能供应费用，经济效益显著。确定经济层数的主要因素是厂房的宽度和长度。宽度和长度越大，经济层数越能增加，而造价则相应降低。

(3)厂房层高的选择。在建筑面积不变的情况下，建筑层高的增加会引起各项费用的增加，从而提高单方造价。据有关资料分析，单层厂房层高每增加 1m，单方造价增加 1.8%～3.6%，年度采暖费约增加 3%；多层厂房每增加 1m，单方造价提高 13.8%左右。

(4)平面形状的采用。工业厂房采用不同平面形状，对建筑工程造价有明显影响。例如，面积均为 5 000m^2 的方形多跨厂房比矩形厂房降低造价 6%，比条形厂房降低造价 20%。

3. 建筑材料与结构方案的选择

建筑材料与结构方案的选择是否经济合理，对工程造价有直接影响。一般而言，材料费占直接费的 70%左右。采用轻质高强的建筑材料和先进合理的结构形式，能减轻建筑物自重，简化基础工程，降低运输成本，缩短工期，经济效益显著。

（二）民用建筑设计与工程造价的关系

民用建筑设计中影响工程造价的主要因素包括住宅小区的建设规划、住宅的平面布置、住宅的层高和层数等。

1. 住宅小区的建设规划

住宅小区建设规划中的核心问题是如向提高土地利用率和降低造价。主要技术经济指标如小区用地面积指标，反映小区内居住的房屋、公共建筑、道路、绿地和工程管网等用地面积和比重。它直接影响小区内道路、工程管线的长度和公共设备的多少，而这些费用约占小区建设投资的 1/5。因此，用地面积指标很大程度上影响小区建设总造价。

2. 住宅的平面布置

建筑物的平面形状越简单规整，越有利于节省用地，提高土地利用率。一般而言，矩形、T型或 L 型的总造价分别比正方形高出 6%和 9%。这说明平面形状越简单，其造价就越低；平面形状越复杂，造价就越高。

实际上，建筑物的周长系数对造价有显著影响。建筑周长系数是建筑外墙周长与建筑面积之比，即每平方米建筑面积所占的外墙长度，是评价住宅建筑设计方案的一项技术经济指标。如果在保证每户建筑面积不变的情况下，加大进深缩小每户面宽，可以节约用地，减少建筑物外墙面积，节约采暖费以及道路和管网设施，降低造价。

3. 住宅的层高和层数

住宅的层高对工程造价的影响较大。层高降低，可以减少墙、柱材料和内外粉刷工程量，减轻结构自重，节约采暖费，有利于抗震，从而降低工程造价。据北京市的一项测算结果，层高为 2.7m 的六层砖混住宅与层高为 2.9m 的标准住宅相比，单方造价降低 2.99%，节约用地 6.3%。

住宅建筑层数对每平方米的建筑造价有直接影响。屋盖部分的单方造价将随层数的增加而显著下降。基础结构的荷载随着层数的增加而加大，必须增强基础承载力。但基础部分的造价，随层数的增加而下降，只是没有屋盖部分那么显著。墙体、楼板等部分随层数增加而提高单方造价，因为层数增加需增大这部分结构的竖向承载力和抗震能力。

（三）公路工程设计与工程造价的关系

公路工程设计中影响工程造价的主要因素包括总体设计、路线设计、路基路面及排水、桥涵隧道、路线交叉、交通工程设施以及筑路材料等。

1. 总体设计

(1)保证必要的交通服务水平和车辆运行质量，以及居民出行便利和交通安全。根据当前交通量和投资力量，考虑长远的预测交通量和经济发展水平来确定公路等级和设计时速。

(2)掌握平纵面设计标准。根据沿线工程地质、断裂构造带、滞洪区、地形地貌、文物古迹、风景区等条件影响来确定公路平面总体推荐方案和比较方案的位置，大桥和特大桥的位置和孔数孔径、隧道的位置、长度，互通式立交位置和交叉形式。

(3)考虑稀缺土地资源的利用。不同方案的路线里程、路基填挖高度、立交占地面积、特大桥的数量等都影响工程造价。

因此，在进行总体设计的时候要仔细分析各个比较方案的利弊，推荐方案的造价高低是主要考虑因素。

2. 路线设计

(1)路线线位由平、纵、横三方面综合设计确定。设计中要做到平面顺适、纵坡均衡、横面合理。注意平纵组合，避免只顾纵坡平缓而使路线弯曲，增大里程。或只顾平面顺捷、纵坡平缓，而造成高填深挖，增大工程量。

(2)设计中要体现车辆行驶安全舒适性、视觉舒展性与景观协调性，考虑驾驶员视觉和心理反应，引导驾驶员的视线，保持线形的连续性。

(3)重视地质选线和环境保护。尽可能避开工程地质、水文条件不良地段，特别是构造断裂和滑坡地带。努力使线形与地形地物协调，做到填挖平衡，尽可能减少征地拆迁、挤占河道和占用良田。

3. 路基路面和排水设计

(1)根据交通量和经济长远发展的需要，考虑地质构造、水文气象和生态环保，保证路基和边坡稳定。路基的宽度应符合《公路工程技术标准》(JTG B01—2003)的有关规定。避免片面追求高等级、多车道。

(2)尽可能避免高填深挖路基。在自然横坡较陡的山坡或狭窄沟谷路段，要充分研究左右分离式、高低分离式路基，减少对山体的开挖。路堤边坡最大高度按 20m 控制，路堑边坡按 35m 控制。当填方高度超过 25m，路堑挖深超过 30m 时，应与半山桥、纵向桥、隧道方案进行比较，若综合造价高出部分不超过 30%时，则优先考虑桥隧方案。

(3)路面结构组合设计主要依据上、下行方向交通量和路面平整、耐疲劳、抗滑、抗水损害以及高温稳定性和低温抗裂性等功能要求。结合沿线气候、水文、地质和筑路材料的分布，遵循因地制宜、合理取材、方便施工、便于养护的原则。一般而言，水泥混凝土路面建设造价高、养护成本高、行车噪声大。因此，半填半挖和纵向填挖交替频繁路段优先考虑沥青混凝土路面，中长隧道和收费广场采用水泥混凝土路面。

(4)路基防护应采用工程防护和植物防护相结合原则。确保路基的稳定与自然环境相协调，避免大面积采用护面墙、挂网锚喷的传统防护措施。路基的排水要结合路线、桥涵的设计。边沟、排水沟及截水沟的设置和数量要和当地水文、灌溉系统相适应。

4. 桥梁、涵洞和隧道设计

(1)特大桥、大桥桥位在服从路线走向的前提下，作为路线的控制点，进行路桥综合考虑。中小桥梁和涵洞位置和数量要服从路线布设的要求。桥孔布设满足设计流量，不压缩河道。

(2)跨越深沟的桥梁，一般选用大跨径结构，以减少桥墩数量。上部结构优先考虑预应力混凝土连续梁或连续刚构结构，桥墩采用空心薄壁墩，下部结构优先考虑桩式基础。从而降低建设造价和养护成本。

(3)小桥涵布设应以原有沟渠为基础，不打乱现有排灌系统的前提下，进行合理的合并。小桥的上部结构选用钢筋混凝土板式结构。涵洞依据路基填土高度、泄洪流量、地质条件及材料供应条件等情况选用拱涵和盖板涵等形式。考虑养护清淤的方便，涵洞孔径一般不小于 1.5m。

(4)隧道设计要遵循早进洞、晚出洞和减少深挖、保护自然坡体和植被环境的原则。隧址的选择应综合洞口位置、分离或整体式连拱断面、施工场地、洞渣处理、通风照明、养护管理等因素进行多方案比较。如长隧道与明线方案，垭口深挖与短隧道的技术经济比较。

5. 路线交叉设计

(1)根据道路沿线地形、社会环境、交通状况、路网特征，以及未来交通通行需求。在道路沿线需设计互通式立体交叉、分离式立体交叉、平面交叉、通道、天桥等。

(2)在路线交叉设计中，互通式立体交叉是控制造价的主要因素。互通式立交应选择在县、镇附近与国道、省道等干线公路相交叉的位置，间距大于4km而小于30km，以便形成快捷的交通运输网络。

(3)对于路网中属于重要结点而初期交通量较小的互通式立交可考虑分期修建。布设在山岭区的互通式立交受地形限制，其匝道布设在满足使用功能需求的前提下，应灵活掌握线形指标，尽可能利用有利地形展线，避免对山体进行大面积开挖。

6. 交通工程及沿线设施设计

(1)交通管理设施和安全设施，特别是收费、通信、监控系统应考虑其可靠性、实用性、经济性、先进性，并使其便于联网。

(2)管理设施、安全设施、供电、照明、房建、绿化及收费系统本着初期从简，逐步完善的原则与道路主体工程同步设计。设备选择应考虑适用、可靠、维修方便，尽可能采用国产设备。

7. 筑路材料

因地制宜地选择适合的筑路材料对于降低成本至关重要。在设计中要列出沿线主要筑路材料的料场位置，材料品质、储量、开采条件、运输方式和距离。计算各项工程原材料、成品、半成品运距。考虑沿线替代材料，把降低成本与环境保护结合起来。

三、设计阶段造价控制的主要措施

1. 组织措施

在建设项目管理组织机构内，明确造价管理、设计管理、技术管理、设备管理等各专业管理部门或专业管理专职人员在设计阶段造价控制中的职责、任务和相互协调配合关系 落实从造价控制方面进行设计协调、管理和跟踪的专业人员，编制本阶段造价控制的详细工作流程，包括在设计招标、设计合同签订、设计审查、概预算审查、设计方案优化比选等方面的工作流程及各自的岗位职责分工和协调配合关系。

在加强内部组织机构建设的同时，必要时可建立一个外部技术支持、协作组织，如聘请社会专业人才组成专家顾问组为项目设计方案优化把关，或委托、聘用工程咨询公司(技术咨询、投资咨询)、建设监理公司等社会中介机构，从设计阶段开始参与设计方案技术经济比较分析、优化等。

根据批准的可行性研究报告做好以下技术(管理)准备工作：

(1)以建设项目目标为主导、以项目技术系统为依据，进行工作分解，按照内在结构、内在联系，由上而下、由粗而细逐层分解，形成项目分解结构图，编制成工程项目清单，并统一编制项目编号(编码)，发给设计单位及各职能部门。

(2)根据项目特点、市场定位及财力等具体情况，制订项目设计基本原则，明确建设标准、工艺技术水平等设计要求。对技术复杂、多家设计单位设计的大型重点项目，还应制订“工程设计统一技术规定”发给各设计单位执行。

(3)编制项目建设总体规划，包括建设总进度安排、总平面规划、设计进度及建设资金、建设准备、设备材料安排、建设成本降低措施等。这是建设项目实施中的总纲领，也是编制初步设计及总概算的依据之一。

(4)对大型建设项目及设计招标项目，应统一概预算编制办法，提出统一的定额消耗依据和市场价格依据。对建设资金贷款比例、贷款利率、外汇贷款利率、汇率、设备运杂费标准、其他工程建设费标准等，经分析、测算后提出统一标准交设计单位执行，防止各设计投标单位因标准不一致而无法进行经济比较。对概算编制深度要有明确规定，其概算编制深度应满足施工招标及设备招标的要求。单位工程概算内的分部分项工程划分及计量，应按国家颁布的《建设工程工程量清单计价规范》(GB 50500—2003)执行。

(5)根据批准的投资估算书和工程项目清单(编号)，将估算投资细化分解到各子项，为推行限额设计、进行设计跟踪管理和概算值与计划控制值对比分析打下基础，便于在设计和概预算审查中发现偏离和分析纠偏工作。

(6)拟订设计招标、评标方案、工程设计合同文本。

(7)初步设计概算审查批准后，应以批准概算投资为限额，细化分解后制订各项目、各专业、各部门的投资控制目标，编制项目投资控制计划，经批准后下达各部门执行，并与技术经济责任制考核奖惩挂钩。

2.技术措施

(1)推行设计方案竞赛和设计招标，优选设计方案和优秀设计单位。

(2)推行限额设计，按批准可行性研究报告及投资估算控制初步设计。对某些可以提高项目功能、降低建成后运营维护费用，但要少量突破限额的设计，应通过技术经济分析比较和功能成本评估后做专项处理。

(3)强调每项设计都要做多方案比较，合理确定设计方案。通过调查研究、分析论证和试验，寻找设计挖潜、节约投资的因素，寻找进一步节约投资的途径。在多方案比较中，利用价值工程原理进行功能成本分析，力求以最低建设成本实现预定的目标功能，提高设计项目的价值，即功能投资比。如一个项目由两个以上设计单位参与设计时，应确定由一个设计单位全面负责总体设计及协调工作，保证项目设计的完整性等。

(4)严格审查初步设计及总概算。可采用内部预审、委托咨询单位审查、专业审查及综合审查等办法进行。审查的重点如下：

①审查设计所用的技术标准、规范、规程、规定等是否符合现行规定，与批准可行性研究报告和项目业主委托的设计原则是否一致。

②审查初步设计及概算编制的项目范围、具体内容与批准可行性研究报告是否一致，有无漏项、漏算。严格控制项目范围和内容，严禁擅自增列项目扩大规模。

③审查初步设计及概算的投资规模、生产能力、设计标准、建设用地、建筑面积、主要设备、配套工程、设计定员等是否符合批准的可行性研究报告及项目业主设计原则规定。如有超标准、超估算等情况应列出可行性研究报告与初步设计分析对比表，并阐述理由。如经审查认为必须提高时，必须报原可行性研究报告批准单位批准后方可执行。

④审查工艺设计、建筑设计是否有多方案比较，推荐方案是否经济合理。审查所选用的设备规格、数量是否与生产规模一致，引进设备是否配套、合理，国内外设备的配套接口是否完善，备用设备台数是否适当，消防、环保、综合利用等项目及设备是否符合要求。

⑤审查初步设计概算编制依据是否符合规定，概算项目内容与设计是否一致，是否完整反映设计；概算编制用价格水平与市场价格是否吻合，概算编制深度是否达到要求；是否有符合规定的总概算表、单项工程综合概算、单位工程概算表；审查初步设计概算编制是否考虑了现场地质、地形、气象等施工条件，各项技术经济指标和其他建设费用指标与同类工程比较是否

合理，是否符合规定；概算费用项目是否完整，有无多列或漏项等。

(5)加强施工图设计审查，严格控制设计变更。

①委托具备施工图审核资质的单位审查施工图设计。

②组织设计、施工、监理单位进行施工图会审，重点审查工艺设备、能源介质管线、自动化仪表电器控制设备等接口是否完整和合理衔接，土建施工图与其他专业设计施工图中有无矛盾；施工图设计是否有提高或降低标准之处等。

③明确设计变更申请、审批管理流程及职责，严格控制设计变更；严禁将批准初步设计范围以外的增加内容列入施工图设计，确有必要，必须专项申请，经原审批单位批准后方可执行。

3.经济措施

①根据项目管理组织机构内各专业管理部门或专业管理人员在造价控制中的职责、任务，制订内部岗位经济责任制及考核奖惩办法，与造价控制业绩挂钩。

②研究制订工程设计单位的技术经济责任制。根据现行设计收费制度的有关规定，有必要制订工程设计单位的技术经济责任制和奖惩办法，调动设计单位优化设计、降低造价的积极性。常用的方法有：将设计费按基本报酬加奖惩的计费办法；在设计合同内除设计费外，明确投资节约奖励和预算超概算扣罚设计费的条款；拟订设计质量、精度考核奖惩办法及设计合理化建议奖励办法等。应将设计奖励办法纳入设计招标文件和设计合同。这些办法对促进设计单位加强管理、优化设计、降低造价具有良好的效果。

③制订依靠科技、推广应用新技术、新工艺、新结构节约投资的奖励办法。

第二节　设计方案的优选

一、土木工程设计招投标

招投标是市场经济中平等主体之间的一种交易方式，其特点是买方设定标的，招请若干卖方通过竞争报价的方式，从中选择优胜者并与之签订合同的过程。

土木工程设计招标是指招标人按照国家有关法律和基本建设程序，依据批准的可行性研究报告，提出设计标准规范、设计原始资料及基本原则要求，例如，提出公路工程中的路线走向、桥址、计划工期等，然后由勘察设计单位提出各自的设计方案，业主(招标人)通过评审委员会的综合评标，从中选择一家方案优秀、设计费用合理的设计咨询单位作为该项目的设计单位并与之签订设计合同的过程。

招投标机制有利于公平竞争，打破垄断。市场经济的激励与约束使得设计单位需具备足够的理性，必须竭尽全力地向业主提供高质量的设计咨询服务，才能获得信誉和回报，否则就会被市场无情淘汰，同时业主能够以支付较合理的费用获得质量好、造价低、工期短的设计方案。根据微观经济学原理，完全竞争条件下的均衡价格能够实现稀缺资源的有效配置。因此，建立在竞争基础上的公平、公开、公正的招投标制度可以有效降低工程造价，提高设计水平和投资效益，确保工程质量。所以，推广土木工程设计招投标制度是控制设计阶段工程造价的有效方法之一。

(一)土木工程设计的招标

1.工程设计招标的范围和方式

根据《中华人民共和国招标投标法》第三条的规定，在我国境内进行下列工程项目的勘察、设计、施工、监理、采购等必须进行招标：

(1)大型基础设施、公用事业等关系社会公共利益、公众安全的项目；

(2)全部或部分使用国有资金投资或国家融资项目；

(3)使用国际组织或者外国政府贷款、援助资金的项目。

在上述土木工程项目中，勘察、设计单项合同估算价在50万元人民币以上，或者建设项目总投资在3 000万元人民币以上的，必须进行勘察、设计招投标。工程设计招投标活动不受地区或者部门的限制，应当遵循公开、公平、公正、诚实信用的原则。任何单位和个人不得以任何方式干预正当的招投标活动，不得将必须进行招标的项目化整为零或者以其他任何方式规避招标。

土木工程设计招标可分为公开招标和邀请招标。公开招标是招标人通过国家指定的报刊、网络或者其他媒体发布招标通告，任何对该工程感兴趣的设计单位都有均等的机会获得项目信息。邀请招标是招标人以投标邀请书的方式，邀请三个以上具有相应资质、具备承担招标项目设计能力的、信誉良好的法人或者组织投标。土木工程中的公共工程项目，如公路工程，应当进行公开招标。

2. 工程设计招标资格审查和招标文件

工程设计招标实行资格审查制度。公开招标的实行资格预审，邀请招标的实行资格后审。

资格预审是招标人在发布招标公告后，发出投标邀请书前，对潜在投标人的资质、业绩、信誉和能力进行审查。招标人只向资格审查合格的投标人发出投标邀请书和发售招标文件。

资格后审是招标人在收到被邀请投标人的投标文件后，对投标人的资质、信誉、业绩和能力进行审查。

资格预审文件应当要求投标人提供下列基本材料：

(1)营业执照、资质等级证书、资信证明和勘察设计收费证书；

(2)近五年完成的主要工程勘察设计项目和获奖情况以及社会信誉；

(3)正在承担设计项目情况；

(4)拟安排的项目设计负责人、主要设计技术人员和技术设备。

(5)上两个会计年度的财务决算审计情况；

(6)联合体投标协议和各方的资质证明材料；

(7)有分包计划的，提交分包计划和分包单位的资质证明材料。

招标文件应当按照行业主管部门颁布的工程勘察设计招标文件范本，结合招标项目的特点和实际需要进行编制。一般而言，招标文件应该包括以下内容：

(1)招标邀请书；

(2)投标须知；

(3)勘察设计合同通用条件和专用条件；

(4)勘察设计标准规范；

(5)勘察设计原始资料；

(6)勘察设计协议书格式；

(7)投标文件格式；

(8)评标标准和方法。

勘察设计招标资格预审结果和招标文件的审批工作由省级政府行业主管部门负责。为保证足够的设计投标时间，自招标文件发售截止之日至投标人递交投标文件截止时间，不得少于

21d。

（二）土木工程设计的投标

投标人应是符合建设市场准入条件，具备规定资格，响应招标、参加投标竞争的法人或组织。投标人编制的投标文件应当对招标文件的条件进行实质性响应。一般而言，投标文件由商务文件、技术文件和报价清单组成。

商务文件包括下列基本内容：

(1)投标书；

(2)授权书；

(3)项目负责人及其主要技术人员基本情况；

(4)设计工作大纲；

技术文件包括下列基本内容：

(1)对招标项目的理解；

(2)对招标项目的特点、难点、重点等部分的技术分析和处理措施；

(3)拟进行的科研课题；

(4)工程造价的初步测算。

报价清单包括下列基本内容；

(1)设计费报价；

(2)设计费计算清单。

投标文件中的商务文件应当包括资格预审文件规定的主要内容以及通过资格预审后的更新材料，设计工作大纲应该包括设计周期、进度和质量保障措施、后续服务措施。在报价清单中，设计取费按照现行工程勘察设计费收费标准进行计算。

投标文件应当采用双信封密封。第一个信封内为商务文件和技术文件，第二个信封内为报价清单。上述两个信封应当密封于同一信封中为一份投标文件。

特别注意的是，投标人应在招标文件要求的截止日期前，将法定代表人或授权代理人签字的投标文件送达到指定地点。在招标文件要求截止日期之前，投标人可补充、修改或者撤回已递交的投标文件，并书面通知招标人。在招标文件要求截止日期之后，投标文件已构成合同要约，投标人不得提出补充、修改或撤回。而对于在投标截止日期之后送达的投标文件或任何函件，招标人均不得接受。

（三）土木工程设计的开标、评标与中标

开标应在招标文件确定的递交投标文件截止日期的同一时间公开进行。开标地点应为招标文件预先确定的地点。开标由招标人主持，邀请所有投标人参加。招标人当众拆封投标文件的第一个信封，宣读投标人名称、投标文件签署情况及商务文件的主要内容。投标文件第二个信封不予拆封，并妥善保存。出现下列情况之一者，应视为废标处理：

(1)投标文件未按要求密封；

(2)投标文件未加盖投标人公章或者未经法定代表人或者其授权代理人签字；

(3)投标文件字迹潦草、模糊、无法辨认；

(4)投标人对同一招标项目递交两份或者多份内容不同的投标文件，未书面声明哪个有效；

(5)投标文件未能对招标文件进行实质性响应。

评标工作由招标人依法组建的评标委员会负责。评标委员会成员由招标人的代表及有关技术、经济等方面的专家组成，人数为五人以上的单数，其中技术、经济等方面的专家人数不得少于成员总数的三分之二。评标专家由省级以上行业部门设定的专家库中确定，与投标人有利害关系的人员必须回避，不得进入评标委员会。

评标委员会应按照招标文件确定的评标标准，采用综合评价方法对投标人的信誉和经验、项目负责人的资格和能力、对项目的技术建议、设计周期及进度计划、质量保障措施、后续服务和报价分别进行打分评议。经综合评审，依据对投标人综合得分结果的排序高低推荐两名中标候选人，并向招标人提出书面评标报告。招标人根据评标委员会提出的书面评标报告和推荐的合格中标候选人最终确定中标人。

中标人确定后，招标人应当在七日之内向中标人发出中标通知书，构成合同承诺，双方合同关系成立，同时通知所有未中标的投标人。在十五日内将评标报告向省级以上主管部门核备。在中标通知书发出之日起三十日内，招标人和中标人应签订正式设计委托合同，同时中标人应办理招标文件规定的履约担保。

二、设计方案的技术经济评价

完成一项土木工程，可有多个设计方案。不同的方案消耗的资源不同，因而其造价也不相同。设计中在考虑技术可行性的同时，应分析各个可行方案的经济合理性，通过技术比较、经济分析和效果评价并结合不同地区的自然条件和社会条件来选择功能完善、技术先进、经济合理的设计方案，并尽量做到标准化、系列化和施工机械化。

设计方案选择最常用的方法是比较分析法，下面以具体示例来说明设计方案比较的过程。

【例 5-1】 高速公路路线方案比选论证实例。

路线方案的技术经济比较主要围绕线路顺捷、桥隧工程规模、填挖方及防护工程、工程造价、施工条件、环境影响等方面进行。

某公路工程位于山岭重丘区，采用四车道高速公路技术标准，计算行车速度 80km/h，路基宽度 24.50m，路线所经区域山岭纵横，沿线河谷狭窄，地层岩性差异较大，不良地质段构造复杂，植被覆盖良好，自然环境优美。在该例中布设有正线与比较线 C1 和 C2，参见图 5-2。

1. 正线方案

路线向西跨河并沿河北岸坡脚布线，建半幅纵向桥至分离式双洞隧道，出西洞门后与比较线 C2 汇合，继续向西沿河东岸山坡布线，最后与比较线 C1 汇合。与 C1 比较线进行比较时，正线的起点桩号 K130＋260，终点桩号 K133＋830，全长 3.570km。与 C2 比较线进行比较时，正线的起点桩号 K130＋290，终点桩号 K132＋480，全长 2.190km。

2. 比较线 C1 方案

C1 路线主要考虑不修建隧道，路线向西跨河并沿河北岸坡脚布线，一直沿河折向南，在 K133 附近两次跨河后折向北，在 K134 附近再次前后跨河至河的北岸山坡，最后与正线汇合。路线起点桩号 K130＋260，终点桩号 K134＋720，全长 4.460km。

3. 比较线 C2 方案

C2 路线和正线方案的主要差别在于，路线向西跨河后至北岸山坡顶，不修建纵向桥而采取开挖路堑至分离式双洞隧道，出洞后与正线汇合。路线起点桩号 K130＋290，终点桩号 K132＋442，全长 2.152km。

4. 方案比选

(1)正线与比较线 C1 比较

从技术指标比较，正线方案路线长度较比较线 C1 短约 890m，路线顺捷，最大纵坡较比较线 C1 小。总体技术指标正线优于比较线 C1。

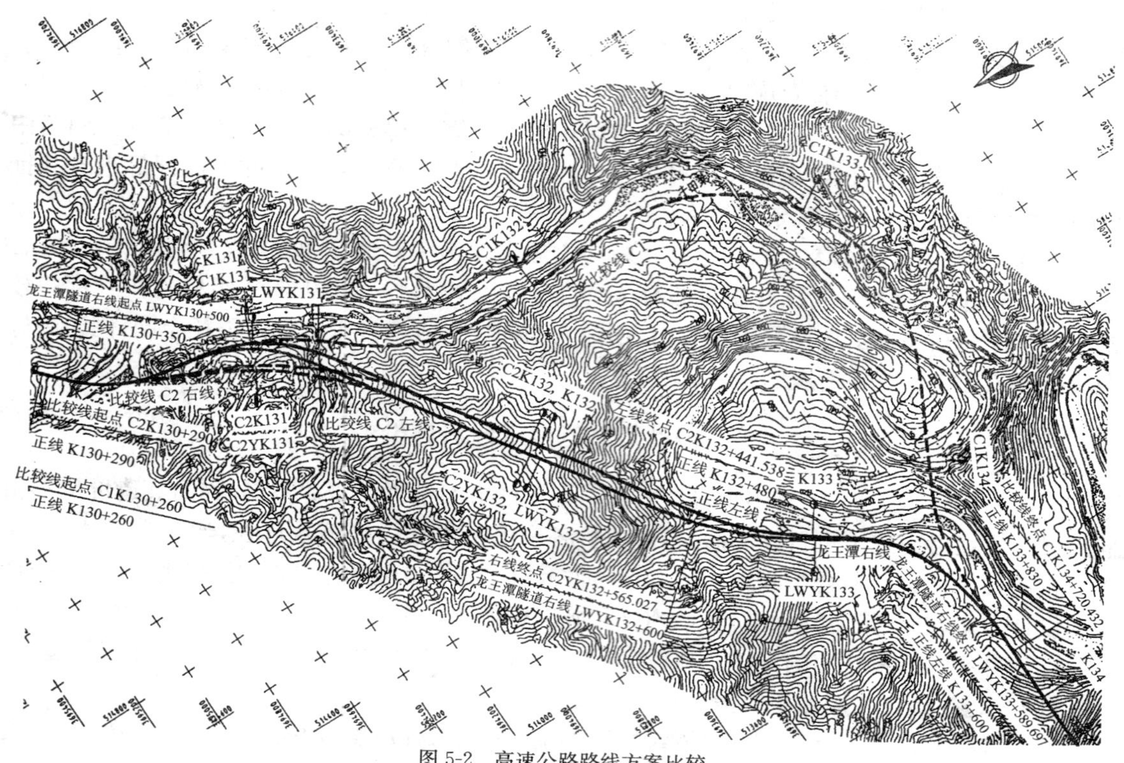

图 5-2　高速公路路线方案比较

从桥隧工程规模比较，按半幅累计正线桥梁长度较比较线 C1 短约 4 061m，但需建单洞累计长 2 387m 的隧道，后期营运养护费用较大。比较线 C1 方案不需要建隧道。正线土石方工程量稍小于比较线，但总体规模正线略大。

从工程地质条件比较，比较线 C1 地形地貌、底层岩性、不良工程地质条件均比正线复杂。

从施工条件和环境保护方面比较，正线挖方路段少，边坡防护高度低，对山体自然景观影响较小，而比较线 C1 大填大挖地段多，山体开挖面宽，局部路段路堑边坡防护高度达 50m，环境影响较大。

从工程造价分析比较，正线工程概算 13 837.71 万元，比较线工程概算 20 648.57 万元，正线造价较低，但后期营运维护费用较 C1 比较线大。

综合分析认为，正线优于比较线 C1。

(2)正线与比较线 C2 的比较

两方案线位相距较近，路线长度相当。主要在于桥梁工程与挖方、防护工程方面的比较。正线方案的优点是挖方及防护工程较小，环境影响小，而 C2 方案进出洞口顺畅。桥梁按半幅累计较正线缩短 823m，隧道缩短 44m，但由于路线起点段从山丘顶部通过，地质条件差异较大，路堑开挖深，中心最大挖深 30m，开挖量大，土石方较正线多 149 982m^3，废方多，易诱发地质灾害，对环境影响大。工程造价方面比较，正线工程概算 16 485.58 万元，比较线工程概算 15 438.32 万元，主线造价略高。

方案比较结果见表 5-1。经过综合比选，拟推荐正线方案。

路线方案比较表 表 5-1

项目		单位	比较路段 1		比较路段 2		备注
			正线	比较线 C1	正线	比较线 C2	
技术指标	路线长度	km	3.570	4.460	2.190	2.152	
	最小平曲线半径	m/处	500/2	500/1	500/1	1250/1	
	最大纵坡	%/处	3.0/1	4.4/1	3.0/1	3.0/1	
	路基宽度	m	24.5	24.5	24.5	24.5	
主要工程规模	路基土方	路基的	k. m³	54.524	286.942	26.518	104.509
	不含隧道路基石方	k·m³	211.128	66.581	147.639	219.630	
	不含隧道排水、防护	k·m³	18.391	39.394	3.784	22.308	
	路面	k·m²	20.981	34.517	4.279	7.304	
	特大桥	m/座	2880.8/7	5928.3/13	1658.7/3	835.8/2	半幅累计
	涵洞	m/座	103/4	126/4	67/2	221/6	
	长隧道	m/座	—	2387/2	2343/2	单洞累计	
	占地面积	亩	197.95	221.23	79.81	103.33	
	拆迁建筑物	m²	2188	220	560	500	
	工程概算	万元	13837.71	20648.57	16485.58	15438.32	
工程地质条件			较好	复杂	较好	较差	
施工条件			较好	稍差	较好	较好	
环境影响			较小	较大	较小	较大	
比较结论			推荐		推荐		

【例 5-2】 桥梁工程方案比选论证实例

桥梁设计以安全、适用、经济和美观为原则，在方案选择时根据本地区的自然条件、材料供应、地质和施工条件等，做到桥位平面线形和道路线形协调一致、平顺流畅。通过在适当位置设置大型预制场，集中预制桥梁上部结构，在保障质量的前提下，加快工程进度，降低工程造价。

某桥梁工程位于黄土高原地区，以黄土台塬为主导地貌，间隔有切割较深的沟壑，本例中桥梁跨越 62m 深的沟谷，桥轴线与沟延伸方向呈 85°夹角，沟坡面较陡，约 55°，两侧台面开阔平缓，沟底是水渠。根据钻孔勘探，桥址区域内为滑塌堆积黄土层，具有湿陷性，深度为 6～10m。桥型方案(见图 5-3)比较如下。

1. 桥型方案一

该方案为 2×95m 矮塔斜拉桥，全长 196.16m，左右幅整体布置，横断面为单箱双室截面，全宽 28m。上部箱梁支点梁高 6.5m，跨中梁高 2.5m，顶板宽度 28m，悬臂长 5m，底板宽 14～17.8m，腹板厚 0.7m。悬臂浇注施工。下部构造：桥墩为箱型墩，单箱三室截面，墩高 56m。桩柱式承台，钻孔灌注桩基础。

2. 桥型方案二

该方案为 2×95m 预应力混凝土 T 型刚构桥，全长 196.16m，左右幅分离布置，单幅横断面为单箱单室截面，单幅宽 13.5m。上部箱梁支点梁高 9m，跨中梁高 3m，单箱顶板宽 13.5m，悬臂长 3.25m，底板宽 7m，腹板厚 0.7m。悬臂浇注施工。下部构造：桥墩为箱型墩，单箱单室截面，墩高 53.5m。桩柱式承台，钻孔灌注桩基础。

3. 方案比较

从施工工艺方面进行比较（图 5-3）。方案一为常规的预应力混凝土箱梁采用挂篮悬浇施工工艺，等截面箱型墩采用滑模或翻模施工，施工容易。但斜拉索施工控制难度较大，建成后防锈养护成本较高。方案二箱梁、桥墩和基础的施工同方案一，但没有斜拉索施工过程，施工工艺相对简单。

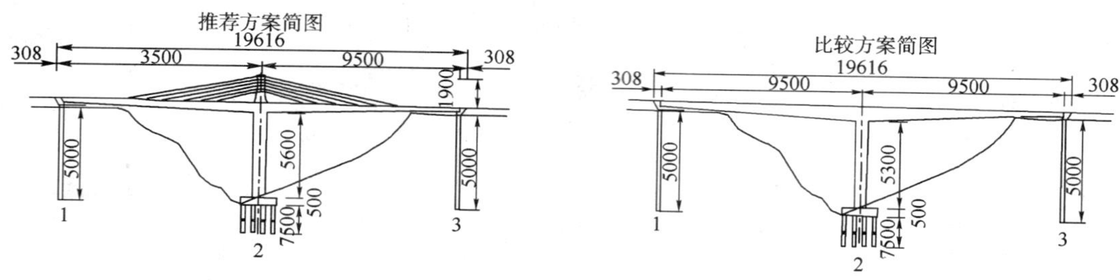

图 5-3　桥梁工程方案比选（尺寸单位：cm）

从安全、美观方面进行比较。方案二在运营中箱梁容易产生下挠度，桥面形成波浪状，影响行车舒适性，腹板容易产生裂缝。方案一是矮塔斜拉桥和 T 型刚构桥的组合结构，斜拉索有效降低墩顶箱梁负弯矩，不易出现箱梁下挠和腹板开裂。方案一为斜拉桥，张开的伞状缆索增强了审美效果，方案二为 T 型刚构桥，独立主墩直插谷底，视觉美感明显不足。

从工程造价方面进行比较。方案一全桥建安费为 2 744.1 万元，方案二全桥建安费为 2 894.93 万元，方案一略低。

综合分析，方案一矮塔斜拉桥为推荐方案。

第三节　限额设计的方法

一、限额设计的概念和意义

（一）限额设计的基本概念

在工程项目建设过程中采用限额设计是我国工程建设领域控制投资支出、有效使用建设资金的有力措施。所谓限额设计，就是按照批准的设计任务书及投资估算控制初步设计，按照批准的初步设计总概算控制施工图设计，同时各专业在保证达到使用功能的前提下，按分配的投资限额控制设计，严格控制技术设计和施工图设计的不合理变更，保证总投资限额不被突破。

（二）限额设计的意义

限额设计是将上一阶段设计审定的投资额和工程量先行分解到各专业，然后再分解到各单位工程和分部工程。限额设计的目标体现了设计标准、规模、原则的合理确定及有关概预算基础资料的合理取定，通过层层分解，实现了对投资限额的控制与管理，也就同时实现了对设计规模、设计标准、工程数量与概预算指标等各个方面的控制。

限额设计的意义如下：

(1)限额设计是控制工程造价的重要手段。由上述含义可知，限额设计是按上一阶段批准的投资（或造价）控制下一阶段的设计，而且在设计中以控制工程量为主要内容，抓住了控制工程造价的核心，从而克服了“三超”。

(2)限额设计有利于处理好技术与经济的对立统一关系，提高设计质量。限额设计并不是一味考虑节约投资，也绝不是简单地将投资砍一刀，而是包含了尊重科学、尊重实际、实事求是、精心设计和保证科学性的实际内容。可促使设计单位加强技术与经济的对立统一，克服长期以来重技术、轻经济的思想，树立设计人员的责任感。

(3)限额设计，有利于强化设计人员的工程造价意识，增强设计人员实事求是地编好概预算的自觉性。

(4)限额设计能扭转设计概预算本身的失控现象。限额设计可在设计院内部使设计与概预算形成有机的整体，克服相互脱节现象。设计人员自觉地增强了经济观念，在整个设计过程中，各自检查本专业的工程费用，切实做好造价控制工作，改变了设计过程不算账、设计完了见分晓的现象，由“画了算”变为“算着画”，能真正实现时刻想着“笔下一条线，投资万万千”。

二、限额设计目标的合理设置

(一)限额设计的目标的确定

限额设计目标(指标)是在初步设计开始前，根据批准的可行性研究报告及其投资估算确定的。具体而言，投资估算是设计方案选择和进行初步设计的造价控制目标，设计概算是进行施工图设计的造价控制目标。

限额设计指标，经项目经理或总设计师提出，经主管院长审批下达，其总额度一般只下达直接工程费的90%，以便项目经理或总设计师和室主任留有一定的调节指标，用完后，必须经批准才能调整。专业之间或专业内部节约下来的单项费用，未经批准，不能互相平衡，自动调用，除直接费外，均由费用控制工程造价师协助项目经理或总设计师控制掌握。

目前，我国很多设计收费是按投资的百分比计算，没有限额设计控制目标就使得造价越高，设计单位的营业收入也越多，显然不利于设计者主动地考虑投资的节约。设计合同中应明确，设计者必须根据建设单位下达的投资限额进行设计，若因设计者的责任突破投资限额，设计必须修改、返工，并应承担由此带来的损失。建设单位应对设计者因优化设计而付出额外劳动给予报酬，并从优化设计取得的经济效益中提取部分给予奖励。

(二)限额设计目标的优化

所谓优化设计，是以系统工程理论为基础，应用现代数学成就——优化技术和借助计算机技术，对工程设计方案、设备选型、参数匹配、效益分析、项目可行性等方面进行优化的设计方法。它是保证投资限额的重要措施和行之有效的重要方法。在进行优化设计时，必须根据优化问题的性质，选择不同的优化方法。一般来说，对于一些“确定性”问题，如投资、资源、时间等有关条件已经确定的，可采用线性规划、非线性规划、动态规划等理论和方法进行优化；对于一些非确定性问题，即在有关条件不能确定，只掌握随机规律的情况下，可应用“排队论”和“对策论”等方法进行优化；对于流量大、路途最短、费用不多的问题，可使用图形和网络理论进行优化。

优化设计通常是通过数学模型进行的。一般工作步骤是：分析设计对象综合数据建立目标、构筑模型；选择合适的优化方法；用计算机对问题求解；对计算结果进行分析和比较，并侧重分析实现的可行性。以上四步反复进行，直至获得满意结果。

优化设计不仅可选择最佳方案，获得满意的设计产品，提高设计质量，而且能有效实现对投资限额的控制。

（三）合理设置限额设计目标的意义

为了使投资估算真正起到控制作用，必须维护投资估算的严肃性。为此，设计部门要坚持正确的设计指导思想，编制投资估算要尊重科学，尊重实际，实事求是；要树立全局观点，反对故意压低造价、有意漏项、向国家“钓鱼”或者有意抬高造价，增大投资者风险的做法。

我国现阶段投融资体制存在一定的弊端，建设项目的投资限额与批准的工程项目不能协调，常造成投资缺口。产生这种情况的根本原因是计划经济条件下的投资体制不能适应市场经济多元投融资的需要。由于市场信息不充分，缺乏有效监督造成前期可行性研究不够深入，没有做好建设项目前期工作就仓促上马，使实施的某些技术方案缺乏科学论证，设计变更多，漏项严重。

目前，多数建设项目的投资估算受项目可行性研究报告的审批权限约束。在产权改革不到位和投融资监督机制不健全的情况下，各地方各部门为了争项目，在可行性研究阶段缺乏实事求是，人为地压低投资估算直至在本地区和部门的审批权限之内，或者故意漏项少算，形成拟建项目所需投资少的假象，诱使主管部门批准立项，即所谓“钓鱼”工程，从而给整个项目投资控制留下先天性隐患。

限额设计体现了设计标准、规模、原则的合理确定，以及有关概算基础资料的合理取定。因此，限额设计应作为衡量勘察设计工作质量的综合标志，应始终是设计质量的管理目标。进行多层次的控制与管理，步步为营、层层控制，才能最终实现控制投资的目标，同时实现对设计规模、设计标准、工程数量与概算指标等各个方面的多维控制。

三、限额设计的控制方法

投资分解和工程量控制是实行限额设计的有效途径和主要方法。在初步设计和施工图设计阶段，限额设计的具体控制方法是不同的。此外还必须有相应的、切实的配套措施来保障限额设计思想的落实。

（一）初步设计阶段的限额设计控制方法

初步设计开始时，项目总设计师应将可行性研究报告的设计原则、建设方针和各项控制经济指标向工作人员交底，对关键设备、工艺流程、主要建筑和各种费用指标要提出技术方案比选。要研究实现可行性研究报告中投资限额的可行性，特别要注意对投资影响较大的因素，应将设计任务和投资限额分专业下达到设计人员，促使设计人员进行多方案比选。

对由于初步设计阶段的主要设计方案与可行性研究阶段的工程设想方案相比较发生重要变化所增加的投资，应本着节约的原则，在概算静态投资不大于同年度估算投资的110%的前提下，经方案优化，报总工程师和主管院长批准后，才可列入工程概算。如因采用新技术、新设备、新工艺确能降低运营成本又符合“安全、可靠、经济、适用、符合国情”的原则，而使工程投资有所增加，或因可行性研究阶段深度不够，造成初步设计阶段修改方案而增加投资，应在经济技术综合评价并通过必要审查可行的前提下，由总设计师安排经济分析人员在投资分解时解决。

初步设计阶段应按照批准的可行性研究阶段的投资估算进行限额设计，控制概算不超过投资估算，主要是对工程量和设备、材质的控制。为此，初步设计阶段的限额设计工程量应以可行性研究阶段审定的设计工程量和设备、材质标准为依据。对可行性研究阶段不易确定的某些工程量，可参照参考设计和通用设计或类似已建工程的实物工程量确定。

在初步设计限额中，各专业设计人员要增强工程造价意识，在拟定设计原则、技术方案和选择设备材料过程中应先掌握工程的参考造价和工程量，严格按照限额设计所分解的投资额和控制工程量以及保证使用功能的条件下进行设计，并以单位工程为考核单元，事先做好专业内部的平衡调整，提出节约投资的措施，力求将工程造价和工程量控制在限额内。为鼓励、促使设计人员做好设计方案选择，要把竞争机制引入设计中，实行设计招标，促使设计人员增强竞争意识，增加危机感和紧迫感，克服和杜绝方案比选中的片面性和局限性以及经验主义。要鼓励设计者解放思想，开拓思路，激发创造灵感，从而使功能好、造价低、效益高、技术经济合理的设计方案脱颖而出。

(二)施工图设计阶段的限额设计控制方法

施工图设计是设计单位的最终产品，是指导工程建设的重要文件，是施工企业施工的依据。设计单位发出的施工图及其预算造价要严格控制在批准的概算内，并有所节约。

(1)施工图设计必须严格按照批准的初步设计所确定的原则、范围、内容、项目和投资额进行。施工图阶段限额设计的重点应放在工程量控制上，控制的工程量是经审定的初步设计工程量，并作为施工图设计工程量的最高限额，不得突破。

(2)施工图设计阶段的限额设计应在专业设计、总图设计阶段下达任务书，并附上审定的概算书、工程量和设备单价表等，供设计人员在限额设计中参考使用。

(3)施工图设计阶段的投资分解和工程量控制的项目划分应在与概算书相一致的前提下，由设计和造价工程师协商并经总设计师审定。条件具备时，主要项目也可按施工图分册进行投资分解与工程量控制。为便于设计人员掌握投资情况并及时实施控制，在进行单位工程投资分解时，只分解到直接工程费。间接费、利润和税金等由造价工程师扣减，不纳入限额设计任务书；施工图设计与初步设计间的年份价差影响，在投资分解时也不予考虑，均以初步设计时的价格水平为准。

(4)限额设计应贯穿于设计工作全过程。在施工阶段，造价工程师应参加项目实施的全过程，并做到严格把关。由设计变更产生的新增投资额不得超过基本预备费的三分之一。限额设计范围内工程发生的总投资额以不超过限额设计的总投资额为原则。

(5)当建设规模、产品方案、工艺流程或设计方案发生重大变更时，必须重新编制或修改初步设计及其概算，并报原主管部门审批。其限额设计的投资控制额也以新批准的修改或新编的初步设计的概算造价为准。

(三)加强设计变更管理

设计变更应尽量提前，如图 5-4 所示：时间上变更发生得越早，损失越小，反之就越大。如在设计阶段变更，则只须修改图纸，其他费用尚未发生，损失有限；如果在采购阶段变更，不仅需要修改图纸，而且设备、材料还须重新采购；若在施工阶段变更，除上述费用外，已施工的工程还须拆除，势必造成重大变更损失。为此，必须加强设计变更管理，尽可能把设计变更控制在设计阶段初期，尤其对影响工程造价的重大设计变更，更要用先算账后变更的办法解决，从而使工程造价得到有效控制。

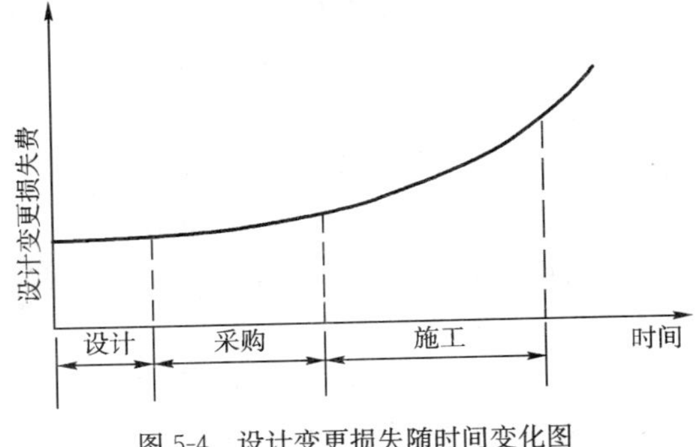

图 5-4　设计变更损失随时间变化图

(四)在限额设计中树立动态管理的观念

长期以来,编制概算习惯于算死账,套定额,乘费率。基本上属于静态管理。为了在工程建设过程中体现物价指数变化引起的价差因素影响,应当在设计概预算中引入"原值"、"现值"、"终值"三个不同的概念。所谓原值,是指在编制估算、概算时,根据当时价格预计的工程造价,不包括价差因素。所谓现值,是指在工程批准开工年份,按当时的价格指数对原值进行调整后的工程造价,不包括以后年度的价差。所谓终值,是指工程开工后分年度投资各自产生的不同价差叠加到现值中去算得的工程造价。为了排除价格上涨对限额设计的影响,限额设计指标均以原值为准,设计概算、预算的计算均采用投资估算或造价指标所依据的同年份的价格。

(五)限额设计方法的应用配套措施

应用限额设计方法配套措施就是健全和加强设计单位对建设单位以及设计单位内部的经济责任制,而经济责任制的核心则在正确处理责权利三者之间的有机关系。在三者关系中,责任是核心,必须明确设计单位以及设计单位内部各有关人员、各专业科室对限额设计所负的责任。为此,要建立设计部门内各专业投资分配考核制。

设计开始前,按照设计过程的估算、概算、预算的不同阶段,将工程投资按专业进行分配,并分段考核,下段指标不得突破上段指标。哪一专业突破控制造价指标时,应首先分析突破原因,用修改设计的方法解决。问题发生在哪一阶段,就在哪一阶段解决。责任的落实越接近个人,效果越明显。责任者应具有的相应权利是履行责任的前提,为此就应赋予设计单位以及设计单位内部各科室、设计人员对所承担设计相应的决定权,所赋予的权力要与责任者履行的责任相一致。而责任者的利益则是促使其认真履行其责任的动力,为此要建立起限额设计的奖惩机制。

1.健全设计院内部管理制度

为了保证限额设计顺利进行,应建立、健全设计院内部的院级、项目经理、主任"三级"管理制度。

(1)院级。由主管院长、总工程师(或总设计师)和总经济师若干人(一般5~7人)组成,对限额设计全面负责,批准下达限额设计指标,负责执行设计方案审定,并对重大方案变更及时组织研究和报请有关部门批准,定期检查限额设计执行情况和审批节奖超罚有关事项。

(2)项目经理级。由限额设计的项目正、副经理和该项目总设计师等若干人(一般3~5人)组成,具体组织负责实施限额设计,认真编制设计计划和限额设计指标计划以及认真执行院长下达的执行计划;掌握控制设计变更,对重大设计变更经及时研究和方案论证后,报院级审批;及时了解、掌握各专业的限额设计执行情况并及时调整限额设计控制数,控制主要工程量;签发各专业限额设计任务书和变更通知单,做好总体设计单位的归口协调工作及其他有关事宜。

(3)室主任级。由各设计室(处)正、副主任和主任工程师若干人(一般3~5人)组成,具体负责本专业内限额设计的落实,事先提交本专业限额设计指标意见,一经批准,认真在工程设计中贯彻执行,并对设计任务及其指标计划及时进行中间检查和验收图纸,力求将本专业投资控制在下达的限额指标范围内。

2.建立和健全限额设计的奖惩制度

(1)对设计单位节约投资的奖励

设计单位应将国家批准的设计概算静态总投资，作为工程项目设计的最高限额，技术设计和施工图设计阶段要加强专业间的配合，认真研究优化设计，进行技术经济比较，在保证工程安全和不降低功能的前提下，通过采用新方案和经鉴定在有效期内的新工艺、新设备、新材料，若节约了工程投资，则应根据节约投资额度的大小（以承担责任的工程静态总投资节约超支额计算）对设计单位实行奖励。例如，能源部、水利部 1990 年规定：

①设计单位节约建筑工程投资，按节约投资额的 2%～5%提成；

②设计单位节约设备及安装工程投资，按节约投资额度的 2%～5%提成；

③在工程总投资节约已基本实现的前提下，设计单位经建设单位主管部门或投资方同意，可按单位工程或扩大单位工程总节约数的提成额预分成 20%～40%。

(2)对设计单位导致的投资超支的处罚

原国家计委规定，自 1991 年起，凡因设计单位设计错误、漏项或扩大规模和提高标准而导致工程静态投资超支，要扣减设计费，具体如下：

①累计超过原批准概算 2%～3%的，扣减全部设计费的 3%；

②累计超过原批准概算 3%～5%的，扣减全部设计费的 5%；

③累计超过原批准概算 5%～10%的，扣减全部设计费的 10%；

④累计超过原批准概算 10%以上的，扣减全部设计费的 20%；

⑤设计院对承担的设计项目，必须按合同规定，在施工现场派驻熟悉业务的设计人员，负责及时解决施工中出现的设计问题，否则，视情况的严重程度，扣罚全部设计费用的 5%～10%。

第四节　设计标准与标准设计

设计标准是国家的重要技术规范，是进行工程建设勘察设计、施工及验收的重要依据。各类建设的设计都必须制订相应的标准规范，它是进行工程技术管理的重要组成部分，与项目投资控制密切相连。

标准设计是工程建设标准化的组成部分，各类工程建设的构件、配件、零部件，通用的建筑、构筑物、公用设施等，只要有条件的，都应该编制标准设计，推广使用。

一、设计标准的划分

(一)按标准级别划分

依据《中华人民共和国标准化法》的规定，标准分为国家标准、行业标准、地方标准和企业标准。

(1)国家标准是指为了在全国范围按统一的技术要求和国家需要控制的技术要求所制定的标准。工程建设国家标准由我国工程建设行政主管部门即建设部负责制定计划、组织草拟、审查批准和发布。

国家标准的编号在 20 世纪 70 年代曾用过 TJ，如《工业企业设计卫生标准》(TJ 36—799)，在 80 年代曾用过 GBJ，如《混凝土结构设计规范》(GBJ 10—89)，现在根据国家标准管理规定，其编号为 GB，并从 50000 号开始。如《岩土工程勘察规范》(GB 50021—94)。中国工程建设标准化协会的标准为 CECS。如《混凝土结构加固技术规范》(CECS 25:90)。

(2)行业标准是指对没有国家标准而又需要在全国某个行业范围内统一的技术要求所制

定的技术标准。行业标准由行业主管部门负责编制本行业标准的计划、组织草拟、审查批准和发布。行业标准是由过去的部颁标准、专业标准演变而来的。

(3)地方标准是指对没有国家标准、行业标准而又需要在某个地区范围内按统一的技术要求所制定的技术标准。地方标准根据当地的气象、地质、资源等特殊情况的技术要求制定的。

地方标准由各省、自治区、直辖市建设主管部门负责编制本地区标准的计划、组织草拟、审查标准和发布。例如,我国东北地区寒冷,有些地方是冻土,沿海一带是软土地区,中西部多为黄土地区,这些地区的地质情况与通常一般的地质情况是不一样的,允许这些地区在符合我国地质基础技术规范国家标准所规定的基本技术要求的前提下,结合当地地质的具体情况下,补充制订适合本地区地基基础的技术规范。

(4)企业标准是指对没有国家标准、行业标准、地方标准而企业为了组织生产需要在企业内部按统一的要求所制定的标准。企业标准是企业自己制订的,只能适用于企业内部,作为本企业组织生产的依据。而不能作为合法交货、验收的依据。我们鼓励企业制订优于国家标准、行业标准、地方标准的企业标准,这主要是为了充分发挥企业的优势和特长,增强竞争能力,提高经济效益。

(二)按标准属性划分

过去我国实施单一的强制性标准,这是与我国实行计划经济管理体制相适应的。近年来,为了改革开放和市场经济的发展,我国标准化法规定按法律属性将国家标准、行业标准划分为强制性标准和推荐性标准。这是我国标准规范体制的一项改革。

强制性标准是指保障人体健康和人身、财产安全的标准和法律、行政法规强制执行的标准。对工程建设来说,凡属有关安全、卫生、环境保护标准和政府需要控制的质量标准,重要的试验检验各质量评定标准,以及国家规定需要强制执行的其他工程技术标准都应当制订强制性标准。

二、设计标准和标准设计的意义

制定或修订设计标准规范和标准设计,必须贯彻执行国家的技术经济政策,密切结合自然条件和技术发展水平,合理利用能源、资源、材料和设备,充分考虑使用、施工、生产和维修的要求,做到通用性强,技术先进,经济合理,安全适用,确保质量,便于工业化生产。

因此在编制时一定要认真调查研究,及时掌握生产建设的实践经验和科研成果,按照统一、简化、协调、择优的原则,将其提炼上升为共同遵守的依据,并积极研究吸收国外、编制标准规范的先进经验,鼓励积极采用国际标准。对于制定标准规范需要解决的重大的科研课题,应当增加投入,组织力量进行攻关。随着生产建设和科学技术的发展,标准规范必须经常补充,及时修订,不断更新。

工程建设标准规范和标准设计,来源于工程建设实践经验和科研成果,是工程建设必须遵循的科学依据。将大量成熟的、行之有效的实践经验和科技成果纳入标准规范和标准设计加以实施,就能在工程建设活动中得到最普遍有效的推广使用。毫无疑问,这是科学技术转化为生产力的一条重要途径。

另一方面,工程建设标准规范又是衡量工程建设质量的尺度,符合标准规范就是质量好,不符合标准规范就是质量差。抓设计质量,设计标准规范必须先行。设计标准规范一经颁发,就是技术法规，在一切工程设计工作中都必须执行。标准设计一经颁发，建设单位和设计单位要因地制宜地积极采用，无特殊理由的，不得另行设计。

三、设计标准的经济效益

1. 优秀设计标准规范有利于降低投资、缩短工期

《工业与民用建筑地基基础设计规范》(现已改为《建筑地基基础设计规范》(GB 50007—2002)自执行以来，得到良好的技术经济效果。该设计规范规定允许基底残留冻土层厚度，使基础埋深可浅于冻深(国外标准均规定基础埋深不得小于冻深)，从而节约了工程造价，缩短了工期。采用规范的挡土墙计算公式，可节省挡土墙造价 20%；对于单桩承载力，该设计规范结合我国国情把安全系数定为 2(日本取 3，美国亦取 2 以上)，这使沿海软土地地基可节约基础造价 30%以上。再比如总结多年科研成果和借鉴国外先进经验基础上编制的《工业与民用建筑灌注桩基础设计与施工规程》(JGJ 4—80)试行以来，加快了基础工程进度，降低了造价。同预制桩相比，每平方米建筑可降低投资 30%，节约钢材 50%，全国每年可节约投资 1.8 亿元，钢材 6 万吨，并避免了预制桩施工带来的振动、噪声污染以及对周围房屋的破坏性影响，社会效益明显。

2. 好的设计规范能降低建筑物全寿命费用

如在 40 项科研成果基础上编成的《工业建筑防腐蚀设计规范》(GB 50046—95)，与过去习惯方法比较，提高工业建筑厂房的使用寿命 3～5 倍，也可防止盲目提高防护标准，浪费贵重材料。《工业循环冷却水处理设计规范》(GB 50050—95)施行以来，效果明显。南京扬子乙烯石化公司乙二醇装置，按此规范采用循环供水后与直流供水比，年节约用水 1.12 亿 t，年降低生产成本约 560 万元。

3. 合理的设计规范能最大限度保障生命财产安全

例如，按《工业与民用建筑抗震设计规范》(现已改为《建筑抗震设计规范》(GB 50011—2001))设计的建筑物，造价比原来增加了，7 度为 1%～3%，8 度为 5%，9 度为 10%，但可大大减少地震引起的损失。1981 年四川道孚县发生 6.9 级地震，所调查的 14 栋按抗震规范设计的新建筑，无一倒塌，而不按抗震规范设计的房屋则倒塌严重。

四、标准设计的推广

经国家或省、市、自治区批准的建筑、结构和构件等整套标准技术文件图纸，称为标准设计。各专业设计单位按照专业需要自行编制的标准设计图纸，称为通用设计。

1. 标准设计包括的范围

(1)重复建造的建筑类型及生产能力相同的企业、单独的房屋构筑物，都应采用标准设计或通用设计。

(2)对不同用途和要求的建筑物，按照统一的建筑模数、建筑标准、设计规范、技术规定等进行设计。

(3)当整个房屋或构筑物不能定型化时，则应把其中重复出现的部分，如房屋的建筑单元、节间和主要的结构节点构造，在构配件标准化的基础上定型化。

(4)建筑物和构筑物的柱网、层高及其他构件参数尺寸的统一化。

(5)建筑物采用的构配件应力求统一化，在基本满足使用要求和修建条件的情况下，尽可能地具有通用互换性。

2. 推广标准设计有利于较大幅度地降低工程造价

(1)节约设计费用，大大加快提供设计图纸的速度(一般可加快设计速度 1～2 倍)，缩短设计周期。

(2)构件预制厂生产标准件，能使工艺定型，易使生产均衡和提高劳动生产率以及统一配料、节约材料，有利于构配件生产成本的大幅度降低。例如，标准构件的木材消耗仅为非标准构件的 25%。

(3)可以使施工准备工作和定制预制构件等工作提前，并能使施工速度大大加快，既有利于保证工程质量，又能降低建筑安装工程费用。据天津市统计，采用标准构配件可降低建筑安装工程造价 16%；上海的调查材料说明，采用标准构件的建筑工程可降低费用 10%～15%。

(4)标准设计是按通用性条件编制的，是按规定程序批准的，可供大量重复使用，既经济又优质。标准设计能较好地贯彻执行国家的技术经济政策，密切结合自然条件和技术发展水平，合理利用能源、资源和材料设备，较充分考虑施工、生产、使用和维修的要求，便于工业化生产。因而，标准设计的推广，一般都能使工程造价低于个别设计工程造价。

总之，在工程设计阶段，正确处理技术与经济的对立统一关系，是控制项目投资的关键环节。既要反对片面强调节约，因忽视技术上的合理要求而使建设项目达不到工程功能的倾向，又要反对重技术、轻经济、设计保守、浪费、脱离国情的倾向。尤其在当前我国建设资金紧缺，各建设项目普遍存在概算超过预算，预算超过概算，竣工决算超过预算等问题，此时，更要强调反对后一种倾向。

设计单位和设计人员必须树立经济核算的观念，和工程经济人员密切配合，严格按照设计任务书规定的投资估算做好多方案的技术经济比较，在批准的设计概算限额以内，在降低和控制项目投资上下功夫。工程经济人员在设计过程中应及时地对项目投资进行分析对比，反馈造价信息，能动地影响设计，以保证有效地控制投资。

第五节　价值工程在设计中的应用

在土木工程设计过程中，客观上存在两个基本问题：一是工程的目的和效果，二是工程建设所付出的成本费用。工程设计人员总是努力通过技术经济评价、分析和改进来满足用户在技术性能、外观、造价、质量等方面的诸多需求。

价值工程就是通过各相关领域的协作，对所研究对象的功能与费用进行系统分析，不断创新，旨在提高研究对象价值的思想方法和管理技术。目的是以研究对象的最低寿命周期成本可靠地实现使用者的所需功能，以获取最佳综合效益。

一、价值工程基本原理

(一)价值的概念

价值工程(简称 VE)中的“价值”是指微观经济学中效用价值论中的概念而不是政治经济学中劳动价值论中的概念。也就是说，商品的价值在于其满足用户对效用和功能需求的程度而不是凝结在商品中的社会必要劳动。

因此，在价值工程中，就是研究产品的功能效用与获得此种功效所支出的成本费用之间的关系。其定义为：评价某一事物与实现它的耗费相比合理程度的尺度。或者说，是指生产某种产品耗费单位成本所换来的功效。

$$价值V=\frac{功能F}{费用C}$$

从价值与功能、费用的关系式中可以看出有五条基本途径可以提高产品的价值：

(1)在提高产品功能的同时，降低产品成本。这可使价值大幅度提高，是最理想的提高价值的途径。

(2)提高功能，同时保持成本不变。

(3)在功能不变的情况下，降低成本。

(4)成本稍有增加，同时功能大幅度提高。

(5)功能稍有下降，同时成本大幅度降低。

(二)价值工程的特点

1. 以提高价值为目标

研究对象的价值着眼于寿命周期成本。寿命周期成本指产品在其寿命期内所发生的全部费用，包括生产成本和使用费用。提高产品价值就是以最小的资源消耗获取最大的经济效果。

2. 以功能分析为核心

功能是指研究对象能够满足某种需求的一种属性，也即产品的具体用途。功能可分为必要功能和不必要功能，其中，必要功能是指用户所要求的功能以及与实现用户所需求功能有关的功能。

用户购买一项产品，其目的不是为了获得产品本身，而是通过购买该项产品来获得其所需要的功能。因此，价值工程对产品的分析，首先是对其功能的分析，通过功能分析，弄清哪些功能是必要的，哪些功能是不必要的。从而在改进方案中去掉不必要的功能，补充不足的功能，使产品的功能结构更加合理，达到可靠地实现使用者所需功能的目的。

3. 以创新为支柱

价值工程强调“突破、创新、求精”，充分发挥人的主观能动作用，发挥创造精神。

首先，对原方案进行功能分析，突破原方案的约束。然后，在功能分析的基础上，发挥创新精神，创造更新方案。最后，进行方案对比分析，精益求精。能否创新及其创新程度是关系到价值工程成败与效益的关键。

4. 技术分析与经济分析相结合

价值工程是一种技术经济方法，研究功能和成本的合理匹配，是技术分析与经济分析的有机结合。因此，分析人员必须具备技术和经济知识，紧密合作，做好技术经济分析，努力提高产品价值。

二、价值工程的实施步骤

价值工程可以分准备阶段、分析阶段、创新阶段、实施阶段四个阶段，大致可以分为：(1)价值工程对象选择；(2)收集资料；(3)功能分析；(4)功能评价；(5)提出改进方案；(6)方案的评价与选择；(7)试验证明；(8)决定实施方案八项内容。

价值工程主要回答和解决下列问题：(1)价值工程的对象是什么？(2)它是干什么用的？(3)其成本是多少？(4)其价值是多少？(5)有无其他方法实现同样功能？(6)新方案成本是什么？(7)新方案能满足要求吗？围绕这七个问题，价值工程的一般工作程序如表5-2所示。

价值工程的一般工作程序 表 5-2

阶 段	步 骤	说 明
准备阶段	1. 对象选择	应明确目标、限制条件和分析范围
	2. 组成价值工程领导小组	一般由项目负责人、专业技术人员、熟悉价值工程的人员组成
	3. 制订工作计划	包括具体执行人、执行日期、工作目标等
分析阶段	4. 收集整理信息资料	此项工作应贯穿于价值工程的全过程
	5. 功能系统分析	明确功能特性要求，并绘制功能系统图
	6. 功能评价	确定功能目标成本，确定功能改进区域
创新阶段	7. 方案创新	提出各种不同的实现功能的方案
	8. 方案评价	从技术、经济和社会等方面综合评价各种方案达到预定目标的可行性
	9. 提案编写	将选出的方案及有关资料编写成册
实施阶段	10. 审批	由主管部门组织进行
	11. 实施与检查	制定实施计划、组织实施，并跟踪检查
	12. 成果鉴定	对实施后取得的技术经济效果进行成果鉴定

(一)价值工程的对象选择

1. 分析对象选择的原则

能否正确选择价值工程的对象是价值工程收效大小与成败的关键。在土木工程设计中，选择价值工程的对象一般基于以下原则：

(1)选择设计因素多，结构复杂的产品

有的产品结构过于复杂，如果加以简化仍可以保证其必要功能，则可对复杂的结构进行分解，确定各组成部分的功能作用，合理进行改进设计，以降低成本。例如，为了满足交通的需求，柔性路面结构层次逐渐发展为：面层、联结层、基层、底基层、垫层，不同的结构层次具有各自的主要功能。但是过多的结构层次需要使用多种类型的材料，需要多种工序施工，因而增加了路面工程的造价，过多的结构层次往往因施工配合不当而引起质量问题。所以，有必要对路面结构进行价值分析。

(2)选择造价高，对经济效益影响较大的产品

有些产品，其造价高，在总成本中占有较大比重，例如，公路工程中的互通式立交桥，桥梁下部结构的桩基础，路基工程中的软土地基的处理，都可以作为价值工程的对象。

(3)选择建设规模大的产品

这类产品在总成本中所占比重大，如果能在保持功能不变或使功能略有提高的前提下，使成本下降，则可取得很好的经济效果。例如，公路工程中高等级路面和桥梁工程中上部结构都是量大面广的结构物，它们在总成本中占有相当大的比重，因此，可以选为价值工程的对象。

(4)选择寿命周期长的产品

寿命周期较长的产品，通过价值分析改进产品后，在较长的时间内都可以获得较好的经济效果。城市立交桥、特大桥梁的使用期都很长，其设计是否合理，使用功能如何都影响深远，应作为价值工程的对象。

(5)选择质量不稳定，用户意见大的产品

用户对质量不稳定的产品非常不满，如果将这类产品作为价值工程对象，针对一系列存在

的问题采用新的方案和措施，来改善产品质量，那将使客户满意。公路工程中路面工程由于易产生早期裂缝和破坏，影响使用功能，用户意见很大。因此，可以把路面工程作为价值工程的对象。

2. 分析对象选择的方法

(1)ABC 分析法

ABC 分析法是一种定量分析方法，它是根据客观事物中普遍存在的不均匀分配规律，将其分为关键的少数和次要的多数。

ABC 分析法将全体对象划分为 A、B、C 三类。A 类对象的数目较少，一般只占总数的 20%左右，但成本比重占 70%左右；B 类对象的数目一般只占 30%左右，其成本比重占 20%左右；C 类对象占 50%左右，其成本比重却只有 10%左右。显然，A 类对象是关键的少数，应作为价值工程的对象；C 类对象是次要的多数，可以不加分析；B 类对象可作为一般分析。

(2)强制确定法(“01”法)

强制确定法是用一对一的方法按其重要性程度评分，从而得到功能重要性比重的方法。“01”评分法是强制确定法的一种，通常把产品各个功能排列起来，再按其功能的重要性程度作一对一的对比，重要的得 1 分，相对不重要的得 0 分。参加评分最好有 5～15 人，各自评分。由多人评分结果得平均评分值(表 5-3 和表 5-4)。

表 5-3

专家甲的评分

功能领域	*A*	*B*	*C*	*D*	功能累计评分值
A	X	1	1	1	3
B	0	X	0	1	1
C	0	1	X	1	2
D		0	0	X	0
Σ					6

$$平均评分值=\frac{功能评分总计}{评分人总数}$$

$$功能评价系数\ F_i=\frac{该功能平均平分值}{该功能总分}$$

由此可见，功能评价系数 F_i 即为功能重要性系数或功能重要性比重。

表 5-4

五人评价结果表

功能领域	评价人员					评分值总计	平均评分值	评价系数 F_i
	甲	乙	丙	丁	戊			
A	3	3	2	3	3	14	2.8	0.47
B	1	0	0	1	1	3	0.6	0.10
C	2	2	3	2	1	10	2.0	0.33
D	0	1	1	0	1	3	0.6	0.10
合计	6	6	6	6	6	30	6.0	1.00

(二)功能与成本分析

1. 功能评价的目的

(1)找出低价值功能区域。即从众多的价值工程对象中进一步缩小范围，选定价值工程的重点对象，并给定需要改进的具体要求和先后次序。

(2)定出目标成本。就是在分析对象改进后，成本能降低的程度。即为功能设置的成本目标值，也称预计成本。目标成本的确定要考虑许多制约条件，通过功能评价定出目标成本的大致范围。

(3)取得工作的动力。通过科学分析，明确了改进的目标，看到了改进后的经济效益潜力。

2. 功能评价的方法

目前，常用的功能评价的方法有两大类：一类是采用了绝对值计算法，即成本法；另一类是相对值计算法，即功能评价系数法。

(1) 功能成本法

该方法把功能直接用实现这一功能所需要的成本费用来表示，当评价某功能的价值大小时，就取实现这一功能的最低成本同该功能的目前成本之比，这个比值就是该功能的价值系数。用公式表达如下：

$$\text{功能价值系数 } V_{\mathrm{i}} = \frac{\text{实现该功能的最低成本 } C_{\mathrm{a}}}{\text{实现该功能的目前成本 } C_0}$$

当 $V_{\mathrm{i}}=1$ 时，表示实现该功能所花费与成本相适应，功能价值高，可不必分析。

当 $V_{\mathrm{i}}<1$ 时，表示实现该功能所花费用的实际成本比目标成本大，功能价值低，必须大力降低成本。

(2)功能最低成本 C_{a} 的确定

①经验估计法。这种方法是邀请一些有经验的人，对初步设想实现某一功能的几个方案进行成本估算，每个估算值可能不同，可取平均值，在各个方案中取成本最低的即为功能最低成本 C_{a}。

②公式法。即利用工程上的一些计算公式，加以适当的变换，找出功能和成本之间的关系，求得 C_{a} 值。

(3)功能现实成本 C_0 的确定

求 C_0 时，可将现实总成本计算出来，然后分摊到各个功能区域中去，得到某一功能现实成本。

(4)功能评价系数法

该方法是一种相对值法，用功能评价系数表达功能评价值；用成本系数表达成本值。功能价值系数计算公式为：

$$\text{功能价值系数 } V_{\mathrm{i}} = \frac{\text{功能评价系数 } F_{\mathrm{i}}}{\text{功能成本系数 } C_{\mathrm{i}}}$$

其中：

$$\text{功能成本系数 } C_{\mathrm{i}} = \frac{\text{该功能目前成本 } C_0}{\text{功能总成本 } C}$$

功能评价系数 F_{i} 可按照强制确定法的“01”评分法计算。

需要指出的是，尽管在产品形成的各个阶段都可以应用价值工程提高产品的价值，但在不同的阶段进行价值工程活动，其经济效果的提高幅度却是大不相同的。对于大型复杂的产品，应用价值工程的重点是在产品的研究设计阶段，一旦图纸已经设计完成并投产，产品的价值就基本决定了，这时再进行价值工程分析就变得更加复杂，不仅原来的许多工作成果要付之东流，而且改变生产工艺、设备工具等可能会造成很大的浪费，使价值工程活动的技术经济效果大大下降。因此，必须在产品的设计和研制阶段就开始价值工程活动，以取得最佳的综合效果。

三、价值工程在工程设计中的应用

在工程设计中应用价值工程的原理，在保证建筑产品功能不变或提高的情况下，可设计出更加符合用户要求的产品。在设计阶段，运用价值工程可降低成本25%～40%。

(一)设计阶段运用价值工程控制目标成本

工程设计决定建筑产品的目标成本，目标成本是否合理，直接影响产品的经济效益。在施工图确定前，确定目标成本可以指导施工控制，降低建筑工程的实际成本，提高经济效益。

目标成本的确定主要取决于有关信息情报的完全程度。通过价值工程，在设计阶段收集和掌握先进技术和大量信息，追求更高的价值目标，设计出优秀的产品。

应用价值工程，确定建筑产品的目标成本，按比例分配目标成本。这样，就可以科学合理地控制目标成本，尽可能避免浪费，达到节约和降低成本的目的，从而优化设计。

(二)运用价值工程提高投资效益

土木工程的成本70%～90%决定于设计阶段。当设计方案确定或设计图纸完成后，其结构、施工方案、材料等也就限制在一定条件内了。因此设计水平的高低，直接影响投资效益。

根据工程设计阶段的工作对建筑工程的质量和成本影响较大的特点，在设计中应用价值工程，就可以充分发挥投资效益。

同时，工程设计本身就是一种创造性的活动，而价值工程作为有组织的创新活动，强调创新，鼓励创造出更多更好的设计方案。通过应用价值工程，在工程设计阶段就可以发挥设计人员的创新精神，设计出物美价廉的建筑产品，提高投资效益。

【例5-3】 价值工程设计应用实例

某新建铁路设计为单线。该段设有：隧道一座，长308m；大中桥2座，长175.0m；涵洞4座，总长176m；挡土墙3处，圬工方量1 500m^3；路基土方若干m^3。本段线下工程(路基土石方除外)造价为207.87万元，工期15个月。本项工程已订立施工承包合同，要求降低造7%。

为了降低工程造价，实现降低造价7%的目标，现运用价值工程对本段工程进行分析和评价。

1. VE对象的选择

用ABC分析法做VE对象的选择如表5-5所示。由表5-5的分析可知，该工程项目按其内容划分A、B、C三类，隧道工程属于A类，大中桥属于B类，因此搞好隧道和大中桥的功能分析和评价，对于降低本项目工程造价，具有重要现实意义。

VE对象选择表 表5-5

序号	项目内容	项目数		成本		项目分类
		项数	占总数为	造价(万元)	占总造价%	
1	隧道	1	10	129.71	62.40	A
2	大中桥	2	20	41.99	20.20	B
3	涵洞	4	40	22.86	11.00	C
4	挡土墙	3	30	13.31	6.40	C
合计	10	100	207.87	100.00		

2. 桥隧功能分析和评价

(1)功能定义

按主要工序形成的功能领域分别把隧道和桥梁分为4个功能领域，共8个功能领域，见表5-6所示。

(2)功能评分

经过工程技术人员、专家、老工人组成的5人评价小组对各工序的功能重要性用“01”评分法得出各功能领域的评分值及评价系数 F_i，列于表5-6中。

功 能 定 义 表

表 5-6

工程项目	功能领域代号	工序名称	主要功能
隧道	A	洞身开挖	开辟通道，为衬砌提供断面
	B	拱墙衬砌	支护围岩，保持形状
	C	铺底水沟	排水，铺渣
	D	洞门	支护洞口仰坡、边坡，保持洞口稳定、美观
桥梁	E	挖基	提供灌注基础场所，成形
	F	基础	封闭地基，与地基形成整体，支承墩台身
	G	墩台身	支承梁体，美观
	H	锥体护坡	保持桥头填方稳定，防冲刷及风化

(3)功能评价

按已知各项目成本按工序(功能领域)分配列于表5-7中，并将目标成本按功能重要性系数 F_i 分摊，计算各工序(功能领域)降低成本期望幅度，由此找出重点改进的工序。详细计算见表5-8所示。

表5-8中，桥隧总目标成本按目前总成本降低7%计算：

$$C_a = 171.70 \times (1 - 7\%) = 159.68 \text{万元}$$

各工序目标成本按桥隧目标总成本乘以该功能的重要系数得到。

由表5-8的计算可知，各工序中，开挖为第一重点，衬砌为第二重点，两者改进后期望成本降低额为49.07万元。若考虑其他工序保证功能实现需增加成本，则桥隧开展VE活动后能降低成本额为12万元。

功能评分汇总表

表 5-7

功能项目①	功能领域代号	评价人员②					评分值总计③	平均评分值④	评价系数⑤ F_i
		甲	乙	丙	丁	戊			
洞身开挖	A	6	7	6	6	7	32	6.4	0.23
拱墙衬砌	B	5	6	5	6	7	29	5.8	0.21
铺底水沟	C	2	2	3	2	2	11	2.2	0.08
洞门	D	2	1	2	1	1	7	1.4	0.05
挖基	E	4	3	4	5	3	19	3.8	0.13
基础	F	3	3	4	3	2	15	3	0.11
墩台身	G	5	5	4	5	5	24	4.8	0.17
锥体护坡	H	1	1	0	0	1	3	0.6	0.02
合计		28	28	28	28	28	140	28.0	1.00

桥隧功能评价表 表 5-8

序号①	功能领域		功能评价系数 F_i④	目前成本(万元)⑤	成本系数 C_i⑥	价值系数 V_i⑦	目标成本(万元)⑧	成本降低额(万元)⑨	改进顺序⑩
	代号②	工序③							
1	A	开挖	0.23	64.85	0.38	0.61	36.73	28.12	①
2	B	衬砌	0.21	54.48	0.32	0.61	33.53	20.95	②
3	C	铺底	0.08	6.49	0.04	2.00	12.77	−6.28	
4	D	洞门	0.05	3.89	0.02	2.50	7.98	4.09	
5	E	挖基	0.13	10.40	0.06	2.17	20.76	−10.36	
6	F	基础	0.11	8.30	0.04	2.75	17.57	−9.27	
7	G	墩台	0.17	20.19	0.12	1.42	27.15	−6.96	
8	H	锥体	0.02	3.10	0.02	1.00	3.19	−0.09	
合计			1.00	171.70	1.00		159.68	12.02 (49.07)	

3.改进方案及其评价

在反复进行工点施工调查的基础上，优化施工组织设计；又在工程现场组织多次研讨、分析会，确定各功能的改进方案，现分析如下(各改进方案节约费用计算过程略)。

(1)隧道工程

①洞身开挖

A_{11}方案：两洞口同时施工改为单洞口施工，安排合理能满足工期。施工口选择进洞方向为上坡。可减少生产生活房屋约 250m^2，并节约机械调转及安装费用，两项合计节约费用 3.00 万元。

A_{21}方案：石渣运输下坡运行，可提高运输效率 15%，则运输降低成本 1.55 万元。

A_{31}方案：拟采用较先进的“预裂光面”爆破，可节约开挖量 325m^3、节约费用 2.11 万元；节约炸药 7638.44kg，可节约费用 0.7 万元。两项合计 2.82 万元。

②衬砌

B_{11}方案：采用“以隧养隧”，自制砂石，节约大堆料制备费用，预计节约费用合计 6.28 万元。

B_{21}方案：严格按配合比施工，节约水泥，混凝土中掺用高效添加剂，用强制式拌和机拌和，机械捣固，以提高质量，降低水泥消耗量，预计节约水泥 10%，计 1.2 万元。

B_{31}方案：本隧道的拱墙混凝土衬砌拟采用钢拱(排架)、钢模板及钢支撑等，实现以钢代木，预计可节约费用 1.24 万元。

(2)桥梁工程

①桥梁墩台

C_{11}方案：与隧道同建一砂石联合生产线自制砂石，合计节约 2.01 万元。

C_{21}方案：在墩台混凝土中掺用高效减水剂，掺填片石 20%，可降低水泥耗用量 15%，则可节约费有 0.67 万元。

②锥体护坡

D_{11}方案：自备片石，在隧道弃渣场选用，计节约 0.60 万元。

D_{21}方案：采用挤浆法砌筑片石，预计可节约水泥 10%，则节约费用 0.10 万元。

(3)改进方案的组合

各功能领域的改进方案组合及各种组合方案的成本状态列于表5-9中。

桥隧改进方案组合表

表5-9

序号	功能领域	方案组合	成本降低幅度(万元)
1	洞身开挖	$A_{11}+A_{21}+A_{31}$	7.37
2	衬砌	$B_{11}+B_{21}+B_{31}$	8.72
3	墩台身	$C_{11}+C_{21}$	2.68
4	锥体	$D_{11}+D_{21}$	0.70

由表5-9可知,改进方案的全部组合可获得最好的经济效果,其成本降低幅度达19.47万元。

(4)成果总评

该桥隧工程开展价值工程活动能节约费用19.47万元,占全部成本的百分比为:

$$降低率=19.47万元\div171.70万元=11.3\%$$

占本段全部新建铁路工程总成本(造价)的比例为:

$$降低率=19.47万元\div207.87万元=9.4\%$$

该项目目标降低成本7%,现开展价值工程活动后,能降低成本9.4%,已达到了预定的要求。

第六章　土木工程招投标与合同价控制

招标投标是建设市场的交易方式之一，是在双方同意的基础上的一种买卖行为，也是建筑产品价格形成的方式之一。卖方通过买方提供的招标文件要求，结合自身的实力和建设市场的价格机制（价值规律和供求规律）提出报价，买方则在众多的卖者中择优选择，最终形成建筑产品的合同价。因此，招投标阶段工程造价控制的重点包括：核查和监督招标项目的合法性和合理性；规范招标文件的编制和工程量清单的计价工作；加强投标者的资格预审；合理地确定合同价格以及评标定标的方法。

第一节　土木工程招标项目核查

一、对招标项目的审批与核查

为了保证招标项目的顺利实施，《中华人民共和国招标投标法》（以下简称《招标投标法》）规定在招标程序开始前应完成的准备工作和应满足的条件主要有两项：一是履行审批手续，二是落实资金来源。

（一）履行审批手续

按照《招标投标法》强制招标的范围包括大型基础设施、公用事业项目，全部或部分使用国有资金投资或国家融资的项目，使用国际组织或外国政府贷款，援助资金的项目，以及法律、国务院规定必须招标的其他项目。

根据我国现行的投融资管理体制，这些项目大多需要经过国务院、国务院有关部门或省市有关部门的审批。只有经有关部门审核批准后，而且建设资金或资金来源已经落实，才能进行招标。对开工条件有要求的，还必须履行开工手续。此外，对于那些不属于强制招标项目的范围，但需要政府平衡建设和生产条件的项目，或者国家限制发展的项目，或者台港澳和外商投资的项目，也需经履行审批手续并获批准后，才能进行招标。

需要指出的是，并不是所有的招标项目都需要审批，只有那些“按照国家有关规定需要履行审批手续的”，才应当先履行审批手续，取得批准，否则不得招标。从我国推行招标投标的情况看，一些地方或部门在未履行报批手续或报批后尚未获准的情况下，即开始发售标书，或者先施工后招标。这是违反程序的做法，一旦项目未被批准，必然会造成经济上的损失，直接影响到工程造价。

（二）落实资金来源

由于一些项目的建设周期比较长，中标合同的履行期限也比较长。在实际中经常发生这样的情况：合同正在执行过程中，由于种种原因资金无法到位，建设项目单位无法支付施工企业或供货企业的价款，甚至要求企业先行垫款，致使合同无法顺利履行，工程也成为“胡子工程”。有的建设项目单位利用“买方市场”条件的优势地位，在根本没有建设资金或建设资金尚未落实的情况下，发布招标公告要求，要投标企业带资投标，既损害了投标企业的利益，造成了许多纠纷，也使工程项目的造价控制不能实现。因此《招标投标法》规定“招标人应当有进行招标项目的相应资金或者资金来源已经落实，并应当在招标文件中如实载明”。所谓“具有进行招标项目的相应资金或者资金来源已经落实”，是指进行某一单项建设项目、货物或服务采购所需的资金已经到位，或者尽管资金没有到位，但来源已经落实，如银行已承诺贷款，又如某一建设项目用于设计的资金已经落实，即可进行设计招标。

二、对招标项目的监督

为了保证招标投标活动依法进行，需要行政机关对其实施有效监督，并对违法行为依法查处。为此，招标投标法明确规定：有关行政监督部门依法对招标投标活动实施监督，依法查处招标投标活动中的违法行为。这为行政管理部门监管招标投标活动提供了有力的法律依据。当然，有关行政管理部门对招标投标活动的监管，也必须依照法律、行政法规的规定进行，不得违法失职或者滥用职权。

根据招标投标法的规定，有关行政部门主要对招标投标活动中的下列事项依法进行监督管理。

1. 对依法必须招标的工程建设项目是否进行招标进行监督

依法必须招标的工程建设项目主要针对关系社会公共利益、公众安全的基础设施和公用事业项目，利用国有资金或国际组织、外国政府贷款及援助资金进行的项目等。由于这些项目关系国计民生，政府必须对其进行必要的监控。招标分为公开招标和邀请招标。

国家重点项目和地方重点项目应当进行公开招标。国家重点建设项目，是指从国家大中型基本建设项目中确定的对国民经济和社会发展有重大影响的骨干项目，由国务院发展计划部门同国务院有关主管部门确定。地方重点建设项目，指从地方确定的大中型基本建设项目中确定的对本地区经济和社会发展有重大影响的骨干项目，由省、自治区、直辖市人民政府确定。由此可以看出，重点建设项目至少应具备两项标准：一是在投资规模上达到国家规定的大型或中型标准；二是在实际作用上对国民经济或本地区经济和社会发展有重大影响。这类项目大多属于基础设施、基础产业和支柱产业项目，或是高科技并能带动行业技术进步的项目。

为保证对重点建设项目的管理，保证重点建设项目的工程质量、造价、进度得到有效的控制，必须采用公开招标方式。因为公开招标在透明度和竞争性上更具优势，更能体现招投标制度的目的和宗旨。1996 年发布施行的《国家重点建设项目管理办法》规定，国家重点建设项目主体工程的设计、施工、监理、设备采购，由建设项目法人依法公开进行招标，择优选定中标单位。《招标投标法》进一步确认了这项制度。

不适宜公开招标的重点项目，经批准可进行邀请招标。在某些特定情况下，如由于项目技术复杂或有特殊要求，涉及专利权保护，受自然资源或环境限制，新技术或技术规格事先难以确定等原因，可供选择的具备资格的投标单位数量有限，实行公开招标不适宜或不可行。在这种情况下，招标人可选择邀请招标。由于邀请招标中投标人的数目有限，公开性、竞争性都远远不及公开招标，容易产生违规操作和内幕交易，如果不进行严格的监管，会给重点工程建设带来不可弥补的损失。考虑到国家重点项目和地方重点项目分别由国务院发展计划部门和省、自治区、直辖市人民政府确定，因此由项目确定部门行使对邀请招标的监督权比较适宜。

2. 对法定招标项目是否依照法定的程序、规则进行招标投标进行监督

具体监督内容包括：依照《招标投标法》及其他法律、国务院规定，必须招标的那些项目是否进行了招标；是否按照《招标投标法》的规定，选择了有利于竞争的招标方式；在已招标的项目中，是否严格执行了《招标投标法》规定的程序、规则，是否体现了公平、公正、公开、诚实信用原则等等。同时，行政监督部门可根据监督检查的结果或当事人的投诉，依法查处违法的行为。

需要指出的是，这里监督必须“依法实施”，不能成为变相的行政干预，处罚也必须“依法进行”，不能没有法定依据或不遵守法定程序。招标投标当事人有权拒绝行政部门违法实施的监督，或者违法给予的行政处罚，并可依照《行政复议法》、《行政诉讼法》和《国家赔偿法》的有关规定获得救济。

3. 依法监督的权限划分

对招标投标活动的行政监督及有关部门的具体职权划分，由国务院规定。由于实行招标投标的领域较广，有的专业性较强，涉及不少部门，不可能由一个部门统一进行监督，只能根据不同项目的不同特点，由有关部门在各自的职权范围内分别负责监督。根据宪法和国务院组织法的规定，划分国务院各部门职责的权力属于国务院。另外，由于各个部门的管理权限划分会随着政府机构改革的深化而有所调整，因此，《招标投标法》原则规定：对招标投标活动的行政监督及有关部门的具体职权划分，由国务院规定。

三、对招标文件的核查备案

招标人有权依据工程项目特点编写与招标有关的各类文件，但内容不得违反法律规范的相关规定。建设行政主管部门对招标文件核查的内容主要包括对投标人资格审查文件的核查和对招标文件的核查。

1. 对投标人资格审查文件的核查

(1)不得以不合理条件限制或排斥潜在投标人。为了使招标人能在较广泛范围内优选最佳投标人，以及维护投标人进行平等竞争的合法权益，不允许在资格审查文件中以任何方式限制或排斥本地区、本系统以外的法人或其他组织参与投标。

(2)不得对潜在投标人实行歧视待遇。为了维护招标投标的公平、公正原则，不允许在资格审查标准中针对外地区或外系统投标人设立压低分数的条件。

(3)不得强制投标人组成联合体投标。以何种方式参与投标竞争是投标人的自主行为，他可以选择单独投标，也可以作为联合体成员与其他人共同投标，但不允许既参加联合体又单独投标。

2. 对招标文件的核查

(1)招标文件的组成是否包括招标项目的所有实质性要求和条件，以及拟签订合同的主要条款，能使投标人明确承包工作范围和责任，并能够合理预见风险编制投标文件。

(2)招标项目需要划分标段时，承包工作范围的合同界限是否合理。承包工作范围可以是包括勘察设计、施工、供货的一揽子交钥匙工程承包，也可以按工作性质划分成勘察、设计、施工、物资供应、设备制造或监理等的分项工作内容承包。施工招标的独立合同承包工作范围应是整个工程、单位工程或特殊专业工程的施工内容，不允许肢解工程招标。

(3)招标文件是否有限制公平竞争的条件。在文件中不得要求或标明特定的生产供应者以及含有倾向或排斥潜在投标人的其他内容。主要核查是否有针对外地区或外系统设立的不公正评标条件。

第二节　工程量清单及其计价

一、工程量清单计价规范

在认真总结我国工程招标投标实践的基础上，研究和借鉴国外招标投标实行工程量清单计价的做法，国家建设部、国家质量监督检验检疫总局于2003年2月17日联合发布国家标准《建设工程工程量清单计价规范》(GB 50505—2003)(以下称《计价规范》)，自2003年7月1日起实施。

《计价规范》是根据《中华人民共和国招标投标法》、建设部令第107号《建筑工程施工发包与承包计价管理办法》，按照我国工程造价管理改革的要求，本着国家宏观调控、市场竞争形成价格的原则制定的。

《计价规范》是统一工程量清单编制、规范工程量清单计价的国家标准，是调整建设工程工程量清单计价活动中发包人与承包商各种关系的规范性文件。在《计价规范》中统一了分部分项工程项目名称、统一了计量单位、统一了工程量计算规范、统一了项目编码，为建立全国统一建设市场和规范计价行为提供了依据，同时《计价规范》没有人、材、机的消耗量，为企业报价提供了自主空间，投标企业可以结合自身的生产效率、消耗水平和管理能力与已储备的本企业报价资料，按照《计价规范》规定的原则和方法投标报价。工程造价的最终确定，由承发包双方在市场竞争中按价值规律通过合同规定。

《计价规范》共包括正文和附录两部分，二者具有同等效力。

正文有五章：第一章总则，第二章术语，第三章工程量清单编制，第四章工程量清单的计价，第五章工程量清单及其计价格式。正文分别就《计价规范》的适应范围、遵循的原则、编制工程量清单应遵循原则、工程量清单计价活动的规划、工程量清单及其计价格式作了明确规定。

《计价规范》总则：

(1)为规范建设工程工程量清单计价行为，统一建设工程工程量清单的编制和计价方法，根据《中华人民共和国招标投标法》及建设部令第107号《建筑工程施工发包与承包计价管理办法》制订本规范。

(2)本规则适用于建设工程工程量清单计价活动。

(3)全部使用国有资金投资或因有资金投资为主的大中型建设工程应执行本规范。

(4)建设工程工程量清单计价活动应遵循客观、公正、公平的原则。

(5)建设工程工程量清单计价活动，除应遵循本规范外，还应符合国家有关部门法律、法规及标准、规范的规定。

(6)本规范附录A、附录B、附录C、附录D、附录E作为编制工程量清单的依据。

①附录A为建筑工程工程量清单项目及计算规则，适用于工业与民用建筑物和构筑物工程。

②附录B为装饰装修工程工程量清单项目及计算规则，适用于工业与民用建筑物和构筑物的装饰装修工程。

③附录C为安装工程工程量清单项目及计算规则，适用于工业与民用安装工程。

④附录D为市政工程工程量清单项目及计算规则，适用于城市市政建设工程。

⑤附录E为园林绿化工程工程量清单项目及计算规则，适用于园林绿化工程。

附录中包括项目编码、项目名称、项目特征、计量单位、工程量计算规则和工程内容：

(1)项目编码：是为工程造价信息全国共享而设立的。

(2)项目名称：均以工程实体命名。所谓实体是指形成生产或工艺作用的主要实体部分，对附属或次要部分均不设置项目。这里所指的工程实体，有些项目是可用适当的计量单位计算的简单完整的施工过程的分部分项工程，也有些项目是分部分项工程的组合。不论是上述的哪一种，项目名称的命名应规范，准确、通俗，以避免投标人报价的失误。

(3)项目特征：是指分项工程的主要特征。工程量清单编制时，以附录中的项目名称为主体，考虑该项目的规格、型号、材质等特征要求，结合拟建工程的实际情况，使其工程量清单项目名称具体化、细化，能够反映影响工程造价的主要因素。附录清单栏目中未列的项目特征，而拟建工程分项中具有的特征，应在工程量清单“项目名称”栏内进行补充：附录清单项目特征栏目中已列的项目特征，而拟建工程分项中不具有的特征，在工程量清单“项目名称”栏目内，不应再列。

(4)计量单位：均采用基本单位计量，全国统一。

(5)工程量计算规则：全国各省市的工程量清单及计价，均要以《计价规范》附录的计算规则计算工程量。

(6)工程内容：用于表述完成该项目工程实体的全部工作内容。工程内容与项目特征具有对应关系。

二、工程量清单编制

工程量清单是编制招标工程标底和投标报价的依据，也是支付工程进度款和办理工程结算、调整工程量以及工程索赔的依据。我国建筑工程的工程量清单文件主要由封面说明、分部分项工程量清单、措施项目清单和其他项目清单组成。

(一)封面说明的编制

封面说明包括：填表须知及总说明。

1.填表须知

封面后有填表须知，主要包括下列内容：

(1)工程量清单及其计价格式中所要求签字、盖章的地方，必须有规定的单位和人员签字、盖章；

(2)工程量清单及其计价格式中的任何内容不得随意删除或涂改；

(3)工程量清单计价格式中列明的所有需要填报的单价和合价，投标人均应填报，未填报的单价和合价，视为此项费用已包含在工程量清单的其他单价和合价中；

(4)明确金额的表示币种(如人民币、美元等)。

2.总说明

总说明应按下列内容填写：

(1)工程概况，包括建设规模、工程特征、计划工期、施工现场实际情况、交通运输情况、自然地理条件、环境保护要求等；

(2)工程招标和分包范围；

(3)工程量清单编制依据；

(4)工程质量、材料、施工等特殊要求；

(5)招标人自行采购材料的名称、规格型号、数量等；

(6)预留金、自行采购材料的金额数量等。

(7)其他需要说明的问题。

(二)分部分项工程量清单的编制

1. 分部分项工程量清单编制依据

(1)《建设工程工程量清单计价规范》(GB 50505—2003)(以下简称《计价规范》);

(2)招标文件;

(3)设计文件;

(4)有关的工程施工规范与工程验收规范;

(5)拟采用的施工组织设计和施工技术方案。

2. 分部分项工程量清单编制程序

分部分项工程量清单的编制程序见图 6-1。

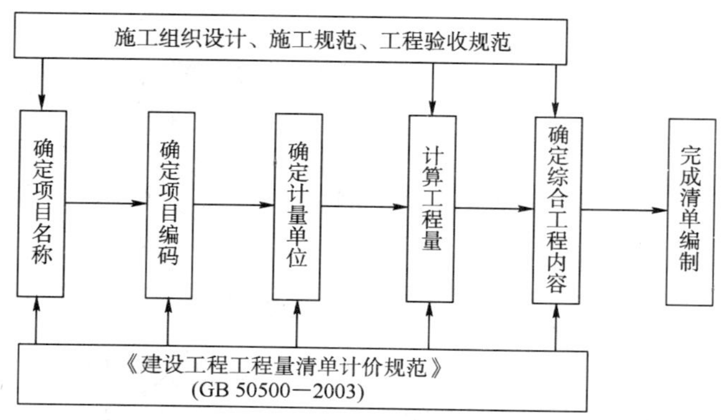

图 6-1 分部分项工程量清单编制程序

3. 分部分项工程量清单组成

分部分项工程量清单是表明拟建工程的全部分项实体工程名称和相应数量的清单文件。其格式见表 6-1。

分部分项工程量清单

表 6-1

工程名称:

第　页共　页

序　　号	项 目 编 码	项 目 名 称	计 量 单 位	工 程 数 量
—	—	—	—	—

分部分项工程量清单包括的内容,应满足两方面的要求:其一要满足规范管理、方便管理的要求;二要满足计价的要求。为了满足上述要求,《计价规范》提出了分部分项工程量清单的四个统一,即项目编码统一、项目名称统一、计量单位统一、工程量计算规则统一。招标人必须按规定执行,不得因情况不同而变动。

(1)清单项目的设置

分部分项工程量清单项目的设置,原则上是以形成工程实体为主,它是计量的前提。所谓实体是指形成生产或工艺作用的主要实体部分,对附属或次要部分不设置项目。项目必须包括完成或形成实体部分的全部内容。

(2)项目编码

分部分项工程量清单项目编码以五级设置,用 12 位阿拉伯数字表示。前 9 位为全国统一编码,分为四级,编制分部分项工程量清单时应按附录中的相应编码设置,不得变动,后 3 位(第五级)是清单项目名称编码,由工程量清单编制人根据具体工程的清单项目特征分别编码。

各级编码所代表的含义如下：

①第一级表示分类码(一、二位)，附录顺序，具体有：附录A建筑工程为01、附录B装饰装修工程为02、附录C安装工程为03、附录D市政工程为04、附录E园林绿化工程为05。

②第二级表示章顺序码(三、四位)，表示附录中的各章，为专业工程顺序码。如0101为附录A建筑工程的第一章土(石)方工程；0302为附录C安装工程的第二章电气设备安装工程。

③第三级表示节顺序码(五、六位)，表示附录中各章的节，为分部工程顺序码。如010101为附录A建筑工程的第一章土(石)方工程中的第一节"土方工程"。

④第四级表示清单项目码(七、八、九位)，为分项工程项目名称顺序码。如010101001表示该土方工程中的平整场地项目。

⑤第五级表示具体清单项目编码(十至十二位)，为清单项目名称顺序码。主要区别同一分项工程中具有不同特征的项目，供清单编制人依据设计图示、图纸编号、规格等逐项编码，从001开始，共有999个编码可供使用。如同一规格、同一材质的项目，具有不同的特征时，应分别列项。此时项目的编码前九位相同，后三位不同。

随着科学技术的发展，新材料、新技术、新的施工工艺将伴随出现，因此《计价规范》规定，凡附录中的缺项，工程量清单编制时，编制人可作补充。补充项目应填写在工程量清单相应分部工程项目之后，并在"项目编码"栏中以"补"字示之。

(3)项目名称

《计价规范》规定分部分项工程量清单应按附录A～E的项目名称与项目特征并结合拟建工程的实际确定。

项目名称列项时应考虑三个因素：一是附录中的项目名称；二是附录中的项目特征；三是拟建工程的实际情况。工程量清单编制时，以附录中的项目名称为主体，考虑该项目的规格、型号、材质等特征要求，结合拟建工程的实际情况，使其工程量清单项目名称具体化、细化，能够反映影响工程造价的主要因素。原则上以形成工程实体而命名。清单项目名称应严格按照计价规范规定，不得随意更改项目名称。

项目名称如有缺项，招标人可按相应的原则进行补充，并报当地工程造价管理部门备案。

(4)项目特征

项目特征是用来描述清单项目的，通过对项目特征的描述，使清单项目名称清晰化、具体化和详细化。是设置清单项目的主要依据，用于区分《计价规范》中同一清单条目各个具体的清单项目。项目特征是用来表述项目名称的，直接影响实体自身价值，主要包括以下几方面特征：

①项目的自身特征。属于这些特征的主要是项目的材质、型号、规格、甚至品牌等，这些特征对工程计价影响较大，若不加以区分，必然造成计价混乱。因此都必须在不同项目名称的前面或后面予以表述。

②项目的工艺特征。项目特征按不同的施工工艺分别列项。

③项目的施工方法特征。

凡项目特征中未描述到的其他独有特征，由清单编制人视项目具体情况确定，以准确描述清单项目为准。完成项目的全部内容体现在清单上不能有遗漏，以便投标人报价。如果因描述不到位而引发纠纷，将以清单的描述为依据追究责任，而不是以附录提示的"工程内容"评定。

(5)计量单位

《计价规范》规定分部分项工程量清单的计量单位应按附录A～E中规定的计量单位确定。采用基本单位计量，不得使用扩大单位(如10m、100kg)，除各专业另有特殊规定外，均按以下单位计量：

①以质量计算的项目——吨或千克(t 或 kg)。

②以体积计算的项目——立方米(m^3)。

③以面积计算的项目——平方米(m^2)。

④以长度计算的项目——米（m)。

⑤以自然计量单位计算的项目——个、套、块、樘、组、台……

⑥没有具体数量的项目——系统、项……

各专业有特殊计量单位的，再另外加以说明。

(6)工程内容

工程内容是指完成该清单项目可能发生的具体工程，可供招标人确定清单项目和投标人投标报价参考。以建筑工程的现浇混凝土梁为例，可能发生的具体工程包括混凝土制作、运输、浇筑、振捣和养护等。由于清单项目原则上是按实体设置的，而实体是由多个项目综合而成的，所以清单项目的表现形式，是由主体项目和辅助项目(或称组合项目)构成(主体项目，即《计价规范》中的项目名称，辅助项目即《计价规范》中的工程内容)。《计价规范》对各清单项目可能发生的辅助项目均做了提示，列在“工程内容”一栏内，供工程量清单编制人根据拟建工程实际情况有选择地对项目名称描述时参考。

凡工程内容中未列全的其他具体工程，由投标人按照招标文件或图纸要求编制，以完成清单项目为准，综合考虑到报价中。

(7)工程数量的计算

《计价规范》规定分部分项工程量清单的工程数量应按附录 A～E 中规定的工程量计算规则计算。注意：其工程量计算规则与消耗量定额的工程量计算规则有着原则上的区别：计价规范的计量原则是以实体安装就位的净尺寸计算，这与国际通用做法(FIDIC)一致；而消耗量定额的工程量计算是在净值的基础上，加上施工操作(或定额)规定的预留量，这个量随施工方法、措施的不同而变化。所以，分部分项工程量清单的工程数量应按《计价规范》附录中规定的工程量计算规则计算。

现行“预算定额”，其项目一般是按施工工序进行设置的，包括的工程内容一般是单一的，据此规定了相应的工程量计算规则。工程量清单项目的划分，一般是以一个“综合实体”考虑的，一般包括多项工程内容，据此也规定了相应的工程量计算规则。二者的工程量计算规则是有区别的。

(三)措施项目清单的编制

措施项目清单表明为完成分项实体工程而必须采取的一些措施性工作，主要包括临时设施、大型机械设备进出场及安拆、垂直运输机械、环境保护、施工排水等内容。

措施项目是指为完成工程项目施工，发生于该工程施工前和施工过程中技术、生活、安全等方面的非工程实体项目。

措施项目分为通用项目、建筑工程措施项目、装饰装修工程措施项目、安装工程措施项目、市政工程措施项目。进行措施项目清单编制时应力求全面，考虑多种因素，除工程本身的因素外，还涉及水文、气象、环境、安全等和施工企业的实际情况。为此《计价规范》提供了“措施项目一览表”(见表 6-2)，作为列项的参考。表中“通用项目”所列内容是指各专业工程的“措施项目清单”中均可列的措施项目。表中各专业工程中所列的内容，是指相应专业的“措施项目清单”中可列的措施项目。

措施项目一览表

表 6-2

序号	项 目 名 称
	1 通用项目
1.1	环境保护
1.2	文明施工
1.3	安全施工
1.4	临时设施
1.5	夜间施工
1.6	二次搬运
1.7	大型机械设备进出场及安拆
1.8	混凝土、钢筋混凝土模板及支架
1.9	脚手架
1.10	已完工程及设备保护
1.11	施工排水、降水
	2 建筑工程
2.1	垂直运输机械
	3 装饰装修工程
3.1	垂直运输机械
3.2	室内空气污染测试
	4 安装工程
4.1	组装平台
4.2	设备、管道施工的安全、防冻和焊接保护措施
4.3	压力容器和高压管道的检验
4.4	焦炉施工大棚
4.5	焦炉烘炉、热态工程
4.6	管道安装后的充气保护措施
4.7	隧道内施工的通风、供水、供气、供电、照明及通信设施
4.8	现场施工围栏
4.9	长输管道临时水工保护设施
4.10	长输管道施工便道
4.11	长输管道跨越或穿越施工措施
4.12	长输管道地下穿越地上建筑物的保护措施
4.13	长输管道工程施工队伍调遣
4.14	格架式抱杆
	5 市政工程
5.1	围堰
5.2	筑岛
5.3	现场施工围栏
5.4	便道
5.5	便桥
5.6	洞内施工的通风、供水、供气、供电、照明及通信设施
5.7	驳岸块石清理

措施项目清单以“项”为计量位，相应数量为“1”。由于影响措施项目设置的因素太多，“措施项目一览表”中不能一一列出。因情况不同，出现表中未列的措施项目，工程量清单编制人可自行作补充。补充项目应列在清单项目最后，并在“序号”栏中以“补”字示之。

（四）其他项目清单的编制

其他项目清单主要体现了招标人提出的一些与拟建工程有关的特殊要求，这些特殊要求所需的金额投标人应一并予以报价。工程建设标准的高低、工程的复杂程度、工程的工期长短、工程的组成内容等直接影响其他项目清单中的具体内容。

《计价规范》提供了预留金、材料购置费、总承包服务费、零星工作项目费等项目作为招投标双方列项计算的参考。其中，招标人部分包括预留金、材料购置费等；投标人部分包括总承包服务费、零星工作费等。具体含义如下：

(1)预留金是指招标人为可能发生的工程量变更而预留的金额；此处提出的工程量变更主要指工程量清单漏项、有误引起工程量的增加和施工中的设计变更引起标准提高或工程量的增加等。

(2)材料购置费是指招标人自行采购材料所发生的费用。

(3)总承包服务费是指为配合协调招标人进行的工程分包和材料采购所需的费用，此处提出的工程分包是指国家允许分包的工程。

(4)零星工程项目费是指为完成招标人提出的，工程量暂估的零星工作所需的费用。零星工作项目费由招标人根据拟建工程实际情况，列出人工、材料、机械的名称、计量单位和数量。人工应按工种列项，材料和机械应按规格、型号列项，并随工程量清单发至投标人。在工程招标时，工程量由招标人估算后提出。工程结算时，工程量按承包商实际完成的计算，单价按承包商中标时的报价不变。

为了准确的计价，零星工程项目费可单独列入零星工作项目表计算。零星工作项目表应根据拟建工程的具体情况，详细列出零星工作项目的人工、材料、机械的名称，计量单位和数量，其中人工应按工种列项，材料和机械应按规格、型号列项，并随工程量清单发至投标人。

《计价规范》提供的其他项目，仅作为列项的参考，对于不足或未列的其他项目清单编制人可作补充，补充项目应列在清单项目最后，并以“补”字在“序号”栏中示之。

三、工程量清单计价格式

工程量清单计价应包括按招标文件规定，完成工程量清单所列项目的全部费用，包括分部分项工程费、措施项目费、其他项目费和规费、税金。分部分项工程费是指为完成分部分项工程量所需的实体项目费用。措施项目费是指分部分项工程费以外，为完成该工程项目施工，发生于该工程施工前和施工过程中技术、生活、安全等方面的非工程实体项目所需的费用。其他项目费是指分部分项工程费和措施项目费以外，该工程项目施工中可能发生的其他费用。

《计价规范》规定工程量清单应采用综合单价计价。综合单价法是指完成工程量清单中一个规定计量单位项目所需的人工费、材料费、机械使用费、管理费和利润，并考虑风险因素的全部费用。工程量乘以综合单价就直接得到分部分项工程费用，再将各个分部分项工程的费用，与措施项目费、其他项目费和规费、税金加以汇总，就得到整个工程的总造价。

工程量清单计价格式由下列内容组成。

1. 封面

封面应按规定内容填写、签字、盖章，封面格式见表 6-3。

表 6-3

封　　面

________________工程

工程量清单

招标人：________________________(单位签字盖章)

法定代表人：________________________(签字盖章)

中介机构法定代表人：________________________(签字盖章)

造价工程师及注册证号：________________________(签字盖执业专用章)

编制时间：________________

2. 投标总价

应按工程项目总价表(表 6-4)合计金额填写。

表 6-4

投　标　总　价

投标总价

建设单位：________________________

工程名称：________________________

投标总价(小写)：________________________

(大写)：________________________

投标人：________________________(单位签字盖章)

法定代表人：________________________(签字盖章)

编制时间：________________________

3. 工程项目总价表

工程项目总价表见表 6-5。

表 6-5

工程项目总价表

工程名称：　　　　　　　　　　第　页共　页

序号	单项工程名称	金额(元)
	合计	

注：1. 表中单项工程名称应按单项工程费汇总表(表 6-6)的工程名称填写；

2. 表中金额应按单项工程费汇总表(表 6-6)的合计金额填写。

4. 单项工程费汇总表

单项工程费汇总表见表6-6。

单项工程费汇总表

表6-6

工程名称：

第　页共　页

序号	单位工程名称	金额(元)
	合计	

注：1. 单项工程名称按照单位工程费汇总表(表6-7)中工程名称填写；

2. 金额按照单位工程费汇总费(表6-7)的合计金额填写。

5. 单位工程费汇总表

单位工程费汇总表见表6-7。

单位工程费汇总表

表6-7

工程名称：

第　页共　页

序号	项 目 名 称	金额(元)
1	分部分项工程量清单计价合价	
2	措施项目清单计价合价	
3	其他项目清单计价合价	
4	规费	
5	税金	
	合计	

注：单位工程费汇总表中的金额应分别按照分部分项工程量清单计价表(表6-8)措施项目清单计价表(表6-9)和其他项目清单计价表(表6-10)的合计金额和按有关规定计算的规费、税金填写。

6. 分部分项工程量清单计价表

分部分项工程量清单为不可调整的闭口清单，投标人对招标文件提供的分部分项工程量清单必须逐一计价，对清单所列内容不允许作任何更改变动。投标人如果认为清单内容有不妥或遗漏，只能通过质疑的方式由清单编制人作统一的修改更正，并将修正后的工程量清单发往所有投标人。

分部分项工程量清单计价表见表6-8。

分部分项工程量清单计价表

表6-8

工程名称：

第　页共　页

序号	项 目 编 码	项 目 名 称	计 量 单 位	工 程 数 量	金额(元)	
					综合单价	合价

注：1. 综合单价应包括完成一个规定计量单位工程所需的人工费、材料费、机械使用费、管理费和利润，并应考虑风险因素；

2. 分部分项工程量清单计价表中的序号、项目编码、项目名称、计量单位、工程数量必须按分部分项工程量清单中的相应内容填写。

7. 措施项目清单计价表

措施项目清单为可调整清单，投标人对招标文件中所列项目，可根据企业自身特点作适当的变更增减。投标人要对拟建工程可能发生的措施项目和措施费用作通盘考虑。清单一经报出，即被认为是包括了所有应该发生的措施项目的全部费用。

如果报出的清单中没有列项，且施工中又必须发生的项目，业主有权认为，其已经综合在分部分项工程量清单的综合单价中。将来措施项目发生时，投标人不得以任何借口提出索赔与调整。

措施项目清单计价表见表 6-9。

表 6-9

措施项目清单计价表

第　页共　页

工程名称：

序号	单位工程名称	金额(元)
	合　计	

注：1. 措施项目清单计价表中的序号、项目名称必须按措施项目清单填写；

2. 投标人可根据施工组织设计采取的措施增加项目。

8. 其他项目清单计价表

其他项目清单由招标人部分和投标人部分等两部分组成。招标人填写的内容随招标文件发至投标人或标底编制人，其项目、数量，金额等投标人或标底编制人不得随意改动。由投标人填写部分的零星工作项目表中，招标人填写的项目与数量，投标人不得随意更改，且必须进行报价，如果不报价，招标人有权认为投标人就未报价内容无偿为自己服务。当投标人认为招标人列项不全时，投标人可自行增加列项并确定本项目的工程数量及计价。

其他项目清单计价表见表 6-10。

表 6-10

其他项目清单计价表

第　页共　页

工程名称：

序号	单位工程名称	金额(元)
1	招标人部分	
	合　计	
2	投标人部分	
	合　计	
	合　计	

注：1. 其他项目清单计价表中的序号、项目名称必须按其他项目清单中的相应内容填写；

2. 招标人部分的金额可按估算金额确定；

3. 投标人部分的总承包服务费应根据招标人提出要求所发生的费用确定，零星工作项目费应根据零星工作项目计价表(表 6-11)确定。

9. 零星工作项目计价表

零星工作项目计价表见表 6-11。

零星工作项目计价表

表 6-11

工程名称

第 页共 页

序 号	项 目 名 称	计 量 单 位	数 量	金额(元)	
				综合单价	合价
1	人工				
小计					
2	材料				
小计					
3	机械				
小计					
合计					

注:1. 表中的人工、材料、机械名称、计量单位和相应数量应按零星工作项目中相应的内容填写;
2. 工程竣工后零星工作费应按实际完成的工程量所需费用结算。

10. 分部分项工程量清单综合单价分析表

分部分项工程量清单综合单价分析表应由招标人根据需要提出要求后填写,见表 6-12。

分部分项工程量清单综合单价分析表

表 6-12

工程名称:

第 页共 页

序号	项目编码	项目名称	工程内容	综合单价组成					
				人工费	材料费	机械使用费	管理费	利润	综合单价

11. 措施项目费分析表

措施项目费分析表应由招标人根据需要提出要求后填写,见表 6-13。

措施项目费分析表

表 6-13

工程名称:

第 页共 页

序号	措施项目名称	单位	数量	金额(元)					
				人工费	材料费	机械使用费	管理费	利润	小计
	合计								

注:1. 招标人提供的主要材料价格表应包括详细的材料编码、材料名称、规格型号和计量单位等;
2. 所填写的单价必须与工程量清单计价中采用的相应材料的单价一致。

12. 主要材料价格表

主要材料价格表，见表 6-14。

表 6-14

主要材料价格表

序号	材料编码	材料名称	规格、型号等特殊要求	单位	单价

注：1. 招标人提供的主要材料价格表应包括详细的材料编码、材料名称、规格型号和计量单位等；

2. 所填写的单价必须与工程量清单计价中采用的相应材料的单价一致。

四、工程量清单计价程序

工程量清单计价采用综合单价法。综合单价法提供了分项工程费用子目和全费用单价的计算方法。综合单价计价程序表，是每个清单项目的计价程序，以计算每个清单项目的全费用单价，不是整个工程的计价程序，这是工程量清单计价与施工图预算计价的主要区别之一。

由于各分部分项工程中的人工、材料、机械含量的比例不同，各分项工程可根据其材料费占人工费、材料费、机械费合计的比例（以字母“C”代表该项比值），在以下三种计算程序中选择一种计算其综合单价。

（1）当 $C>C_0$，C_0 为本地区原费用定额测算所选典型工程材料费占人工费、材料费和机械费合计的比例）时，可采用以人工费、材料费、机械费合计为基数计算该分项的间接费和利润。具体程序如表 6-15 所示。

表 6-15

综合单价法以直接工程费为计算基础的计价程序

序号	费用项目	计算方法	备注
1	分项直接工程费	人工费+材料费+机械费	
2	间接费	(1)×相应费率	
3	利润	((1)+(2))×相应利润	
4	合计	(1)+(2)+(3)	
5	含税造价	(4)×(1+相应税率)	

（2）当 $C<C_0$ 值的下限时，可采用以人工费和机械费合计为基数计算该分项的间接费和利润。具体计价程序如表 6-16 所示。

表 6-16

综合单价法以直接工程费为计算基础的计价程序

序号	费用项目	计算方法	备注
(1)	分项直接工程费	人工费+材料费+机械费	
(2)	其中人工费和机械费	人工费+机械费	
(2)	间接费	(2)×相应费率	
(3)	利润	(2)×相应利润	
(4)	合计	(1)+(3)+(4)	
(5)	含税造价	(5)×(1+相应税率)	

（3）如该分项的直接费仅为人工费，无材料费和机械费时，可采用以人工费为基数计算该分项的间接费和利润。具体计价程序如表 6-17 所示。

综合单价法以直接工程费为计算基础的计价程序

表 6-17

序号	费用项目	计算方法	备注
(1)	分项直接工程费	人工费＋材料费＋机械费	
(2)	其中人工费和机械费	人工费＋机械费	
(2)	间接费	(2)×相应费率	
(3)	利润	(2)×相应利润	
(4)	合计	(1)＋(3)＋(4)	
(5)	含税造价	(5)×(1＋相应税率)	

第三节　公路工程招投标文件

一、公路工程招投标文件的组成

招标文件是编制标底和投标报价的重要依据，也是形成业主和承包商之间的合同文件的基础，它对工程的实施和造价控制起着计划和指导作用。为了加强公路工程招标投标的管理工作，规范招标文件的编制和评标工作，交通部组织有关专家和单位编写了《公路工程国内招标文件范本》(2003 年版)(以下称《国内范本》)，要求公开招标和邀请招标的二级以上公路和大型桥梁、隧道建设项目，必须使用；二级以下公路项目可参照执行；外资贷款项目有特殊规定的，可以适用其规定。在具体项目招标过程中，项目法人可以根据项目实际情况，编制项目专用合同条款并补充有关技术规范内容，与范本共同使用。

施工招标文件包括以下内容：投标邀请书、投标人须知、合同条件、技术规范、工程量清单、图纸、投标书与投标担保书(格式)及其他合同格式。

(一)投标邀请书

投标邀请书是招标人向经过资格预审合格的投标人正式发出参加本项目投标的邀请，因此，投标邀请书也是投标人具有参加投标资格的证明；而没有得到投标邀请书的投标人，无权参加本项目的投标。

投标邀请书一般要说明招标人的名称、招标工程项目的名称和地点、招标文件发售的时间和费用、投标保证金金额和投标截止时间、开标时间等。

(二)投标须知

投标须知是一份为让投标人了解招标项目及招标的基本情况和要求而准备的一份文件。文件中主要说明：项目概况；投标人的资格要求；投标中的时间安排及相应的规定；投标中须遵守和注意的事项等。

与投标报价有关的主要内容有投标费用、投标价、投标保证金和投标有效期、选择方案及评标方法。

1. 投标费用

投标费用是投标人在投标过程中发生的所有费用，包括：购买招标文件、投标人现场考察、参加投标会议等往返交通住宿费、市场调查询价费、投标文件打印装订费、编标人员工资奖金等费用。投标须知中规定：投标人在投标过程中的一切费用，不论中标与否，均由投标人自负。

2. 投标价

投标价是指完成本工程所投合同段的全部工程的全部价格，包括：直接费、管理费、税金、保险、利润以及投标阶段和缺陷责任期阶段所花费的费用。投标须知中规定：投标人没有填入单价或总额价的工程细目将不支付，并认为该细目的价款已包括在工程量清单其他细目的单价或总额价中。投标须知还对保险费、税费、施工临时占地租用费做出了相关规定。

工程一切险和第三方责任险的投保范围、条件和保险费率，由招标人与承保人在所商讨的投保协议中确定，并在招标文件中写明，投标人按招标文件中的规定在工程量清单第 100 章中填报价格，中标后，业主将按承包商实际支付的保险费的保单支付。承包商的装备险和职工人身事故险由承包商自行投保，保险费由承包商支付，并包含在所报的单价或总价中，不单独报价。

因承包本工程需缴纳的一切税费均由承包商承担。按照我国税法规定，应计入报价的税费主要有：营业税、城市建设维护费、教育费附加以及印花税。

施工临时占地租用费列入工程量清单 100 章中，由承包商按元/亩报价，中标后，根据《临时用地计划表》中的位置、数量和使用期限由业主支付。临时用地中如有地面附着物(电力、电信、房屋、坟墓除外)，其拆迁补偿费用计入工程量清单各有关项目单价内，不另支付。临时用地退还前，承包商应自费恢复到使用前的状况。如未按要求恢复或恢复未达到标准，业主将委托第三方对其进行恢复，所发生的费用将从应付给承包商的任何款项中扣除。超出《临时用地计划表》的用地由承包商自行办理并付费。

3. 投标保证金和投标有效期

投标人在送交投标书时应同时提交规定的投标保证金。投标保证金可以采用：现金抵押、银行保函、银行汇票或招标人规定的其他形式。按照合同规定：提交的投标保证金在投标有效期满后 28d 退回。投标有效期一般规定为 75～105d。

4. 选择方案

投标人在完全按照招标文件要求提出基本方案的报价外，还可对资料表中提出的选择方案报价。

选择方案是招标人主动征询的，在招标文件中有图纸、材料和工艺的技术规范，要求投标人提供有标价的工程量清单。招标人只对符合招标文件中基本技术方案要求，评比标价被评为较低者的技术性选择方案的报价才给予考虑。

5. 评标方法

投标须知中规定了：综合评估法、最低评标价法和双信封评标法三种评标方法。

(三) 合同条件

合同条件又称合同条款，主要规定了合同履行过程中当事人基本的权利和义务，以及合同履行中的工作程序、监理工程师的职责与权力等。合同条款包括通用条款和专用条款，通用条款是参考国际惯例并结合我国公路工程建设的具体情况和实践经验编写的。在使用合同通用条款时，原则上不允许直接对其增加或修改，招标人可在合同专用条款中根据项目的具体情况对其进行增删、修改或具体化。

(四) 技术规范

技术规范是一份十分重要的文件，它详细具体地说明了承包商履行合同时的质量要求、验收标准、材料的品级和规格，满足质量要求应遵守的施工技术规范，以及计量与支付的规定等。

由于不同性质的工程其技术特点和质量要求及标准等均不相同，所以，技术规范应根据不同的工程性质及特点分章、分节、分部、分项来编写。《国内范本》技术规范的内容包括：总则、路基土石方、路面、桥梁、隧道、排水与涵洞、防护、沿线设施和其他工程等章。

技术规范中有关工程计量支付的规定是各工程细目报价编制的依据，也是施工阶段工程造价控制的依据。在技术规范通则中，工程量计量的一般规定有：

(1)按合同提供的材料数量和完成的工程数量所采用的测量与计算方法，应符合技术规范的规定。

(2)施工必需的全部模板、脚手架、装备、机具、螺栓、垫圈和钢制件等其他材料，应包括在工程量清单中所列的有关支付项目中，不单独计量。

(3)钢筋、钢板或型钢计量时，应按图纸或其他资料标示的尺寸和净长计算。搭接、接头套筒、焊接材料、下脚料和定位架立钢筋等，则不予计量。钢筋、钢板或型钢以千克计量，四舍五入，不计小数。钢筋、钢板或型钢由于理论单位质量与实际单位质量的差异而引起的材料质量与数量不匹配的情况，计量时不予考虑。

(4)金属材料的质量不包括施工需要加放或使用的灰浆、楔块、填缝料、垫衬物、油料、接缝料、焊条、涂敷料等的质量。

(5)除非另有规定，计算面积时，其长、宽应按图纸所示尺寸线或监理工程师指示计量。对于面积在 $1m^2$ 以下的固定物(如检查井)不扣除。

(6)结构物应按图纸所示净尺寸线，或监理工程师指示修改的尺寸线计量。

(7)所有以延米计量的结构物(如管涵等)，除非图纸另有标示，应按平行与该结构物位置的基面或基础的中心方向计量。

(8)土方体积可采用平均断面积法计算，但应与似棱体公式计算结果比较，如果误差超过±5%时，采用似棱体公式计算。

(9)用于填方的土方量，按压实后的纵断面高程和路床面为准来计量。承包商报价时，应考虑在挖方或运输过程中引起的体积差。

具体的工程量计量规则在技术规范各章节中已作规定。

(五)投标书与投标担保格式

投标书是为投标人填写投标总报价而由招标人准备的一份空白文件。投标书中主要包括下列内容：投标人、投标项目(名称)、投标总报价(签字盖章)以及招标人要求投标人做出的承诺，如工程开工及竣工时间的承诺、投标有效期的承诺等。

投标担保格式是招标人要求投标人提交银行保函时应填写的文件。

(六)工程量清单

工程量清单是一份与技术规范相对应的文件，它的作用主要是：为投标人提供合同中关于工程量的足够信息，以便能统一有效而准确地编写投标文件；标有单价的工程量清单是施工结算和处理工程变更计价的依据。

工程量清单是由工程量清单说明、工程细目表、专项暂定金额汇总表和汇总表四部分组成。其中，工程量清单说明规定了工程量清单的性质、特点以及单价的构成和填写要求等。工程细目表反映了施工项目中各工程细目的数量，其编号与技术规范一致，它是工程量清单的主体部分，其格式如表 6-18 所示。

工程量清单(工程细目)格式

表 6-18

清单编号	项目名称	单位	数量	单价	金额

工程细目是根据合同将要发生的工程细目;工程量是根据设计图纸、技术规范等将要发生的工程预计数量,是投标人投标报价的共同基础(但不是最终结算的工程数量);单价和金额是投标人投标时的报价(合同订立后,其填报的单价是双方办理结算的价格依据)。工程细目按内容的不同可分为如下部分:

(1)工程量清单的"总则"部分。该部分说明合同需要发生的各种开办项目,计价特点是总额包干。它的格式如表 6-19 所示。

第 100 章　总则

表 6-19

货币单位:人民币

合同段

清单编号	项 目 名 称	单位	数量	单价	合价或金额
101-1	保险费				
—a	按合同条款规定,提供建筑工程一切险	总额			
—b	按合同条款规定,提供第三方责任险	总额			
102-1	竣工文件	总额			
102-2	施工环保费	总额			
103-1	临时道路修建、养护与拆除(包括原道路的养护费)	总额			
103-2	临时工程用地	m^2			
103-3	临时供电设施				
—a	设施架设、拆除	总额			
—b	设施维修	月			
103-4	电信设施的提供、维修与拆除	总额			
103-5	供水与排污设施	总额			
104-1	承包商驻地建设	总额			
106-1	为监理工程师提供办公设施(办公用房、设备、设施及其维修服务)	总额			
106-2	为监理工程师提供生活设施(生活用房、设备、设施及其维修服务)	总额			
106-3	为监理工程师提供车辆、水上交通艇、燃油及维修保养	总额			
106-4	为监理工程师提供中心试验室设备、设施及其维修保养、试验服务	总额			
100 章　小计(结转至第 页工程量清单汇总表) 人民币＿＿＿＿＿＿＿元					

(2)根据图纸确定的本工程项目需要发生的工程细目各部分的工程量。该部分的计价特点是单价不变,实际工程量由计量确定。如路面工程量清单格式,见表 6-20。

(3)专项暂定金额。即实施本工程中尚未以图纸最后确定其具体细节或某一工程部分或在施工过程中可能增加的工程细目或支付细目,如大桥荷载试验,或可能增加一个匝道收费亭等,由于这些细目或附属、零星工程在招标时尚未能肯定下来,故在工程量清单相应部分列为专项暂定金额,并进行汇总。汇总表见 6-21。

第 300 章　路面

表 6-20

合同段编号

货币单位：人民币

清单编号	项目名称	单位	数量	单价	合价或金额
302-1	碎石垫层				
—a	厚…mm	m^2			
302-2	砂砾垫层				
—a	厚…mm	m^2			
303-1	石灰稳定土底基层				
—a	厚…mm	m^2			
304-1	水泥稳定土底基层				
—a	厚…mm	m^2			
304-2	水泥稳定土基层				
—a	厚…mm	m^2			
306-1	石灰粉煤灰稳定土底基层				
—a	厚…mm	m^2			
306-2	石灰工业废渣稳定土底基层				
—a	厚…mm	m^2			
305-11	级配碎石底基层				
—a	厚…mm	m^2			
305-12	级配碎石基层				
—a	厚…mm	m^2			
305-13	级配砾石底基层				
—a	厚…mm	m^2			
307-1	透层	m^2			
307-2	黏层	m^2			
307-3	封层	m^2			
308-1	细粒式沥青混凝土				
—a	厚…mm	m^2			
308-2	中粒式沥青混凝土				
—a	厚…mm	m^2			
308-3	粗粒式沥青混凝土				
—a	厚…mm	m^2			
309-1	改性沥青	t			
309-2	改性沥青混合料				
—a	厚…mm	m^2			
315-1	水泥混凝土面板				
—a	厚…mm(混凝土抗折强度 MPa)	m^2			
300 章　小计(结转至第　页工程量清单汇总表) 人民币＿＿＿＿＿＿＿元					

专项暂定金额汇总表

表 6-21

清单编号	细目号	名称	估计金额
400	401-1	桥梁荷载试验	60 000
…	…	…	…
…	…	…	…

注：表列各项专项暂定金额，应已在工程量清单相关章、目中以专项暂定金额名义列出，以转入工程量清单汇总表中，仅在此表中摘出予以汇总。

工程量清单各章费用合计、专项暂定金额和暂定金额总额在工程量清单汇总表(表 6-22)中汇总后,构成投标价。

表 6-22

工程量清单汇总表

合同段:________________

序号	章　　次	科 目 名 称	金额(元)
1	100	总则	
2	200	路基土石方	
3	300	路面	
4	400	桥梁	
5	500	隧道	
6	600	排水及涵洞	
7	700	防护	
8	800	公路设施及预埋管线	
9	900	绿化及环境保护	
10	第 100 章至 900 章清单合计		
11	已包含在清单合计中的专项暂定金额小计		
12	清单合计减去专项暂定金额(即 10－11＝12)		
13	按上项(12)金额的________%作为不可预见因素的暂定金额		
14	投标价(10＋13)＝14		

(七)图纸

设计图纸(设计方案)不仅影响工程质量还直接影响工程造价,对项目的投资效益也有决定性影响。图纸的设计深度应以满足施工招标投标的要求为准。没有施工图时,需在初步设计图纸的基础上整理出一份招标用图纸(由于从招标准备至完成招标工作的周期很长,有时需一年甚至更长的时间,所以,招标准备通常没有施工图纸)。只要是单价合同,即使没有施工图纸(有招标图纸)也是可以组织招标的,但如果是总价合同,则必须要有施工图纸。

二、资格预审及资格预审文件

投标人资格审查分为资格预审和资格后审两种形式。资格预审在发售招标文件之前进行,投标人只有在资格预审通过后才能取得投标资格,参加施工投标。而资格后审则是在评标过程中进行。为减小评标难度,简化评标手续,避免一些不合格的投标人在投标上的人力、物力和财力上的浪费,投标人资格审查以资格预审形式为好。

(一)资格审查的内容

无论是资格预审还是资格后审,其审查的内容是基本相同的。具体内容如下:

(1)营业执照。营业执照中注有企业的法人资格、注册资金及经营许可范围等许多重要信息。审查投标人的营业执照实际上是审查投标人的资格是否符合法定要求,是否具有权利能力与行为能力。在审查过程中,通常要求投标人提交营业执照正本,审查核实后,留下复印件。

(2)企业资质等级证书。企业的资质等级说明了企业的技术力量、财务状况和履约能力。在资质审查中,要求投标人提交企业资质等级证书原件,审查核实后,留下复印件。

(3)信用记录。《公路建设市场管理办法》(交通部令[2004]年第 14 号)规定:从业单位和主要从业人员的信用记录应当作为公路建设项目招标资格审查和评标工作的重要依据。

(4)主要施工经历。施工经历中要包括以前进行过的与拟招标项目类似的工程施工情况，以及质量好坏，获得过何种奖励等。投标人除了要提交施工经历的文字说明外，还应提交详细的证明材料。

(5)技术力量简况。包括投标人技术人员、机械设备以及拟投入到本项目的技术人员和施工机械设备情况、拟担任本项目的项目经理及技术负责人的情况及简历。

(6)资金或财务状况。即投标人的固定资产、流动资产、资产负债率、资金流动比率、资产速动比率，特别是拟投入到本项目的流动资金数额及相应的证明。

(7)在建项目情况(可通过现场调查予以核实)。

(二)资格预审的程序

根据交通部2006年5月1日起开始施行的《公路工程施工招标资格预审办法》，资格预审按下列程序进行：

(1)招标人编制资格预审文件；

(2)发布资格预审公告；

(3)出售资格预审文件；

(4)潜在投标人编制并递交资格预审申请文件；

(5)对资格预审申请文件进行评审；

(6)编写资格评审报告；

(7)发出资格预审结果通知。

(三)资格预审文件

资格预审文件应当载明以下主要内容：

(1)资格预审公告。内容包括：招标人的名称和地址；招标项目和各标段的基本情况；各标段投标人的合格条件和资质要求；获得资格预审文件的办法、时间、地点和费用；递交资格预审申请文件的地点和截止时间；招标人认为应当告知的其他事项。

资格预审公告应在国家指定的媒介上公开发布。公告中不得含有限制具备条件的潜在投标人购买资格预审文件的内容。

(2)资格预审须知。内容包括：潜在投标人可以申请资格预审的标段数量，以及可以通过资格预审的标段数量；对潜在投标人的施工经验、施工能力(包括人员、设备和财务状况)、管理能力和履约信誉等的要求；对工程分包、子公司施工、联合体投标的规定和要求；资格预审申请文件编制和递交要求(包括编制格式、内容、签署、装订、密封及递交方式、份数、时间、地点等)；资格预审文件的修改和资格预审申请文件的澄清的要求；资格预审方法、评审标准(包括符合性条件、强制性标准、评分标准等)和合格标准；资格审查结果的告知方式和时间；招标人和潜在投标人分别享有的权利；招标人认为应当告知的其他事项。

招标人应当按照资格预审公告规定的时间、地点出售资格预审文件。自资格预审文件出售之日起至停止出售之日止，最短不得少于5个工作日。

(3)资格预审申请表格式；主要是一些要求投标申请人填写的情况调查表(格式)。调查表中所反映的内容都是资格审查所包括的内容，这些表格有：

①财务资信和能力的证明文件(包括近三年来财务平衡表及财务审计情况等)；

②拟派出的项目负责人与主要技术人员的简历、相关资格证书及业绩证明，并按要求提供备选人员的相关信息；

③拟用于完成投标项目的主要施工机械设备；

④初步的施工组织计划，包括质量保证体系、安全管理措施等内容；

⑤近五年来完成的类似工程施工业绩情况及履约信誉的证明材料；

⑥目前正在承担和已经中标的全部工程情况；

⑦资产构成情况及投资参股的关联企业情况；

⑧潜在投标人若存在工程分包、分公司施工或以联合体形式投标，应符合有关要求；

⑨招标人要求的其他相关文件。

(4)有关附件：工程概况、各标段详细情况、计划工期、实施要求、建设环境与条件、招标时间安排等。

三、资格评审条件和方法

资格评审工作由招标人组建的资格评审委员会负责。资格评审委员会由招标人代表和有关方面的专家组成，人数为五人以上单数，其中专家人数应不少于成员总数的二分之一。资格评审委员会的专家从国务院交通主管部门或省级交通主管部门设立的评标专家库中抽取。

资格评审方法分强制性资格条件评审法和综合评分法两种。招标人可根据工程特点和潜在投标人的数量选择合适的评审方法。

(一)资格评审程序

资格评审按符合性检查、强制性资格条件评审和综合评分、澄清和核实的程序进行。

1.符合性检查

通过符合性检查的主要条件：

(1)资格预审申请文件组成完整；

(2)资格预审申请文件正本应加盖潜在投标人法人单位公章，并由其法定代表人或其授权的代理人签字；

(3)潜在投标人的营业执照、法定代表人授权书及公证书有效；

(4)潜在投标人的施工资质满足资格预审文件的要求；

(5)潜在投标人没有正受到责令停产、停业的行政处罚或正处于财务被接管、冻结、破产的状态；

(6)潜在投标人没有正受到取消投标资格的行政处罚；

(7)潜在投标人没有涉及正在诉讼的案件，或涉及正在诉讼的案件但经评审委员会认定不会对承担本项目造成重大影响；

(8)潜在投标人符合有关规定；

(9)潜在投标人没有提供虚假材料。

符合以上条件的，方可进入下一阶段的评审。

2.强制性资格条件评审或综合评分

采用强制性资格条件评审法的，招标人应按照标段内容和特点，对潜在投标人的施工经验、财务能力、施工能力、管理能力和履约信誉等资格条件，制定强制性的量化标准。只有全部满足强制性资格条件的潜在投标人才可通过资格审查。评审结论分“通过”和“未通过”两种。

采用综合评分法的，招标人应对潜在投标人的施工经验、财务能力、施工能力、管理能力、施工组织和履约信誉等资格条件，制订可以量化的评分标准，并明确通过资格审查的最低总得分值。只有总得分超过规定的最低总得分值的潜在投标人才能通过资格审查。

对重要的资格条件也可制订最低资格条件要求，不符合最低资格条件的，不得通过资格审查。计算得分时应以评审委员会的打分平均值确定，该平均值以去掉一个最高分和一个最低分后计算。

综合评分法采用百分制，评分内容和权重分值划分如下：

(1)类似工程施工经验，分值范围 15～25；

(2)财务能力，分值范围 10～20；

(3)拟投入本标段的主要机械设备，分值范围 10～20；

(4)拟投入本标段的主要人员资历，分值范围 15～25；

(5)初步施工组织计划，分值范围 10～15；

(6)履约信誉，分值范围 15～25。

3.澄清与核实

资格评审委员会对资格预审申请文件中不明确之处，可通过招标人要求潜在投标人进行澄清，但不应作为资格审查不通过的理由。如潜在投标人不按照招标人的要求进行澄清，其资格审查可不予通过。澄清应以书面材料为主，一般不得直接接触潜在投标人。

资格评审委员会在审查潜在投标人的主要人员资历和施工业绩、信誉时，应当通过省级以上交通主管部门设立的交通行业施工企业信息网进行查询；若潜在投标人所提供信息与企业信息网上的相关内容不符，经核实存在虚假、夸大的内容，不予通过资格审查。

对联合体进行资格评审时，其施工能力为主办人和各成员单位施工能力之和。对含分包人的潜在投标人进行资格评审时，其施工能力为潜在投标人和分包人施工能力之和。

对通过资格评审的潜在投标人明显偏少的标段，在征得潜在投标人同意的情况下，评审委员会可以对通过评审的潜在投标人申请的标段进行调整。经调整后，合格的潜在投标人仍少于三家的，招标人应重新组织资格预审或经有关部门批准采取邀请招标方式。

(二)资格评审报告

资格评审工作结束后，由资格评审委员会编制资格评审报告，其内容包括：

(1)工程项目概述；

(2)资格审查工作简介；

(3)资格审查结果；

(4)未通过资格审查的主要理由及相关附件证明；

(5)资格评审表等附件。

招标人应在资格评审工作结束后 15 日内，按项目管理权限，将资格评审报告报交通主管部门备案。交通主管部门在收到资格评审报告后 5 个工作日内未提出异议的，招标人可向通过资格审查的潜在投标人发出投标邀请书，向未通过资格审查的潜在投标人告知资格审查结果。

资格预审工作出现下列情况之一的，招标人负责组织重新评审：

(1)由于招标人提供给资格评审委员会的信息有误或不完整，导致评审结果出现重大偏差的；

(2)由于评审委员会的原因导致评审结果出现重大偏差的；

(3)由于潜在投标人有违法违规行为，导致评审结果无效的。

第四节 土木工程招投标标底确定与控制

一、标底的编制方法

(一)标底的编制要求和原则

标底是建设产品在建筑市场交易中的预期价格,在招标投标过程中,标底是衡量投标报价是否合理,是否具有竞争力的重要工具,同时,标底还具有控制工程造价、核实投资规模的作用。因此,科学合理地制订标底是招标阶段控制工程造价和做好评标工作的前提和基础。

1.编制要求

(1)应根据设计图纸及有关资料、招标文件,参照国家规定的技术、经济标准定额及规范,确定工程量和设定标底。

(2)编制标底所采用的施工方案、施工工艺和设备、人员配备既是比较先进的、效率比较高的,同时又是切实可行的。

(3)标底价格应由成本、利润和税金组成,一般应控制在批准的建设项目总概算及投资包干的限额内。

(4)标底价格作为招标人的期望价,应力求与市场的实际变化相吻合,要有利于竞争和保证工程质量。

(5)标底价格应考虑人工、材料、机械台班等价格变动因素,还应包括施工不可预见费、包干费和措施费等。工程要求优良的,还应增加相应费用。

(6)一个标段只能编制一个标底。

2.编制原则

(1)应遵循价值规律。标底作为一种价格应反映建设项目的价值。价格与价值相适应是价值规律的要求,是标底科学性的基础。因此,在标底编制过程中,应充分考虑建设项目在施工过程中的社会必要劳动消耗量、机械设备使用量以及材料和其他资源的消耗量。

(2)应服从供求规律。在编制标底时应考虑建筑市场的供求状况对建筑产品价格的影响,力求使标底和建筑产品的市场价格相适应,即考虑建筑市场供求关系的变化所引起的市场价格的升降,并在标底价上做出相应的调整。

(3)应反映建筑市场当前平均先进的劳动生产力水平。即标底在编制过程中应反映竞争规律对建筑产品价格的影响;以通过标底促进投标竞争和社会生产力水平提高的作用。

(二)标底与概、预算的区别

概算和预算是初步设计和施工图设计文件的重要组成部分,是确定建设项目投资最高限额和预计工程造价的重要方法,是国家对基本建设项目实行计划投资和管理的反映。而标底则是在不超出概预算的基础上,综合考虑当前技术水平和市场竞争情况后确定的。

标底与概、预算区别主要有以下几个方面:

(1)概、预算反映的是建筑产品的计划价格,而标底反映的是建筑产品的市场价格。

(2)概、预算在编制中主要反映的是价值规律的作用和影响,而标底除考虑价值规律的作用外,还应考虑供求规律的作用。

(3)概、预算反映的是施工企业过去平均先进的劳动生产力水平,而标底应反映施工企业当前平均先进的劳动生产力水平。

(4)概、预算根据设计文件及概、预算定额和编制办法来确定工程造价，而标底应根据招标文件(或合同)中明确的承包商的义务来编制，二者包含的费用范围不同。

(5)概、预算定额及编制办法具有法令性，在编制概、预算时，除允许抽换的内容外，原则上应遵照执行，在执行中，即使不合理，概、预算编制者也无权擅自进行变更。但在编制标底时却不受上述规定的限制。

(三)标底编制方法

目前标底的编制主要采用工料单价法。

1. 工料单价法编制标底

工料单价法是编制者借助于概、预算定额及编制办法来确定建筑产品的施工方法、施工成本、价格的一种方法。其工作步骤是：

(1)资料收集；

(2)市场调查；

(3)研究招标文件，参加现场考察，明确承包商的义务及风险责任；

(4)确定施工方案和施工方法及编制施工进度计划；

(5)编制施工图预算(或概算)，计算建安费及根据合同应由承包方承担的其他费用；

(6)工程细目的单价分析；

(7)综合形成标底。

由于概、预算定额及编制办法的局限性，采用工、料单价法编制标底时应注意以下问题：

(1)由于概算定额所考虑的工、料、机消耗量通常比预算定额有一定的富余(一般富余3%～5%)，因此，按概算编制标底时，应在概算的基础上适当下浮。

(2)对概、预算中未考虑到而根据合同承包商应承担的费用应在标底中如实考虑。例如投标中发生的费用、履约担保费、监理设施费等费用，这些费用在概、预算的建安费中未考虑进去，而根据合同承包商必须承担，因此，在编制标底时应加以考虑。

(3)对于概、预算中明显偏高或偏低的费用应如实加以调整或对概、预算定额中的数据如实进行抽换。

(4)由于概、预算的项目划分与招标文件中工程量清单的项目划分不一致，且各自对应的计量方法不相同，因此，在编制工程细目的单价时，应在分项工程概、预算的基础上，组合出与工程量清单中的工程细目相适应的单价。

(5)由于当前的劳动生产力水平总高于概、预算定额数据中反映的劳动生产力水平，而招标又是建立在买方市场基础上，其价格通常比卖方市场(非买方市场)的价格要低，所以，最后在确定标底时，应在概、预算的基础上根据建筑市场的供求状况及当前的劳动生产力水平乘以一小于1的修正系数。

以上这些修正工作的准确性，取决于标底编制者对施工方法、施工成本及市场价格信息的掌握程度，不能全面反映投标人的技术、管理水平，因此，工料单价方法有其局限性。

由于标底的作用是用来比较分析投标人的标价是否合理，在开标评标时使用的，而目前公路施工项目采用的综合评标法一般是以投标人的报价接近标底的程度进行评分，这样就使得投标人在编标时也采用同样的方法以尽可能接近标底，同时标底的保密工作也格外重要。

对于经验丰富的投标人，由于他们在施工方法、施工成本和价格上拥有完全的信息，因此，投标人能提出一个充分反映自身竞争实力的投标报价，即他们的报价是严格基于自身的施工成本和在相应的投标策略下的一种报价，而不是一种盲目报价。因此，对投标人的报价采用统计的方法进行适当地处理，就可作为施工项目评标中的标底，这种方法称为统计平均法。统计平均法适用于以资格预审为基础的邀请招标，或招标人不设标底的招标。

2.统计平均法确定标底

统计平均法确定标底的基本思想是根据投标人的报价来确定标底。对于经验丰富的投标人，由于他们在施工方法、施工成本和价格上拥有完全的信息，因此，投标人能提出一个充分反映自身竞争实力的投标报价，即他们的报价是严格基于自身的施工成本和在相应的投标策略下的一种报价，而不是一种盲目报价。因此，只要对这些投标报价进行适当的技术处理，即可确定出施工项目的标底，这种方法称为统计平均法。

对于以资格预审为基础的邀请招标，

统计平均法如下：

设投标人为 m 家，代号分别为 1,2,3,…,m；工程量清单中的工程细目为 n 个，代号分别为 1,2,3,…,n；q 为第 j 个工程细目的工程量。则通过报价可获得报价矩阵 p：

$$P=\begin{bmatrix} p_{11} & p_{12} & \cdots & p_{1n} \\ p_{21} & p_{22} & \cdots & p_{2n} \\ p_{m1} & p_{m2} & \cdots & p_{mn} \end{bmatrix} \tag{6-1}$$

令工程量矩阵

$$Q=(q_1 \quad q_2 \quad q_3 \cdots q_n)^{T}$$

又令：

$$Z=(Z_1 \quad Z_2 \quad Z_3 \cdots Z_n)^{T}$$

其中，$Z_i(i=1,2,3,m)$为各投标人的投标总价。则有：

$$Z=P\cong Q \tag{6-2}$$

设：

$$Z_1=\min[Z_i] \quad Z_m=\max[Z_i] \quad (i=1,2,3,\cdots,m)$$

则有

$$z'=\frac{1}{m-2}(\sum_{i=1}^{m}z_i-z_1-z_m) \tag{6-3}$$

即：

$$z'=\frac{1}{m-2}(\sum_{i=1}^{m}\sum_{j=1}^{m}p_{ij}q_j-z_1-z_m) \tag{6-4}$$

其中，z'为标底总价，而对每个工程细目的标底单价 p'_j 有：

$$p'_j=k\cdot p''_{ij} \tag{6-5}$$

$$p''_J=\frac{1}{m-2}[\sum_{i=1}^{m}p_{ij}-\min(p_{ij})-\max(p_{ij})] \quad (1\leqslant i\leqslant m) \tag{6-6}$$

式中：

$$K=\frac{Z'}{\sum\limits_{i=1}^{n}}p''_{ij}\cdot q_j \tag{6-7}$$

由此可以看出，统计平均法是剔除投标报价中的最低报价和最高报价，然后计算平均值作为标底总价。剔除投标中各工程细目单价的最低报价与最高报价计算其平均值(即 p''_{ij})，由于与 z'不相符合，因此应通过修正系数 k 来对 p''_{ij}进行修正，这样得出 p'_j 即可作为标底中各工程细目的单价。

对于公开招标的项目，有些投标人可能是劳动生产力水平较低的单位，因此，应按平均先进的原则来确定标底，其方法是先剔除最高报价和最低报价(非理性投标者的报价)，计算平均值，然后剔除大于平均值的投标人，再计算小于或等于平均值的投标人报价的平均值。计算公式如下：

设：$Z_i(i=1,2,3,\cdots,m)$为各投标人的报价，且有$Z_1\leqslant Z_2\leqslant Z_3\leqslant\cdots Z_m$。设标底为$Z$，则有：

$$Z=\frac{1}{L}\sum_{i=2}^{L}Z_i \tag{6-8}$$

式中：L——其标价小于或等于z'(z'的计算方法见前面的公式)的投标人个数。

统计平均法可以剔除不平衡报价对标底单价的影响(只要投标人不是在同一工程细目中采用相同的不平衡报价方法)，同时还能解决标底不能有效保密而导致的信息不对称性对公平竞争和效率的影响，以及由此而引起的市场失灵现象。

目前在公路施工项目评标中，较多的采用复合标底的方法，即在上述两种编制方法的基础上通过加权平均确定复合标底。

3.复合方法

即在上述两种标底编制方法的基础上通过加权平均来确定标底。该方法兼有上述两种标底编制方法的特点。

二、标底的管理

当招标人设有标底时，应加强标底的管理工作。标底的管理内容包括标底审定和标底保密。标底应在开标前送招标管理部门或相关机构审定。标底报送招标管理机构审查时，应提交工程施工图纸、方案或施工组织设计、填有单价与合价的工程量清单、标底计算书、标底汇总表、标底审定书、采用固定价格的工程的风险系数测算明细，以及现场因素、各种施工措施测算明细、主要材料用量、设备清单等。

标底审查的主要内容包括：

(1)审查编制依据。审查采用的定额、人工工资、材料价格以及各种取费标准的选用是否符合国家和各地区的有关规定，有无错选、错算和换算的错误。

(2)审查工程范围。审查工程范围是否符合招标文件规定的承发包范围。

(3)审查工程量。审查工程量计算是否符合计算规则，有无错算、漏算和重复计算。

(4)审查各项取费。审查各项取费及计算基础是否准确，有无使用错误，多算、漏算和计算错误。

(5)审查材料、设备数量。审查主要设备、材料和特种材料数量是否准确，有无多算或少算。

(6)审查标底总价。审查标底总价计算程序是否准确，有无计算错误；标底总价是否突破概算或批准的投资计划数。

标底审定后经审查人、负责人签字并加盖单位公章后密封。开标前的标底除审查人外任何人不得探知，必须严格保密，不得泄露。从事标底编审的单位要严格把好编审关，实行编审严格分开，严禁以编代审。

审查后的标底误差率应控制在规定的范围内。开标时一经公布，标底立即生效。如对标底提出异议，应在定标前提出书面申请报原审定部门同意后复审。复审数在有效标价范围以内的，原标底仍为有效标底，其复审费由提出复审单位承担；复审误差超出规定范围，标底以复审标底为准，其费用由原审定单位承担。

三、评标与定标

(一)评标程序及工作步骤

评标程序及工作步骤如下：

(1)组建评标委员会；

(2)评标准备；

(3)符合性审查与算术错误修正；

(4)商务和技术评审；

(5)确定标底和评标价；

(6)标书澄清；

(7)综合评标(视评标方法而定)；

(8)撰写评标报告，推荐中标候选人。

(二)评标委员会的组建

根据《中华人民共和国招标投标法》及《评标委员会评标方法暂行规定》，评标委员会应依法组建并符合以下规定：

(1)评标委员会由招标人负责组建，名单一般应于开标前确定。评标委员会成员名单在中标结果确定前应当保密。

(2)评标委员会由招标人或其委托的招标代理机构熟悉相关业务的代表，以及有关技术、经济等方面的专家组成，成员人数为五人以上单数，其中技术、经济等方面的专家不得少于成员总数的三分之二。

评标委员会设负责人的，评标委员会负责人由评标委员会成员推举产生或者由招标人确定。评标委员会负责人与评标委员会的其他成员有同等的表决权。

(3)评标委员会的专家成员应当从省级以上人民政府有关部门提供的专家名册或者招标代理机构的专家库内的相关专家名单中确定。

确定评标专家时，可以采取随机抽取或者直接确定的方式。一般项目可以采取随机抽取的方式；技术特殊复杂、专业要求特别高或者国家有特殊要求的招标项目，采取随机抽取方式确定的专家难以胜任的，可由招标人直接确定。如，交通部在《公路工程施工招标投标管理办法》(交通部令 2006 年第 7 号)第四十条规定：国道主干线和国家高速公路网建设项目，评标委员会专家从交通部设立的评标专家库中随机抽取，其他公路建设项目的评标委员会专家从省级人民政府交通主管部门设立的评标专家库中随机抽取。

(三)评标定标的原则

评标定标是在招标投标的基本原则下对投标人的竞争力进行综合评定并确定中标人的过程。在评标、定标过程中应坚持以下原则：

(1)公平竞争原则。即要求评标定标过程符合公开、公平、公正的要求，所选取的评标方法能客观地反映投标人的竞争力。

(2)技术可靠原则。即投标人的报价是在满足技术可靠的前提下提出的，能充分满足合同规定的质量要求和工期要求。

(3)经济合理原则。就其经济性而言，要求所选定的中标人是竞争力最强的单位，即在定标时能充分反映竞争规律的作用，满足优胜劣汰的原则，从而实现建设项目在施工中资源使用效率的最大化，提高投资效益。就合理性而言，要求投标人的报价能较好地反映供求规律和价值规律的作用，不允许投标人有低于施工成本的报价行为。经济合理原则要求定标时能最大限度地寻求竞争规律。供求规律与价值规律的统一。

(四)《公路工程国内招标文件范本》(2003年版)评标方法

1. 初步评审

招标人依法组织的评标委员会首先对投标文件进行初步评审，只有通过初步评审的投标文件才能进人详细评审。

通过初步评审的主要条件：

(1)投标文件按照招标文件规定的格式、内容填写，字迹清晰可辨；

(2)投标文件上法定代表人或其授权代理人的签字(含小签)齐全，符合招标文件规定；

(3)法人发生合法变更或重组，与申请资格预审时比较，其资格没有实质性下降；

(4)投标人按照招标文件规定的格式、时效和内容提供了投标担保；

(5)投标人法定代表人的授权代理人，其授权书符合招标文件规定和要求；

(6)投标人以联合体形式投标时，提交了联合体协议书副本，且与通过资格预审时的联合体协议书正本完全一致；

(7)投标人如有分包计划应提交分包协议，分包工作量不应超过投标价的30%；

(8)一份投标文件应只有一个投标报价，在招标文件没有规定的情况下，不得提交选择性报价；

(9)投标人提交的调价函符合招标文件要求(如有)；

(10)投标文件载明的招标项目完成期限不得超过招标文件规定的时限；

(11)投标文件不应附有招标人不能接受的条件。

投标文件不符合以上条件之一的，应认为其存有重大偏差，并对该投标文件作废标处理。

2. 算术性修正

评标委员会对通过初步评审的各投标文件的报价进行校核，并对有算术上和累加运算上的差错给予修正。修正的原则如下：

(1)当以数字表示的金额与文字表示的金额有差异时，以文字表示的金额为准；

(2)当单价与数量相乘不等于合价时，以单价计算为准，如果单价有明显的小数点位置差错，应以标出的合价为准，同时对单价予以修正；

(3)当各细目的合价累计不等于总价时，应以各细目合价累计数为准，修正总价。

按以上原则对算术性差错的修正，应取得投标人的同意，并确认修正后的最终投标价。如果投标人拒绝确认，则其投标文件将不予评审，并没收其投标担保。修正后的最终投标价与原报价相比偏差在1%以上者，属于重大偏差，按废标处理。

3. 详细评审

评标委员会还应对通过初步评审，完成算术性修正之后的投标文件从合同条件、技术能力以及投标人以往施工履约信誉等方面进行详细评审。

对合同条件进行详细评审的主要内容包括：

(1)投标人应接受招标文件规定的风险划分原则，不得提出新的风险划分办法；

(2)投标人不得增加业主的责任范围，或减少投标人义务；

(3)投标人不得提出不同的工程验收、计量、支付办法；

(4)投标人对合同纠纷、事故处理办法不得提出异议；

(5)投标人在投标活动中不得含有欺诈行为；

(6)投标人不得对合同条款有重要保留。

投标文件如有不符合以上条件之一者，属于重大偏差，按废标处理。

对投标人技术能力和以往履约信誉进行详细评审的主要内容：

(1)对投标人提供的财力资源情况(财务报表及相关资金证明材料)的真实性、完整性进行财务能力的评价。

(2)对投标人承诺的拟投入本工程的技术人员素质、设备配置情况的可靠性、有效性进行技术能力的评价；

(3)对投标人编制的施工组织设计、关键工程技术方案的可行性，以及质量标准、进度与质量、安全要求的符合性进行管理水平的评价；

(4)对投标人近五年完成的类似公路工程项目的质量、工期，以及履约表现进行业绩与信誉的评价。

在对投标人技术能力和履约信誉详细评审过程中，发现投标人的投标文件有下列问题之一，则属于重大偏差，按废标处理：

(1)承诺的质量检验标准低于招标文件或国家强制性标准要求；

(2)关键工程技术方案不可行；

(3)施工业绩及履约信誉证明材料虚假。

4.细微偏差

投标文件中的下列偏差为细微偏差：

(1)在算术性复核中发现的算术性差错；

(2)在招标人给定的工程量清单中漏报了某个工程细目的单价和合价；

(3)在招标人给定的工程量清单中多报了某个工程细目的单价和合价或所报单价增加或减少了报价范围；

(4)在招标人给定的工程量清单中修改了某些支付号的工程数量；

(5)除强制性标准规定之外，拟投入本合同段的施工、检测设备、人员不足；

(6)施工组织设计(含关键工程技术方案)不够完善。

评标委员会对投标文件中的细微偏差按如下规定处理：

(1)按投标须知规定对算术性差错予以修正；

(2)对于漏报的工程细目单价和合价或单价和合价中减少的报价内容视为已含入其他工程细目的单价和合价之中；

(3)对于多报的工程细目报价或工程细目报价中增加的部分报价从评标价中给予扣除；

(4)对于修改了工程数量的工程细目报价按招标人给定的工程数量乘以投标人所报单价的合价予以修正，评标价作相应调整；

(5)在施工、检测设备或人员单项评分中酌情扣分，但最多扣分不得超过该单项评分的40％；

(6)在施工组织设计(含关键工程技术方案)评分中酌情扣分，但最多扣分不得超过该单项评分的40％。

若采用最低评标价法评标，除按规定对细微偏差进行修正外，招标人还应要求投标人对细微偏差进行澄清，只有投标人的澄清文件为招标人所接受，投标人才能参加评标价的最终评比。

5. 评标价的确定

投标人经细微偏差澄清和补正后并经投标人确认的投标报价减去招标人给定的暂定金额（含不可预见费总额、或专项暂定金额、或某个给定单价的支付号的合价、或某个给定的总额价等）之后为投标人的评标价。

招标人对投标人投标报价的评审应以评标价为基准。

6. 投标文件的澄清

招标人将以书面方式要求投标人对投标文件中的细微偏差内容作必要的澄清或者补正，对此，投标人不得拒绝。澄清或者补正应以书面方式进行，并不得超出投标文件的范围或者改变投标文件的实质性内容。投标人的澄清或补正内容将作为投标文件的组成部分。

投标人拒不按照要求对投标文件进行澄清或者补正的，招标人将否决其投标，并没收其投标担保。招标人不接受投标人主动提出的澄清。

7. 评标方法

在详细评审之后，评标委员会可根据工程项目技术复杂程度的不同，将事先选定并在投标人须知资料表中载明选择下列评审方式中的一种：

1）综合评估法

对投标文件进行详细评审后综合评分的主要内容和分值范围如下：评标价分（招标人可根据项目的具体情况确定不同的评审因素及权重，评标价所占权重一般为 70%；对于特大桥、长大隧道或技术较复杂、施工难度较高的工程，评标价所占权重可适当降低，但不应低于 50%）；财务能力分；技术能力分；管理水平分；业绩与信誉分。

评标价的分值确定：

（1）招标人设有标底，招标人将对投标人的评标价按下述规定进行评分：

①复合标底计算：

$$\frac{A+B}{2}=C \tag{6-9}$$

式中：A——招标人的标底扣除暂定金额后的值（标底开标时应公布）；

B——投标人评标价平均值，B 值为投标人的评标价在 A 值的 105%（含 105%）至 A 值的 85%（含 85%）范围内的投标人评标价的平均值。若所有投标人评标价均未进入复合标底的计算范围，则 $C=A$；

C——复合标底值。

②复合标底降低 5%之后为评标基准价 D；

③当投标人的评标价等于 D 时得满分，每高于 D 一个百分点扣 2 分，每低于 D 一个百分点扣 1 分，中间值按比例内插。

用公式表示如下：

$$F_1=F-\frac{|D_1-D|}{D}\times 100\times E \tag{6-10}$$

式中：F_1——投标人评标价得分；

F——评标价所占的百分比权重；

D_1——投标人的评标价；

D——评标基准价(复合标底乘以95%)。

若 $D_1 \geqslant D$,则 $E=2$;若 $D_1 < D$,则 $E=1$。

(2)招标人未设标底,招标人将对投标人的评标价按下述规定进行评分:

①所有投标人评标价的平均值降低5%之后为评标基准价 D;

②当投标人的评标价等于 D 时得满分,每高于 D 一个百分点扣2分,每低于 D 一个百分点手1分,中间值按比例内插。

用公式表示如下:

$$F_1 = F - \frac{|D_1 - D|}{D} \times 100 \times E \tag{6-11}$$

式中:F_1——投标人评标价得分;

F——评标价所占的百分比权重;

D_1——投标人的评标价;

D——评标基准价(投标人评标价的平均值乘以95%)。

若 $D_1 \geqslant D$,则 $E=2$;若 $D_1 < D$,则 $E=l$。

2)最低评标价法(招标人应设有标底)

对通过初步评审和详细评审的投标人的评标价进行比较,发现投标人的最低评标价低于招标人标底(不包含暂定金额)15%以下(含15%),使得其投标报价可能低于其个别成本的,将要求该投标人做出书面说明并提供相关证明材料,以证明该报价可以按照规定的工期和质量要求完成本工程。投标人不能提供相关证明材料说明该投标报价的合理性,招标人将认定该投标人以低于成本报价竞标,其投标应作废标处理。

如果投标人能说明其投标报价是合理的,招标人将向评标价最低的中标候选人发出中标通知书,要求中标候选人按以下方式提交履约担保:

(1)$(A-D_1)/A \leqslant 15\%$,则履约担保为10%合同价的银行保函。

(2)$15\% < (A-D_1)/A \leqslant 20\%$,则履约担保为10%合同价的银行保函加5%合同价的银行汇票。

(3)$20\% < (A-D_1)/A \leqslant 25\%$,则履约担保为10%合同价的银行保函加10%合同价的银行汇票。

(4)$25\% < (A-D_1)/A$,则履约担保为10%合同价的银行保函加15%合同价的银行汇票。

其中:D_1 为中标候选人的评标价;A 为招标人的标底扣除暂定金额后的值。

3)双信封评标法

对于独立特大型桥梁、长大隧道等技术难度较大的公路工程,招标人可选择双信封评标法进行评标,要求投标人将投标报价和工程量清单单独密封在报价信封,其他商务和技术文件密封在另外一个信封中,在开标前同时提交给招标人。

双信封法的招标评标程序如下:

(1)招标人首先打开商务和技术文件信封,但报价信封交监督机关或公证机关密封保存。

(2)评标委员会对商务和技术文件进行初步评审和详细评审,对通过初步评审和详细评审的投标文件的技术部分进行打分,取前三名。

(3)招标人将向技术得分为前三名的投标人发出通知,通知中写明第二次开标的时间和地点。其他投标人的报价将不予开封，原封退还给投标人。

(4)投标人的报价按规定，经算术性修正后，计算投标人的评标价、复合标底和各投标人的评标价得分。

(5)将投标人的评标价得分和技术得分相加得到投标人的最终得分，得分最高者中标。

在合同执行期间采用的价格调整条款，在评标中不予考虑。

凡超出招标文件规定的或给业主带来未曾要求的利益变化、偏离或其他因素在评标时不予考虑。

如所有投标文件均未通过初步评审和详细评审，或投标缺乏竞争性，招标人可重新招标。

以上三种评标方法，招标人应在投标须知资料表中说明本工程采用哪一种。

(五)评标中的不平衡报价分析

所谓的不平衡报价是相对于通常的平衡报价而言的，它是指在不影响总报价水平的前提下，将某些项目的单价定得比正常单价高一些，而将另一些项目的单价定得比正常单价低一些，在保证报价具有竞争力的前提下，获得最大收益。

承包商通常在以下方面运用不平衡报价：

(1)能够早日结账收款的项目报得较高，以利资金周转，后期工程项目则适当降低；

(2)经过工程量核算，预计今后工程量会增加的项目，单价适当提高；工程量可能减少的项目，单价降低；

(3)设计图纸不明确，估计修改后工程量要增加的，提高单价；而工程内容不清，则降低一些单价；

(4)暂定项目。

不平衡报价使得投标总报价不能客观地反映投标人的竞争力，并出现单价偏高或偏低的现象，由此影响单价的公平性，并因单价不合理而增大变更工程的计价难度。因此需要在评标中对不平衡报价现象进行评价和分析并进行限制，以保证合同价格具有较好的公平性和可操作性。

不平衡报价的分析可以通过两个方面进行：一方面，将投标人各工程细目的单价与相应的标底单价进行比较来定性分析；另一方面，通过计算综合不平衡报价系数来定性评价不平衡报价给招标人带来的风险。其公式如下：

$$K = \sum_{i=1}^{n} \frac{\max(p_i, p'_i)}{\min(p_i, p'_i)} - n \cdot \frac{\max(Z, Z')}{\min(Z, Z')} \tag{6-12}$$

式中，第一项反映不平衡单价个数。

$$p/p' = 1, \quad K = 0$$

$$p/p',1 \text{ 但为常数}, K = 0$$

式中：K——综合不平衡报价系数；

p_i, p'_i——分别代表第 i 个工程细目的投标单价和标底单价；

Z, Z'——分别代表投标人修正算术错误及剔除暂定金额后的投标总价及相应的标底总价；

n——工程量清单中工程细目的个数。

当 $K = 0$ 时，说明其报价是平衡的，K 值越大，说明其报价越不平衡。可以证明，当标书的投标单价与标底单价相等或成固定比例时，其 K 值为 0(即无任何不平衡报价)。当投标单价全部高于标底单价或全部低于标底单价但 p_i/p'_i 不等于常数时，其 K 值接近 0，说明报价是基本平衡的。K 值越大，说明投标报价越不平衡，给业主带来的不利风险越大。

（六）技术评审

技术评审的主要条件和要求是：

(1)工期合理，能满足招标文件要求；

(2)机械设备齐备，配置合理；

(3)组织机构和专业技术力量能满足施工需要；

(4)施工组织设计合理可行；

(5)工程质量保证措施可靠。

投标人在提交的辅助资料表（质询表）中，详细地介绍了组织施工的方案和计划，其内容包括：施工方案和施工方法、施工进度图、工地组织机构及人员配备、施工机械配备、质量、安全及环境保护措施等。评标中，需要对上述内容进行认真的分析和评定，以确定投标人的施工方案和施工方法的可靠性，施工进度安排的科学性，人员、施工机械设备的配备能否满足施工的要求，质量控制、施工安全以及环境保护的措施是否得力等。

评标工作完成后，应撰写评标报告，推荐中标候选人，招标人或其授权评标委员会在评标报告的基础上，从推荐的合格中标候选人中确定出中标人，并向中标人颁发中标通知书。

第七章　施工阶段工程造价控制

第一节　概　　述

一、施工阶段造价控制的主要工作内容和方法

建设工程的费用主要发生在施工阶段，在这一阶段需要投入大量的人力、物力、资金等，是工程项目建设费用消耗最多的时期，浪费的可能性比较大。目前在我国，由于施工阶段的工程造价控制主要是业主委托监理工程师来实施的，因此，本章主要从监理工程师的角度阐述工程造价控制的主要内容。

（一）施工阶段造价控制的主要工作内容

施工阶段造价控制可分为事前、事中、事后三个阶段。在这三个阶段中，监理工程师应注意做好相应的造价控制。

1.事前造价控制

（1）做好业主与承包单位签订施工承包合同时的造价控制。监理工程师应协助业主签订施工承包合同，并做好施工承包合同管理。对合同条款的合法性、合理性进行审查，审查合同条款是否真实、齐全，并对承包方投标文件进行了解，通过审查和了解，对不合法、不合理的条款，要予以纠正，不齐全的条款要增补。使施工承包合同在实施中减少合同纠纷或违约，避免使业主造成不必要的费用支出。

（2）做好施工图会审及技术交底工作。监理工程师要对设计的技术指标、使用功能、结构形式和选用的建筑材料进行审查，对设计图纸提出意见，使设计达到经济、适用、安全，避免在施工中多处变更造成工程造价增加，甚至造成损失。

（3）施工前，监理工程师对施工组织设计、施工技术方案进行审定，尤其是施工技术措施费用要严格审定。对工程质量、工期、施工工艺、施工技术力量、机械设备、技术措施费用进行比较，提出改进意见，努力促使人力、物力、机械设备、材料、技术、资金等生产要素的优化组合，充分发挥各生产要素的作用，提高综合经济效益。

（4）为控制工程项目投资，监理工程师必须编制资金使用计划，资金支付控制程序及措施，对工程项目分解划分，合理地确定工程项目造价控制目标值，确定设计图纸、材料、设备及有关文件，按质、按量、按时间提供，以免延误影响工程进展。

（5）由于工程复杂、现场条件和气候环境的变化及其他原因的影响，经常导致索赔。因此监理工程师要制定避免索赔和反索赔措施，明确索赔程序及要求，减少或避免索赔要素的形成。

2.事中造价控制

（1）在施工过程中，监理工程师要主动进行跟踪控制，配合工程进度做好计量工作，定期进

行工程费用实际值与计划值的比较，审核承包方的进度计划。发现偏差及进度拖延，立即采取纠正措施，使工程费用及工程进度始终处于受控状态。审核承包方的工作量及报表，提出支付工程款意见，避免超额支付和提前支付。

通过计量来控制项目的费用支出，是体现监理工程师公正履行合同的重要环节。对于采用单价合同的项目，工程量的大小对项目造价的控制起着重要的影响。因此监理工程师应严格掌握工程量的变化。

(2)在工程项目实施过程中，由于多方面的情况引起的设计变更、进度变更、施工条件变更，经常出现工程量的变化、施工进度变化。这些变化，都有可能使项目造价超出原来的预算额度，监理工程师必须严格予以控制，密切注意对未完工程费用支出的影响以及对工期的影响。

(3)在施工阶段造价控制中，监理工程师要协调好业主与承包方因施工条件不具备、工程变更和其他非承包方原因的影响所发生的经济争议，力求减少停工、窝工及其引发的索赔损失。

3.事后造价控制

主要是对承包方提出的结算的审查，其次是工程保修期对保修金的使用控制。

(1)工程竣工后，监理工程师要对承包方提出的工程结算进行审查。在审查时要按照国家及地方的法规、政策和有关规定，结合工程项目的招投标文件、合同条款及工程项目实施过程具体情况的记录，对工程项目的新增量、取费内容、定额子目进行审查，使结算能真实反映工程项目实际的消耗费用。

(2)工程项目竣工验收后，虽然通过了交工前的各种检验，但仍可能存在质量问题或隐患，有的直到使用过程中才能逐步暴露出来；再者，工程项目情况比较复杂，有些问题往往是由多种原因造成的。因此，监理工程师要调查了解原因所在，正确地做出责任界定，根据造成问题的原因以及具体的返修内容，控制好费用支付。若给业主造成其他损失，监理工程师应向承包方提出反索赔。

在工程项目施工阶段造价控制中，监理工程师要针对项目特点、内容、环境、业主的授权等，主动监理、动态控制、动态结算、重点预控，切实做好有利于项目资金的使用和降低造价。

(二)施工阶段造价控制的方法

在施工阶段进行造价控制的基本方法是以合同价作为计划控制的目标值，在工程施工过程中定期地进行工程费用实际值与目标值的比较，通过比较发现并找出实际支出额与控制目标值之间的偏差，分析产生偏差的原因，并采取有效措施加以控制，以保证控制目标的实现。

1.实际工程费用与合同价比较

合同价是业主与承包商双方对拟建项目工程造价的认同，对承发包双方都有法律约束力；同时合同价也是业主与承包商进行工程价款结算的依据，因而在相当程度上决定着实际工程造价的数额。在进行比较时应注意以下问题：

1)实际工程费用与实际支付费用的区别

实际工程费用是工程造价控制中的一个概念，主要在费用比较中运用，它与项目实物的价值形态基本一致；而实际支付费用则主要是项目财务上的一个概念，它反映了项目建设已经占用的资金数额，与项目实物的价值形态不甚一致，有时(如在项目建设的早期)甚至存在较大的差异。当然，这两者之间也有着非常密切的联系，两者的费用组成中有相当一部分是完全一致的，而且，项目越趋近于结束，这两者就越趋近于一致。从费用比较的要求出发，要注意将实际工程费用与实际支付费用加以严格的区别，在实际工作中，尤其要注意以下三种费用：

(1)工程预付款或备料款。在工程承包合同中，一般都有条款规定业主按工程总造价或当年所完成建安工作量的一定比例向承包商一次性支付工程预付款或备料款，以后随着工程的进展逐月扣回。这部分费用属于实际支付费用，分期由零逐步全部转化为实际工程费用。这部分费用与项目的具体实物内容没有联系，在费用比较时根本不出现或完全不予考虑。与此相类似的是工程保修预留金，这是业主从向承包商应付工程款中扣除的费用，但它具有明确的使用范围，可能与具体的工程内容相联系，因而并不一定全部由承包商收回。

(2)业主采购和供应材料的费用。包括材料的采购费、运输费、仓储或保管费等，这部分费用也属于实际支付费用，但与工程预付款或备料款又有所不同。在这类费用上涉及到三种时间：一是费用的实际支出时间，二是材料供应到承包方的时间，三是“甲供材料”用于工程实体的时间。这部分费用也是分期由零逐步全部转化为实际工程造价，但是，由于这部分费用与具体的实物相联系，因而这种“转化”不是始于费用的实际支出时间，也不是始于材料供应到承包方的时间，而是始于材料用于工程实体的时间。其扣除方法一般按材料实际用于工程实体的数量考虑。

(3)设备购置费用。包括设备本身的价格、运输费、仓储或保管费。对于这类费用，涉及到三种情况：一是已经部分或全部付款(主要是价格，包括或不包括运输费)，但设备尚未到货；二是已经全部付款，且设备已经到货(在业主方或承包方)，甚至已经仓储了一段时间；三是设备已经按照设计的要求安装在适当的位置。在前两种情况下，设备购置费用均属于实际支付费用，只有在第三种情况下，才转化为实际工程造价。对于某一具体的设备来说，这种“转化”通常是一次完成的，因而其“转化”的时间和数额都是很准确的。

2)技术措施费

合同价和实际工程造价中都可能有技术措施费，但两者的内容有时并不一致。合同价中的技术措施费往往比较笼统，没有具体的费用构成和可靠的计算依据，一般是按工程造价或某种费用(如直接费)的一个比例计取。而在施工过程中实际发生的技术措施费总是非常具体和明确的，总是与特定的工程技术内容相联系的，一般也都可以准确地进行计算。实际的技术措施费都属于实际工程费用，可以分为两类，一类是为整个工程服务的技术措施费用，不能归入某个具体的分部分项工程，例如，为保护邻近建筑物或地下管线而采取的加固措施费用。这类费用应当在合同价中已经考虑到，但技术措施范围、工作量和相应的费用可能有变化。另一类是为解决施工过程中遇到的特殊或意外问题而采取的技术措施的费用，这类费用总是与具体的分部分项工程联系在一起，如地基加固措施费用、构造处理费用等。这类费用若在合同价中已经考虑到，可归入相应的技术措施费进行比较，若在合同价中未予考虑，则可归入相应的分部分项工程进行比较。实际的技术措施费都有明确的发生时间，就实际工程造价和实际支付费用而言，可以认为两者在时间上是一致的。

3)索赔费用

索赔总是由一定的缘由(即索赔事件)引起的，一般而言，索赔意图和索赔文件并不一定在索赔事件发生的当月提出，而索赔费用的最终决定往往要经历相当长的时间。因此，索赔费用的发生总是滞后于索赔事件的发生，少则一个月或数月，多则一年以上。这样，在索赔费用确定之后，才能根据其原因归入或摊销到有关的分部分项工程上，而在索赔事件发生当月所进行的费用比较时，则不包括今后可能归入或摊入的索赔费用。这在客观上就产生了“二次比较”的需要。即在索赔费用发生以后，应当对有关的分部分项工程进行第二次费用比较。

引起索赔事件的原因是复杂的，其对实际工程费用的影响也是复杂的，因而最终所确定的索赔费用有可能是综合性的，并不能明确和准确地归入某些具体的分部分项工程。在这种情况下，要尽可能避免把索赔费用简单地归入整个项目的“风险费”或“不可预见费”，而要认真分析其发生原因和影响范围，将其尽可能合理地摊销到有关的分部分项工程上。对于由于外部原因或不可抗力因素所导致的索赔费用，如材料价格上涨、工资水平提高、严重的自然灾害等，一般都在确定工程造价目标时已经考虑到，可以作为整个项目工程造价中的一项相对独立的费用，而不必归入具体的分部分项工程。

虽然索赔费用的发生时间与索赔事件的发生时间不一致，但由于索赔费用一经发生即可明确地、一次性地归入或摊入有关的分部分项工程，或作为整个项目工程造价中的一项独立费用，不需要作特别的财务处理，因而它属于实际工程造价而不属于实际支付费用。在施工过程中可能出现的与此相类似的情况还有赶工费，这种费用有时是业主为了鼓励承包商加快进度主动支付的费用，其费用特征与索赔费用相似，一般可采取摊销的办法将其分解到有关的分部分项工程上，或作为一项独立费用。

2. 偏差分析

偏差分析就是通过对项目各单位工程、分部分项工程完成的实物工程量、实际完成的工程预算值和已完工程实际费用支出的统计汇总，找出工程预算值和实际费用支出值之间的偏差以及工程进度的偏差等。偏差分析的过程如下：

(1)计划完成工程预算值(指按计划所要完成以价值表示的工作量)＝计划完成的工程量×预算的计划综合单价；

(2)实际完成工程预算值＝实际完成的工程量×预算的计划综合单价；

(3)待完成工程预算值＝待完成的工程量×预算的计划综合单价；

(4)计划工程总预算值＝工程项目的支出预算＋定期对其支出预算的调整；在项目刚开始时，计划工程总预算值＝初始估算的项目造价控制目标；

(5)已完工程实际费用支出＝已完工程的实际建设成本；

(6)到竣工验收时尚需支出预算＝尚需完成工程量×预算的计划综合单价；

(7)完成项目的费用支出最新估算＝已完成工程实际费用支出＋到竣工验收时尚需支出预算；

(8)修正差异值＝完成项目的费用支出最新估算－初始估算，用以衡量项目最终的造价超出或节余；

(9)预算执行情况差异＝实际完成工程预算值－计划完成工程预算值＝工作量差异＋效率差异，用以衡量工程进展程度；

(10)工作量差异＝已完成工程实际费用支出－计划完成工程预算值，用以衡量工程进展比计划提前或落后；

(11)效率差异＝实际完成工程预算值－已完成工程实际费用支出，用以衡量实际费用支出比预算值超支或节约；

(12)总造价复核＝完成项目的造价最新估算－按计划工程总预算值，用以衡量项目最终造价比最初造价控制计划值超出或减少。

某项目的实际工程造价与计划值的偏差分析见表7-1。

××项目工程造价差异分析(单位:元)　　表 7-1

月末	差异									其中		
	计划完成工程预算值	实际完成工程预算值	待完成工程预算值	按计划工程总预算值	已完成工程实际费用支出	到竣工时尚需支出预算	完成项目的费用支出最新估算	修正值	预算执行情况	工作量	效率	总造价复核
	1	2	3	4=1+3	5	6	7=5+6	8=7—初始估算	9=2—1	10=6—1	11=2—5	12=7—4
0		100 000	100 000									
1	10 000	8 000	90 000	100 000	9 000	93 000	102 000	2 000	—2 000	—1 000	—1 000	2 000
2	…	…	…	…	…	…	…	…	…	…	…	…

3. 纠偏措施

根据项目实施情况偏差分析结果,采取相应的纠偏措施。纠偏措施一般可以从以下方面进行:

(1)组织措施,如增加人员投入,重新进行计划或调整计划,派遣得力的管理人员。

(2)技术措施,如变更技术方案,采用新的更高效率的施工方案。

(3)经济措施,如节约管理费开支,加强材料采购、库存管理,减少材料费支出。

(4)合同措施,严格履行合同,加强计量支付环节中的管理。

二、工程建设资金使用计划的编制

为了确保施工阶段工程造价目标的实现,必须编制资金使用计划,合理地确定和分解工程造价控制目标值。如果没有明确的造价控制目标,就无法进行工程项目造价实际支出值与目标值的比较;不能进行比较也就不能找出偏差,不知道偏差程度,就会使控制措施缺乏针对性。在确定造价控制目标时,应与本工程的工程量、人工单价、材料预算价、机械使用费等各项有关费用及取费标准相一致,使确定的目标值切实可行。资金使用计划的编制步骤和方法如下:

(一)工程造价控制目标的分解

编制资金使用计划过程中最重要的步骤,就是工程造价目标的分解。工程项目的施工过程也是工程实体的形成过程,因此,施工阶段工程造价控制的主要费用是建筑安装工程费用。控制目标的分解可以将建筑安装工程费用按照项目的构成和时间进度的形式进行。

1. 按项目构成分解

工程项目通常是由若干单项工程构成的,而每个单项工程包括了多个单位工程,每个单位工程又是由若干个分部分项工程构成的,因此,造价控制目标的分解,实质上是将控制目标值按照工程的分部分项和预算构成进行分解。即把目标总额按其组成顺序分解成一个个有数量、有单价、有合价的细部小块,以便于将来分析与控制。分块细化的程度,应结合项目规模、控制手段和控制业务水平综合考虑确定。总的原则是便于分析比较,利于控制实施,分解后的准确程度要高,误差要小,同时要突出重点,抓住主要。

按项目构成分解目标如图 7-1 所示。

工程造价控制目标分解之后,再对影响每项造价的各种干扰因素进行排队分析,解析出各种可变部分和固定不变部分。重点对可变部分做深入细致的分析调查。以便制定可行措施,实行有效控制。同时在分析各种因素的基础上，用动态可变的观点，对可引起造价变化的幅度，做出初步估算，并相应对分解后的目标值进行适当的调整补充。如果在控制实施过程中，突出了重点，抓住了影响造价的主要方面，就可以把可变因素的影响减弱，甚至可以消除，造价增加的幅度也将随之减少或消除。

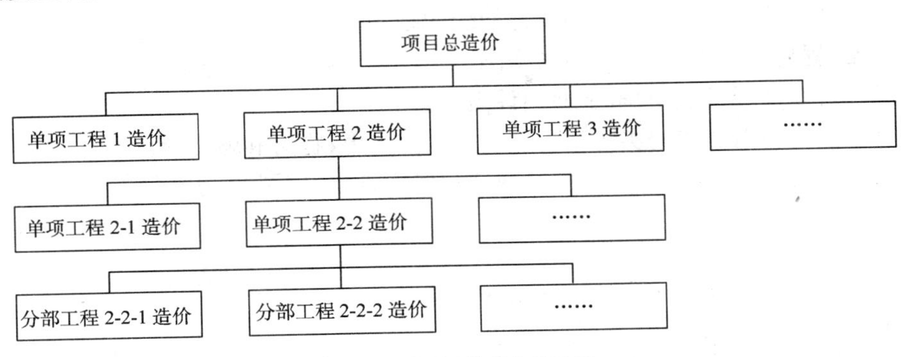

图 7-1　按项目构成分解目标

2. 按时间进度分解

工程项目的投资总是分阶段、分期支出的，资金应用是否合理与资金的时间安排有密切关系。为了编制项目资金使用计划，并据此筹措资金，尽可能减少资金占用和利息支出，有必要将建筑安装工程费用按其使用时间进行分解。

编制按时间进度的资金使用计划，通常可利用控制项目进度的网络图进一步扩充而得。即在建立网络图时，一方面确定完成各项工作所需花费的时间；另一方面同时确定完成这一工作的合适的施工支出预算。在实践中，将工程项目分解为既能方便地表示时间，又能方便地表示施工支出预算的工作是不容易的，如果项目分解程度对时间控制合适的话，则对支出预算可能分配过细，以至于不可能对每项工作确定其支出预算，反之亦然。因此，在编制网络计划时应在充分考虑进度控制对项目划分要求的同时，还要考虑确定支出预算对项目划分的要求，做到两者兼顾。

实践中，可以将两种方法结合起来使用，在按项目构成分解的同时，进一步按分部分项工程的时间进度分解。这样可以在明确分部分项工程造价控制目标的同时，明确不同施工阶段的造价控制目标。

(二)资金使用计划的编制

1. 按项目构成分解资金使用计划

在完成工程项目造价目标分解之后，就要具体地进行分配，编制单项工程、单位工程、分部分项工程的资金计划，从而得到详细的资金使用计划表。其内容一般包括：

(1)工程分项编码；

(2)工程内容；

(3)计量单位；

(4)工程数量；

(5)计划综合单价；

(6)本分项总计。

在编制项目资金计划时，要对项目的总支出考虑一定的预备费，也要在主要的分项工程上考虑适当的不可预见费，避免在计划实施中，由于个别单位工程的变更或实际工程量与计划有较大出入，使原来的施工预算失实，同时在项目实施过程中对其尽能地采取一些措施。

2. 按进度计划绘制时间——费用累计曲线

工程项目的资金使用是否合理与资金的时间安排有密切关系。为了合理地编制资金使用计划，尽可能减少资金占用和利息支付，应将资金使用计划与进度计划结合起来绘制时间——费用累计曲线。时间——费用累计曲线的绘制步骤如下：

(1)确定工程进度计划，绘制时标网络图

(2)计算单位时间(月或旬)资金使用计划

根据每单位时间内完成的实物工程量或投入的人力、物力和财力，计算单位时间(月或旬)的费用支出，在时标网络图上绘制单位时间资金使用计划，如图 7-2 所示。

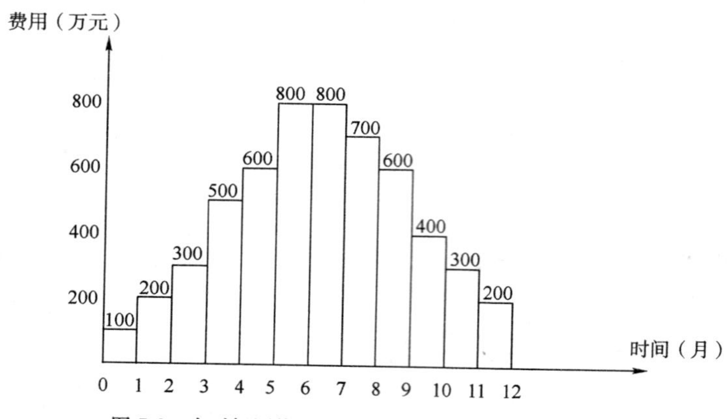

图 7-2 在时标网络图上绘制的单位时间资金使用计划

(3)计算规定时间 t 计划累计完成的资金额

其计算方法为：对各单位时间计划完成的资金额累加求和，可按下式计算：

$$Q_t = \sum_{n=1}^{t} q_n \tag{7-1}$$

式中：Q_t——某时间 t 计划累计完成资金额；

q_n——单位时间 n 的计划完成资金额；

t——某规定计划时刻。

(4)绘制 S 形曲线

按各规定时间的 Q 值，绘制 S 形曲线，如图 7-3 所示。

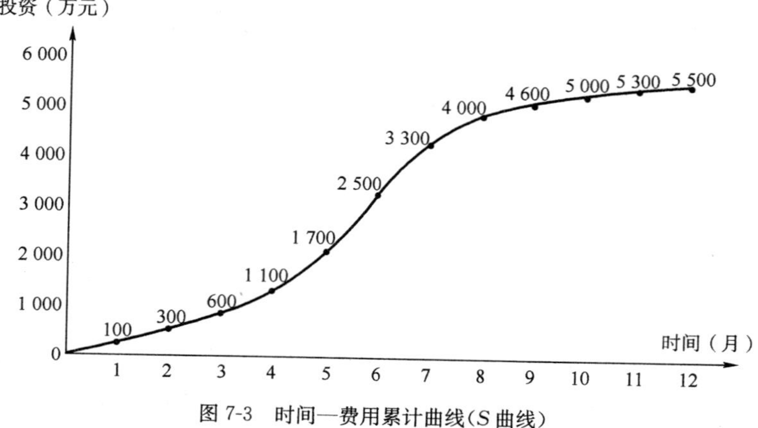

图 7-3 时间—费用累计曲线(S 曲线)

按某一时间开始的施工项目的进度计划与累计费用的关系都可以用一条 S 型曲线表示。由于施工项目的网络计划,在理论上总是分为最早和最迟两种开始与完成时间的。因此,一般情况,任何一个施工项目的网络计划,都可以绘制出两条曲线。其一是计划以各项工作的最早开始时间安排进度而绘制的 S 型曲线,称为 ES 曲线。其二是计划以各项工作的最迟开始时间安排进度,而绘制的 S 型曲线,称为 LS 曲线。两条 S 型曲线都是从计划的开始时刻开始和完成时刻结束,因此两条曲线是闭合的。一般情况,ES 曲线上的各点均落在 LS 曲线相应点的左侧,形成一个形如香蕉的曲线,故此称为香蕉型曲线(见图 7-4)。

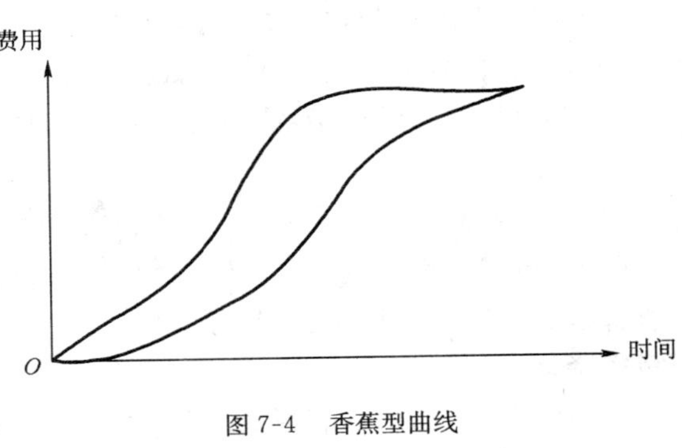

图 7-4　香蕉型曲线

在项目的实施中资金控制的理想状况是任一时刻按实际进度描绘的点,均应落在香蕉曲线的区域内。

一般而言,在编制资金使用计划时,所有工作都按最迟开始时间开始,对节约建设资金贷款利息是有利的;但同时,也增加了项目按期竣工的风险。因为施工中如果有意外情况发生,就不能再利用时差。因此,造价控制与进度控制二者密切相关,在编制资金使用计划时,要合理地确定资金支出的预算,达到既节约资金支出,又能控制项目工期的双重目的。

三、工程造价控制的措施

施工阶段的造价控制工作周期长、内容多、潜力大,需要采取多方面的控制措施,确保投资实际支出值小于计划目标值。监理工程师对施工阶段的造价控制应给予足够的重视,仅仅靠控制工程款的支付是不够的,应从组织、经济、技术、合同等多方面采取措施。

在本阶段采取的造价控制措施如下:

(一)组织措施

(1)任何一项控制工作都是靠人执行的,造价控制亦应如此。为此应建立项目监理的组织保证体系,在项目监理班子中落实从造价控制方面进行跟踪、现场监督和控制的人员,明确任务及职责,如发布工程变更指令、对已完工程的计量、支付款复核、设计挖潜复查、处理索赔事宜,进行费用计划值和实际值比较,造价控制的分析与预测,报表的数据处理,资金筹措和编制资金使用计划等。形成人人负责,层层设防,处处把关的局面。从设计变更、技术措施、现场签证、计量支付到新技术、新材料、新工艺的使用,都要从严掌握。真正从技术、合同、经济、管理各个方面入手,使工程造价控制在预定的目标内。

(2)每项任务需专人检查,规定确切完成日期和提出质量要求。

(3)编制施工阶段造价控制工作计划和详细的工作流程图。

(二)经济措施

(1)编制资金使用计划,确定、分解造价控制目标。对工程项目造价目标进行风险分析,并制定防范性对策。

(2)进行已完成的实物工程量的计量或复核,对未完工程量的预测。

(3)复核工程付款账单,签发付款证书。

(4)在施工过程中进行造价跟踪控制,定期地进行费用实际支出值与计划目标值的比较;

发现偏差，分析产生偏差的原因，采取纠偏措施。

(5)协商确定工程变更的价款。审核竣工结算。

(6)对工程施工过程中的费用支出做好分析与预测，经常或定期向建设单位提交项目造价控制及其存在问题的报告。

(7)制订行之有效的节约费用的激励机制和约束机制。

(三)技术措施

(1)严格控制设计变更，并对设计变更进行技术经济分析和审查

(2)通过完善设计、施工工艺、材料、设备、管理等多方面挖潜以节约投资，组织“三查四定”即查漏项、查错项、查质量隐患、定人员、定措施、定完成时间、定质量验收，查出的问题整改，组织审核降低造价的技术措施。

(3)审核承包商编制的施工组织设计，对主要施工方案进行技术经济分析。

(4)加强设计交底和施工图会审工作，把问题解决在施工之前。

(四)合同措施

(1)做好工程施工记录，保存各种文件图纸，特别是注意实际施工变更情况的图纸，注意积累素材，为正确处理可能发生的索赔提供依据。参与处理索赔事宜。

(2)参与合同修改、补充、管理工作，并分析研究合同条款对造价控制的影响。

第二节　工程计量与工程价款的结算

一、工 程 计 量

由于工程量清单开列的数量仅是估算的工程数量，不能作为承包商应予完成工程的实际和确切的工程量，因此，施工中必须对承包商完成的工作进行计量。工程计量是依据合同所规定的方法对承包商已完成的符合质量要求的实际工程数量进行的测量、计算、核查和确认过程。工程计量结果是工程价款结算的直接基础和依据，因此工程计量是施工阶段控制造价的关键环节之一。施工现场的工程计量是由监理工程师来实施和控制的。

(一)工程计量的条件

工程计量一方面是准确地测量和计算已完工程的数量，另一方面也是对已完工程进行综合评价。因此，对进行计量的工程，必须满足以下条件：

1.计量的项目应符合合同要求

合同规定计量的项目包括以下3个方面：

(1)清单中的工程项目

清单中的工程项目全部需要进行计量，合同文件规定，没有填写单价与金额的项目其费用已包括在清单的其他单价或款项中，因此对于清单中没有填写单价与金额的项目，仍需进行计量，以便确认承包商是否按合同条件完成了该项工程。

(2)合同文件中规定的项目

除了清单中的工程项目以外，在合同文件中通常还规定了一些包干项目，对于这些项目也必须根据合同条件进行计量。

(3)工程变更项目

工程变更中一般附有变更清单，工程变更清单同工程量清单具有相同的性质，对于工程变

更清单项目亦必须按合同有关要求进行计量。

上述合同规定以外的项目，例如，承包商为完成上述项目而进行的一些辅助工程不需要进行计量，因为这些辅助工程的费用已包括在上述项目的单价中。

2.质量必须达到合同规范标准的要求

承包商所完成的工程细目的质量必须经监理工程师检查并达到合同规范的标准后，才能由监理工程师签发中间交工证书，在此基础上再进行计量。工程质量没有达到合同规范标准的任何工程或工序。一律不得进行计量。

3.验收手续必须齐全

对一项工程或一道工序的验收应有以下资料和手续：

(1)监理工程师批准的开工申请单；

(2)承包商自检的各种资料和试验数据，同时各种试验的频率要符合合同规定；

(3)监理工程师检验的各种试验数据；

(4)中间交工证书。

上述验收手续和资料齐全后才能进行计量。

(二)工程计量的依据

工程计量的依据主要有质量合格证书、工程量清单前言、技术规范中的“计量支付”条款以及设计图纸等几个方面。

1.质量合格证书

计量的基本条件和前提是质量合格，质量不合格部分不予计量。因此，计量工程师在进行计量时，一定要同质量监理工程师密切配合，只有被质量监理工程师签发了质量合格证书的工程内容，才能进行计量。

2.工程量清单前言和技术规范

由于工程量清单前言和技术规范中的“计量支付条款”规定了清单中每一项工程的计量方法，同时还明确了按规定的计量方法确定的单价所包括的工作内容和范围，所以它们是计量十分重要的依据。

3.设计图纸

在工程量清单前言中规定，对于某些工程项目，计量的几何尺寸应当以设计图纸为准，而不能按工程实际施工尺寸，如就地灌注桩的长度、钢筋的数量、混凝土的体积等。这是在计量过程中必须遵守的，而且往往要求将清单前言同设计图一起阅读。

4.测量数据

与计算有关的测量数据有原始地面线标高的测量数据、土石分界线的测量数据、基础标高的测量数据、竣工测量数据等。测量数据的准确性直接影响计量结果的准确性。

(三)工程计量的程序

1.《公路工程国内招标文件范本》(2003)规定的程序

(1)承包商对已完工程量提出计量申请；

(2)监理工程师根据《公路工程施工监理规范》(JTG G10—2006)中6.2节和合同规定，对承包商提出的已完工程量进行计量来核实工程量和确定其价值；

(3)承包商应派代表参加计量工作，并应提供计量所需的一切详细资料和必要的人员、设备及有关永久工程的记录与图纸。如果承包商未派人参加上述计量，则由监理工程师所作的计量应认为是对工程的正确计量；

(4)如果承包商对监理工程师计量核实结果不予同意，应在7d之内向监理工程师提出申辩，监理工程师收到此申辩后，应会同承包商复查对记录和图纸的计量审核，或予确认，或予修改；如果承包商不参加此复查，则应认为监理工程师复查核实结果是正确的。

2. 施工合同(示范文本)约定的程序

(1)承包商应按专用条款约定的时间，向工程师提交已完工程量的报告。工程师接到报告后7d内按设计图纸核实已完工程量，并在计量前24h通知承包商，承包商为计量提供便利条件并派人参加。承包商收到通知后不参加计量，计量结果有效，作为工程价款支付的依据。

(2)工程师收到承包商报告后7d内未进行计量，从第8d起，承包商报告中开列的工程量即视为已被确认，作为工程价款支付的依据。工程师不按约定时间通知承包商，使承包商不能参加计量，计量结果无效。

(3)对承包商超出设计图纸范围和因承包商原因造成返工的工程量，工程师不予计量。

(四)工程计量的方法

根据技术规范、工程量清单和合同条件的规定，一般可按照以下方法进行计量：

1. 均摊法

所谓均摊法，就是对清单中某些项目的合同价款，按合同工期平均计量。例如：为监理工程师提供宿舍，临时道路、桥梁的修建和养护，办公室的维修以及测量设备的保养等清单项目。这些项目都有一个共同的特点，即每月均有发生，所以可以采用均摊法进行计量支付。

2. 凭据法

所谓凭据法，就是按照承包商提供的凭据进行计量支付。例如：建筑工程险保险费、第三方责任险保险费、履约保证金等项目，一般按凭据法进行计量支付。

3. 估价法

所谓估价法，就是按合同文件的规定，根据监理工程师估算的已完成的工程价值支付。比如为工程师提供办公设施和生活设施，为工程师提供用车，为工程师提供测量设备、天气记录设备、通信设备等项目。这类清单项目往往要购买几种仪器设备，当承包商对于某一项清单项目中规定购买的仪器设备不能一次性购进时，则需采用估价法进行计量支付。其计量过程如下：

(1)按照市场的物价情况，对清单中规定购置的仪器设备分别进行估价；

(2)按下式计量支付金额：

$$F = A \cdot (B/D) \tag{7-2}$$

式中：F——计算支付的金额；

A——清单所列该项的合同金额；

B——该项实际完成的金额(按估算价格计算)；

D——该项全部仪器设备的总估算价格。

从上式可知：

①该项实际完成金额B必须按估算各种设备的价格计算，它与承包商购进的价格无关。

②估算的总价与合同工程量清单的款额无关。

当然，估价的款额与最终支付的款额无关，最终支付的款额总是合同清单中的款额。

4. 断面法

断面法主要用于取土坑或填筑路堤土方的计量。对于填筑土方工程，一般规定计量的体积为原地面线与设计断面所构成的体积。采用这种方法计量，在开工前承包商需测绘出原地形的断面，并需经工程师检查，作为计量的依据。

5. 图纸法

在工程量清单中，许多项目采取按照设计图纸所示的尺寸进行计量。例如：混凝土构筑物的体积，钻孔桩的桩长等。

6. 分解计量法

所谓分解计量法，就是将一个项目，根据工序或部位分解为若干子项。对完成的各子项进行计量支付。这种计量方法主要是为了解决一些包干项目或较大的工程项目的支付时间过长影响承包商的资金流动等问题。

二、工程价款结算

(一) 工程价款结算的依据

工程施工结算的主要依据有国家和地方交通主管部门颁发的有关工程造价编制、管理方面的文件、工程承包合同、合同专用条款、合同通用条款、技术规范、工程量清单、设计图纸、计量的工程量、日常施工记录等。

1. 国家和地方建设主管部门颁发的有关工程造价编制、管理方面的文件

国家和地方建设主管部门颁发的有关工程造价管理方面的文件包括：各种概、预算定额、基本建设工程概算、预算编制办法等文件；建设工程价款结算的有关规定，以及地方建设主管部门颁发的一些补充规定，它们既是设计阶段、招投标阶段工程造价编制的依据，也是在一定条件下的工程施工结算的依据。

2. 工程承包合同

工程承包合同文件中明确规定了合同双方应承担的责任、可以行使的权力、应获得的利益，也明确载明了该工程的合同总价、合同清单单价等。在施工结算中，必须按合同文件的规定进行。

3. 合同专用条款、合同通用条款

合同通用条款以及业主根据本地区和项目实际情况编制的合同专用条款，涉及到施工结算中的一些特定支付项目，如开工预付款、材料预付款、保留金、工程变更费用、价格调整费用、索赔费用、拖期违约损失偿金、提前竣工奖金、迟付款利息等的具体处理方式。因此，合同通用条款、合同专用条款是施工结算的依据。

4. 技术规范

技术规范除详细列有对工程的技术要求外，还列有直接用于施工结算的计量细则和支付细则。因此，技术规范既是承包商报价时的指导文件和根据，也是施工结算的依据。

5. 工程量清单

作为合同文件重要组成部分的工程量清单，其中列有支付细目编号、项目名称、计量单位、数量和承包商所报的单价。在施工结算中，细目编号、项目名称、计量单位、特别是单价是计算工程价款和进行施工结算的重要依据。

6. 计量的工程量

根据通用条款的规定，工程量清单中开列的工程量是根据本工程的设计提供的预计工程量，不能作为承包商在履行合同义务中应予完成工程的实际和准确数量。除合同另有规定外，监理工程师应根据工程计量的要求和合同文件规定，对承包商提出的已完工程量通过计量来核实工程量和确定其价值。计量的工程量是确定承包商已完成工程价值的基础，是施工结算

的基本依据。

7.日常施工记录

对于一些特定的费用支付项目，如索赔费用、工程变更费用等的核定，常常要根据承包商的现场施工记录、监理工程师的监理日志等来确认，并分析对承包商造成的实际影响程度和责任的分担，据此核定应向承包商支付的费用。因此，日常施工记录是施工结算的依据。

(二)工程价款结算的分类

工程价款结算按照不同的分类方法，可以划分为：

1.按时间分类

按时间分类，可以分为预结算(支付)、期中结算(支付)、交工结算(支付)和最后结算(支付)四种。

(1)预结算(支付)

即施工前的预付款，有开工预付款和材料预付款两类。在开工前，承包商履行了合同规定的义务后，由监理工程师签发支付证书，业主付款。施工中按规定扣回。

(2)期中结算(支付)

即施工中进行的结算，一般按月进度支付，是根据每月完成的工程量按清单价格计算的工程价款及合同规定应结算(支付)的其他款项。

(3)交工结算(支付)

即在本合同段完工或基本完工，监理工程师签发交工证书后办理的结算(支付)工作。

(4)最后结算(支付)

即在缺陷责任期结束，监理工程师签发缺陷责任证书后，办理的最后一次结算(支付)工作。

2.按结算(支付)的内容分类

按结算(支付)的内容可分为工程量清单内的结算(支付)和工程量清单外、合同内的结算(支付)。工程量清单内的结算(支付)是按合同条件和技术规范，通过监理工程师的质量检查、计量，确认已完的工程量，然后按确认的工程数量与报价单中的单价，结算和支付工程量清单中的各项工程费用，简称清单支付。清单支付是期中支付中的主要项目，占有很大的比重。工程量清单外、合同内的结算(支付)是按合同规定，并且监理工程师根据工程实际情况和现场证实资料，确认清单以外的各项工程费用，如索赔费用、工程变更费用、价格调整等，简称附加支付。附加支付在期中支付中虽然占的比重较小，却是比较难以控制和掌握的，它一方面取决于合同规定，另一方面取决于工程施工中实际遇到的客观条件和各种干扰。

3.按合同执行情况分类

根据合同执行是否顺利，可分为正常结算(支付)和合同终止后的结算(支付)两类。正常结算是指业主与承包商双方共同遵守合同约定，使工程按照合同规定内容顺利实施并结算。合同终止后的结算是指业主或承包商违约或发生了双方无法控制的不可抗力，使合同不可能继续履行而终止时，业主向承包商所作的结算(支付)。

(三)工程价款结算的费用项目

建筑安装工程价款正常结算的费用项目按其内容一般可以划分为两类：一类是工程量清单内的费用项目，它包括清单内各章、节、细目实际完成的工程数量按合同单价计算应支付的费用项目；另一类是清单以外、合同以内的费用项目，它包括开工预付款、材料预付款、保留金、工程变更费用、价格调整费用、索赔费用、拖期违约损失偿金、提前竣工奖金、迟付款利息等费用项目。合同终止后的费用结算有三种不同情况：承包商违约造成的合同终止、特殊风险造成的合同终止和业主违约造成的合同终止。

1. 工程量清单内费用项目

工程量清单内的费用项目结算，是根据承包商每月实际完成的符合质量要求、并经监理工程师计量确认的工程数量乘以相应的单价计算确定。即：

$$月进度付款=\sum_{1}^{n}本月实际完成的合格工程数量\times相应的单价$$

2. 工程量清单以外、合同以内的费用项目

工程量清单以外、合同以内的费用项目，是指那些没有包括在工程量清单以内、但根据合同条款规定应该结算的费用项目。

(四)《公路工程国内招标文件范本》(2003)规定的结算项目和方法

对于公路工程项目，按照《公路工程国内招标文件范本》(2003)(以下简称国内范本)通用条款的规定，工程量清单以外、合同以内的费用项目和结算方法如下：

1. 施工正常结算

1)开工预付款

根据合同规定，承包商有权得到业主提供的一笔相当于合同价值一定比例(通常规定为合同价的10%)的无息开工预付款，用于支付开工初期各项准备工作的款项。具体数额根据报价中的选择或合同规定而定。一旦签订合同，该选择数据将作为开工预付款的支付依据，并且在施工期间按合同规定分批扣回。

(1)开工预付款的支付条件

①签订了合同协议书；

②提交了履约担保；

③提交了开工预付款担保。

在承包商完成上述工作后14d内，监理工程师向业主开具开工预付款的支付证书，业主在收到支付证书后14d内核准，并支付开工预付款金额的70%，剩下部分在合同文件中规定的主要设备进场后再支付。

(2)开工预付款的扣回

开工预付款属于业主的预付，因此，要在中期结算(支付)中由业主逐次扣回。扣回时间是在中期支付证书的累计支付金额达到合同价格30%之后开始，按工程进度款以固定比例(即每完成合同价格的1%，扣回开工预付款的2%)分期从各月的中期支付证书中扣回，全部开工预付款金额在中期支付证书的累计支付金额达到合同价的80%时扣完。

2)材料、设备预付款

材料、设备预付款是由业主预先支付给承包商的一定比例的材料、设备款项，以供购进将用于和安装在永久工程中的各种材料、设备。材料、设备预付款的预付金额为该工程投标书附录中写明的主要材料、设备单据所列费用(进口的材料、设备为到岸价，国内采购的为出厂价或销售价，地方材料为料场价)的某一百分比(一般为70%～75%，最低不少于60%)。该费用支付和扣回应严格按合同文件的规定进行。

(1)材料、设备预付款的支付条件

①材料、设备符合规范要求并经监理工程师认可；

②承包商已出具材料、设备费用凭证或支付单据；

③材料设备已在现场交货，且存储良好，监理工程师认为材料、设备的质量及其存储方法符合要求。

符合支付条件后，监理工程师将应支付的金额计入到下一次的中期支付证书中进行支付，并按规定的方式予以扣回。

(2)材料、设备预付款扣回

当材料、设备已用于或安装在永久工程之中时，材料、设备预付款应从中期支付证书中扣回，扣回时间不超过3个月。

3)保留金

保留金是在中期支付中将承包商已完工程应得的款额扣留一部分，用以促使承包商履行合同中规定的责任。

(1)保留金的扣留

保留金的扣留金额是按投标书附录中规定的百分率(一般为10%)乘以规定的保留金计算基数。保留金从每期应支付给承包商的工程结算款额中扣留，直至金额达到投标书附录中规定的限额(一般为合同价的5%)为止。《国内范本》规定保留金的计算基数组成如下：

①本月已完成的(应结算的)工程款；

②本月完成的(应结算的)计日工价款；

③本月应支付的暂定金额；

④根据合同规定，本月应结算的其他款项；

⑤费用和法规的变更发生的款额。

(2)保留金的退还

保留金要在整个合同工程缺陷责任期满并发给承包商缺陷责任终止证书后14天内，由监理工程师核证后，由业主一次性退还给承包商。

4)工程变更费用

工程变更是指在工程实施中，对某些工作内容做出修改或者追加或取消某一工作内容。

显然，由于勘测、设计、试验与实际的差异，在合同执行过程中，工程变更是不可避免的，为了更加合理的完成工程，工程变更也是很有必要的。当工程发生变更时，监理工程师应根据合同文件和工程实际情况对工程变更费用进行合理的估价。

5)计日工

合同中通常含有计日工明细表，表中列有不同劳务、材料、施工设备的估计数量，计日工单价由承包商报价，然后将汇总的计日工价合计在投标总价中。工程实施中，按监理工程师的指令进行。

在工程实施过程中，监理工程师如果认为必要或可取，可以指令承包商按计日工完成任何需变更的工作，并按合同中包括的计日工明细表中所定的细目，和承包商在其投标书中对此所报的单价或总额价，向承包商付款。

合同通用条款52.4款规定计日工的支付条件为：

(1)每天提交一式2份计日工使用清单

对所有按计日工施工的工程，承包商应在该工程持续进行过程中，每天向监理工程师提交从事该项工作的所有工人的姓名、工种及工时的清单一式2份，以及该工程所有材料和承包商装备的名称和数量的报表一式2份，其中的一份经监理工程师确认并签字后，退还给承包商。

(2)每个月末送交一份附有价格的详细清单

在每月结束时，承包商应向监理工程师送交一份所有劳务、材料和承包商装备的附有价格的账单。如果监理工程师认为承包商应该提交而未提交清单与报表时，承包商无权获得计日工付款。

6)暂定金额

暂定金额是合同中包含的一项款额，在工程量清单中以该名义列出，是为了用于：①招标时尚未能肯定下来，或在施工中可能增加的工程细目；②专项工程的施工或货物、材料、设备或服务的供应，③不可预见费。除合同另有规定外，这项金额应由监理工程师报业主批准后指令全部或部分地使用或根本不予动用。

对于经业主批准的每一笔暂定金额，监理工程师可以指令承包商完成，也可以指令特殊分包人完成，但结算的方式有所不同。

(1)承包商完成

当动用暂定金额的工作是由承包商完成时，采用工程变更的估价方法，即按52条的规定结算。

(2)特殊分包人完成

当动用暂定金额的工作是由特殊分包人完成时，由承包商按照监理工程师的指令，并根据特殊分包合同的约定先向特殊分包人支付价款，并向监理工程师提供已付款证明，然后监理工程师按承包商已支付的实际价款，加上以特殊分包合同中商定的费率计算的承包商应收取的管理费用等向承包商支付。如果承包商没有提供已付款证明，业主有权根据监理工程师签发的证书，直接向特殊分包人支付分包合同内规定而承包商未支付的一切款项(扣除保留金)，并从应付给承包商的款项中将上述款额扣回。

7)价格调整费用

工程建设的周期往往都较长，在这样一个比较长的建设周期中，无论是业主还是承包商都必须考虑到与工程有关的各种价格变化。为了避免双方的风险损失，降低投标报价及合理确定工程造价，合同通用条款70条对价格调整做出了专门的规定，应按规定进行调整。

8)拖期损失偿金

拖期损失偿金是指承包商未能按合同工期完成工程施工，或在监理工程师批准的延期内完成工程的施工而给予业主的补偿。为此，合同通用条款47条作了专门的规定。

(1)拖期损失偿金的计算

承包商应向业主支付按投标书附录中写明的金额，作为拖期损失偿金，时间自预定的交工日期起到合同工程交工证书中写明的交工日期或已批准的延长工期止，按天计算。拖期损失偿金应不超过投标书附录中写明的限额。

(2)拖期损失偿金的减少

如果在合同工程完工之前，已对合同工程内按时完工的单项工程签发了交工证书，则合同工程的拖期损失偿金，应按已签发交工证书的单项工程的价值占合同工程价值的比例予以减少，但拖期损失偿金的最高限额不变。

9)提前竣工奖金

如果合同中有此条款，而承包商比规定的工期提前完工，则可以得到提前竣工奖。该奖金时间是按工程移交证书的签署日期与合同规定的完工时间之差，按天数计算，奖金的比率在合同中规定。

10)迟付款利息

这是合同中赋予承包商的权利，即承包商有权在合同规定的时间期限内从业主处得到支付。如果业主不按合同规定时间付款，则应支付承包商迟付款额的利息。

《国内范本》合同通用条款 60.15 规定：如果业主未能在规定期限内付款，则业主应按投标书附录中规定的利率向承包商支付全部未付款的利息，付息时间从应付而未付该款项之日算起（不计复利）。

11)索赔费用

索赔是在施工合同履行过程中，当事人一方因并非自己的过错，而是由于对方没有按照合同约定正确地履行合同或合同规定由对方承担的风险出现时，造成当事人一方损害，当事人一方通过一定的合法程序向对方提出经济或时间补偿的一种要求。因此，从理论上讲，索赔是双向的，既可以是承包商向业主的索赔，也可以是业主向承包商的索赔。在施工结算时，承包商向业主的索赔金额，经监理工程师确认后计入支付证书，业主向承包商的索赔金额，则从支付证书中扣除。

2. 合同终止后的结算

合同终止后的结算（支付）是指由于某种情况的发生导致合同无法履行而终止合同后的结算（支付）。通常，合同终止可能产生于承包商违约、业主违约和特殊风险的发生。

1)承包商违约导致合同终止后的结算（支付）

按照《国内范本》合同通用条款 63 条的规定，承包商违约导致合同终止后，监理工程师应通过协商和调查询问之后，尽快确定并认证以下事项：

(1)在业主进驻和终止合同时，承包商根据合同实际完成的工程已经合理地得到的或理应得到的款额（如有）；

(2)未使用或部分使用过的材料、承包商装备和临时工程的价值。

合同终止后，业主应暂停向承包商支付任何款项，在本工程缺陷责任期满之后，再由监理工程师查清承包商实施和完成本工程与缺陷修复应结算的费用，应扣除的完工拖期损失偿金（如有）以及业主已实际支付的各项费用。根据监理工程师的查清证实，承包商仅能得到原应支付给他的已完合格工程的款项，并扣除上述应扣款之后的余额。如果应扣款额超过承包商应得的原应支付给他的已完工程的款额，此超出部分款额应被视为承包商欠业主的应还债务，由承包商偿还给业主。

2)由于特殊风险而终止合同后的结算（支付）

按《国内范本》合同通用条款 65 条规定，由于特殊风险的发生而终止合同后，业主应向承包商支付终止之日前已完成的全部工程费用，其范围限于在已给承包商的暂付款中尚未包括的款额与款项，其单价和总额价应按合同的规定。另外还应支付下述费用：

(1)合同终止之日前，承包商已按合同规定完成的第 100 章的工作或服务的相应比例费用；

(2)承包商为本工程合理订购的材料、设备或货物的费用，此费用由业主支付后，其财产应归业主所有；

(3)承包商已合理开支的、确实是为了完成本合同工程而预期开支的任何款额，而该开支没有包括在其他支付项目内；

(4)由于特殊风险而产生的附加费用；

(5)承包商装备撤离的合理开支部分；

(6)承包商雇员的合理遣返费。

除业主应向承包商支付上述费用外，对承包商应归还业主的各项预付款余额及业主应收回的任何其他款项，应根据合同文件的规定，在应支付的款额中扣除。

3)业主违约导致合同终止后的结算(支付)

按照《国内范本》合同通用条款69条规定，业主违约导致合同终止后，业主对承包商的支付义务除同65条外，还应支付给承包商由于该项合同终止而引起的、或涉及的对承包商的损失或损害的款额，该款额应由监理工程师与承包商和业主协商后确定。

3.工程价款结算的程序和内容

按照通用条款60条规定，公路工程价款结算的程序和内容如下：

1)月结算

承包商应在每月末向监理工程师提交由其项目经理签署的按监理工程师批准格式填写的月结账单一式6份，结账单包括以下栏目：

(1)自开工截至本月末已完成的工程价款；

(2)自开工截至上月末已完成的(已实际结算的)工程价款；

(3)本月完成的(应结算的)的工程价款，即(1)－(2)；

(4)本月完成的(应结算的)计日工价款；

(5)本月应支付的暂定金额价款；

(6)本月应支付的已进场将用于或安装在永久工程中的材料、设备预付款；

(7)根据合同规定，本月应结算的其他款项；

(8)费用和法规变更发生的款项；

(9)本月应扣留的保留金和扣回的材料、设备预付款及开工预付款；

(10)根据合同规定，本月应扣除的其他款项。

监理工程师在收到上述月结账单后审核确认，并在21d或专用条款规定的天数内签发中期支付证书，签发时应写明他认为应该到期结算的价款及需要扣留和扣回的款额并报业主审批。

如果该月应结算的价款经扣留和扣回后的款额少于投标书附录中列明的中期支付证书的最低金额，则该月监理工程师可不核证支付，上述款额将按月结转，直至累计应支付的款额达到投标书附录中列明的中期支付证书的最低金额为止。

业主应在收到该中期支付证书后21d内或在投标书附录中规定的天数内向承包商付款。

2)交工结算

在合同工程交工证书签发后42d之内，承包商应以监理工程师批准的格式向监理工程师提交一份交工结账单，并附上用详细资料说明的证实文件，文件中应表明：

(1)合同规定，直到交工证书写明的交工日期为止按合同完成的全部工程的最终价值；

(2)承包商认为应付给他的其他款项；

(3)承包商认为整个合同到期应付给他的各项款额的估算值。

其中(3)款各项款额估算值应在完工结账单内单独填报。监理工程师按规定审核后报业主审批。

3)最后结算

在发出缺陷责任终止证书后的28d之内，承包商应以监理工程师批准的格式向监理工程师提交一份最后结账单草案，并附上详细的证实文件，供监理工程师考虑，文件中应表明：

(1)根据合同规定已经完成的全部工程价值；

(2)承包商根据合同规定认为应该付给他的任何其他款项。

如果监理工程师不同意或者不核证最后结账单草案的任一部分，承包商应按监理工程师的合理要求，提交进一步的资料，经双方协商同意后，由承包商编制并提交修改后的最后结账单。如果双方存在纠纷不能达成一致，监理工程师仅对不存在纠纷部分(如果有)向业主提交中期支付证书，纠纷按合同规定程序解决。

在提交最后结账单的同时，承包商还应给业主一份书面清账书，确认最后结账单中的总金额(包括索赔要求)代表了根据合同规定应付的全部款项的最后结算。

监理工程师在收到最后结账单和清账书 14d 之后，签发最后支付证书报业主审批。支付证书中应说明：

(1)监理工程师认为根据合同规定的最后应付的款额；

(2)在对业主以前所付的全部款额和业主根据合同规定应得的全部款额项予以确认后，业主欠承包商或承包商欠业主的差额(如果有)。业主应在收到最后支付证书 42 天内向承包商付款。

(五)《建设工程施工合同》(GF 1999—0201)中对合同价与支付的规定

1. 合同价款确定与依据

有关合同价款的确定在合同通用条款的第六条 23 款至 24 款有明确规定。

(1)招标工程的合同价款由发包人、承包商依据中标通知书中的中标价格在协议书内约定。非招标工程的合同价款由发包人、承包商依据工程预算书在协议书内约定。

(2)合同价款在协议书内约定后，任何一方不得擅自改变。

在三种确定合同价款的方式(固定价、可调价、成本加酬金)中，双方可在专用条款内约定采用其中一种。

(3)可调价格合同中合同价款的调整因素包括：

①法律、行政法规和国家有关政策变化影响合同价款；

②工程造价管理部门公布的价格调整；

③一周内非承包商原因停水、停电、停气造成的停工累计超过 8h；

④双方约定的其他因素。

承包商应当在上款情况发生后 14d 内，将调整原因、金额以书面形式通知监理工程师，监理工程师确认调整金额后作为追加合同价款，与工程款同期支付。监理工程师收到承包商通知后 14d 内不予确认也不提出修改意见，视为已经同意该项调整。

实行工程预付款的，双方应当在专用条款内约定发包人向承包商预付工程款的时间和数额，开工后按约定的时间和比例逐次扣回。预付时间应不迟于约定的开工日期前 7d。发包人不按约定预付，承包商在约定预付时间 7d 后向发包人发出要求预付的通知，发包人收到通知后仍不能按要求预付，承包商可在发出通知后 7d 停止施工，发包人应从约定应付之日起向承包商支付应付款的贷款利息，并承担违约责任。

2. 关于工程款支付的规定

(1)工程预付款

合同通用条款第24款规定：

实行工程预付款的，双方应在专用条款内约定发包人向承包商预付工程款的时间和数额，开工后按约定的时间和比例逐次扣回。预付时间应不迟于约定的开工日期前7d。发包人不按约定预付，承包商在约定预付时间7d后向发包人发出要求预付的通知，发包人收到通知后仍不能按要求预付，承包商可在发出通知后7d停止施工，发包人应从约定应付之日起向承包商支付应付款的贷款利息，并承担违约责任。

(2)工程进度款

合同通用条款第26款规定：

①在确认计量结果后14d内，发包人应向承包商支付工程款(进度款)。按约定时间发包人应扣回的预付款，与工程款(进度款)同期结算。

②由于工程变更调整的合同价款及其他条款中约定的追加合同价款，应与工程款(进度款)同期调整支付。

③发包人超过约定的支付时间不支付工程款(进度款)，承包商可向发包人发出要求付款的通知，发包人收到承包商通知后仍不能按要求付款，可与承包商协商签订延期付款协议，经承包商同意后可延期支付。协议应明确延期支付的时间和从计量结果确认后第15d起计算应付款的贷款利息。

④发包人不按合同约定支付工程款(进度款)，双方又未达成延期付款协议，导致施工无法进行，承包商可停止施工，由发包人承担违约责任。

第三节　工程变更与合同价款调整

一、工 程 变 更

在工程项目的实施过程中，由于多方面的原因，经常会出现工程量变化、施工进度变化以及发包方与承包方在执行合同中的争执等许多问题。这些问题的产生，一方面是由于勘察设计工作不细致，以致在施工过程中发现许多招标文件中没有考虑或估算不准确的工程量，因而不得不改变施工项目或增减工程量；另一方面，是由于发生不可预见的事件，比如自然或社会原因引起的停工或工期拖延等。由于工程变更所引起的工程量的变化、承包商的索赔等，都有可能使工程造价超出原来的预算，因此，对工程变更必须严格予以控制，密切注意其对未完工程费用支出的影响及对工期的影响。

(一)工程变更的审批程序

工程变更通常实行分级审批的管理制度，一般在合同条款中对工程变更的审批权限及审批程序做出规定和说明。

1.一般工程变更的审批程序

所谓一般工程变更，通常是指一些小型的监理工程师有权直接批准的工程变更工作。其审批程序大致如下：

(1)要求工程变更的人向驻地监理工程师提出工程变更申请，包括变更的原因、工程变更对造价的影响分析，必要时附上有关工程变更的设计资料；

(2)驻地监理工程师对变更申请的可行性进行评估并写出初步的审查意见；

(3)总监理工程师对驻地监理工程师审查的变更申请进行进一步的审定并签署审批意见；

(4)总监理工程师签署工程变更令；

(5)承包商组织变更工程的施工；

(6)监理工程师和承包商协商确定变更工程的造价及办理有关的结算工作。

2. 重要工程变更的审批程序

重要工程变更通常是指对工程造价影响较大，按照合同规定需要业主批准的工程变更工作。其审批程序一般是：

(1)监理工程师准备一份授权申请，申请中提出对工程所要进行的变更，以及变更费用估算和变更的依据和理由；

(2)业主批准授权申请；

(3)监理工程师同承包商协商价格，如果价格等于或少于业主批准的总额，监理工程师下达变更指令，如果价格超过批准的总额，监理工程师应请求业主进一步给予授权；

(4)监理工程师发布变更指示；

(5)承包商执行变更工程。

在实际中，为了避免耽误工作，监理工程师在和承包商就变更价格达成一致意见之前，可以先发布变更指示，变更的指示分为两步：第一步，不规定价格和费率，指示承包商变更工作；第二步，在进一步的协商之后，发布第二部分变更指示，确定适用的费率和价格。

3. 重大工程变更的审批程序

重大工程变更通常是指一些对工程造价的影响很大，可能超出设计概算甚至投资估算的工程变更。对这些工程变更工作，业主在审批工程变更前应事先取得国家计划主管部门的批准。

(二)《公路工程国内招标文件范本》(2003)对工程变更范围的规定

通用条款 51 条规定工程变更的范围包括：

(1)增加或减少本合同中的任何工程的数量；

(2)取消合同中的任何单项工程；

(3)改变合同中的任何工作的性质、质量和种类；

(4)改变本工程任何部分的高程、线形、位置和尺寸；

(5)完成本工程所必需的任何种类的附加工作；

(6)改变本工程任何分项工程规定的施工顺序或时间安排。

业主或监理工程师如果认为有必要，可对上述合同工程或其任何部分的结构形式、质量、等级或数量发出变更指令，承包商必须执行。没有监理工程师的变更指令，承包商不能进行任何工程变更。

(三)《建设工程施工合同》(GF 1999—0201)对工程变更的规定

1. 工程设计变更

通用条款 29 条规定：

1)施工中发包人需对原工程设计进行变更，应提前 14d 以书面形式向承包商发出变更通知。变更超过原设计标准或批准的建设规模时，发包人应报规划管理部门和其他有关部门重新审查批准，并由原设计单位提供变更的相应图纸和说明。承包商按照工程师发出的变更通知及有关要求，进行下列需要的变更：

(1)更改工程有关部分的高程、基线、位置和尺寸；

(2)增减合同中约定的工程量；

(3)改变有关工程的施工时间和顺序；

(4)其他有关工程变更需要的附加工作。

因变更导致合同价款的增减及造成的承包商损失，由发包人承担，延误的工期相应顺延。

2)施工中承包商不得对原工程设计进行变更。因承包商擅自变更设计发生的费用和由此导致发包人的直接损失，由承包商承担，延误的工期不予顺延。

3)承包商在施工中提出的合理化建议涉及对设计图纸或施工组织设计的更改及对材料、设备的换用，须经工程师同意。未经同意擅自更改或换用时，承包商承担由此发生的费用，并赔偿发包人的有关损失，延误的工期不予顺延。

监理工程师同意采用承包商合理化建议，所发生的费用和获得的收益，发包人承包商另行约定分担或分享。

2.其他变更

合同履行中发包人要求变更工程质量标准及发生其他实质性变更，由双方协商解决。

二、合同价款的调整

(一)公路工程合同价款的调整

1.工程变更估价

1)价格不变的情况

情况一：承包商原因造成的变更。如果是由于承包商的过失、违反合同而造成的工程变更，则一切变更引起的额外费用应由承包商承担。

情况二：实际工程数量与工程量清单不一致。合同中工程量清单开列的工程数量仅是估计值，由于施工计量后实际增加或减少的工程数量则不属于工程变更的范围，这种增加或减少不需要任何指示。

2)价格变更的情况

情况一：单价变更。合同工程量清单中某一个支付细目所列的“金额”或“合价”超过签约时合同价格的2%，而且该支付细目变更后的工程实际数量超过或少于工程量清单中所列数量的25%时，调整该支付细目的单价或总额价。

情况二：总价变更。如果在签发交工证书时发现合同价格的增加或减少总共超过“有效合同价格”的15%(有效合同价是指扣除暂定金额后的合同价格)，这种超过或减少15%或以上是产生于：

(1)重新作价过的全部变更工程的累计结果；

(2)根据实际计量对工程量清单中的估算工程量所做的一切调整，但不包括暂定金额和物价因素价格调整。如果发生这种情况，监理工程师应与业主和承包商协商后确定一笔管理费调整额，从合同价格中扣除或加到合同价格上。这笔调整金额应只依据上述增加或减少超过有效合同价格15%的那一部分款额，(若为增加，管理费应调减；若为减少，管理费应调增)。该调整金额是针对承包商用于本合同的现场管理费及总管理费中不受(1)、(2)两项调整额影响的相应间接费的合理调整。

3)工程单价变更估价原则

通用条款52条给出了估价的原则和程序，一般在变更估价时：

(1)采用合同单价。如果监理工程师认为适当，应以合同中规定的单价和价格予以估价。

(2)采用类似工程的合同单价。如果工程量清单中未包含适用于变更工程的单价，刚采用工程量清单中监理工程师认为适合的单价用于作价的依据。

(3)三方协商确定。如果变更后的工程细目的单价或总额价参照合同中类似工程细目的单价或价格不适合,则由监理工程师和承包商协商一个合适的单价或总额价并报业主批准。

(4)监理工程师可以暂定一个价格。如果不能达成协议,则监理工程师应根据情况在报业主批准后,定出他认为合理的单价或总额价,作为暂付款列入中期支付证书中,待议定后,在其后的中期支付证书中调整。

4)新单价的确定方法

对于变更工程单价的确定,在实践中有以下方法:

(1)以合同单价为基础定价

如某合同中沥青路面原设计厚度为 4cm,其单价为 36 元/m^2。现设计变更为厚度 5cm。则变更后路面的单价为:5/4×36=45(元/m^2)。

这种方法的特点是简单且有合同依据。但不足是合同单价是由不变成本和可变成本构成,可变成本随着工程量的增加而增加,不变成本是相对固定的,当工程量增加时,分摊在合同单价中的不定成本下降,而不是随着工程量的增加而增加。

(2)以概预算方法为基础定价

按照概预算方法确定单价时,应首先确定施工方案和施工方法,其次确定资源的价格,之后按照定额和编制办法确定其预算单价。

这种方法的优点是有法律依据,产生的价格相对合理,能真实的反映完成变更工程的成本和利润。其缺点是不同的施工方案和施工方法单价不同,概预算的方法反映的是社会平均水平,不能反映承包商的实际水平和市场竞争对价格的影响,特别是当承包商采用了不平衡报价时,以概预算方法确定的工程变更单价,可能会加剧总造价的不合理性。

(3)合理差价定价法

合理的定价方法是在考虑单价时,在保持原有报价不受实质影响的前提下,对新增工程量部分以合理定价的差价计算,变更工程的新单价是在承包商原有报价的基础上加上合理定价的差价。

例:某合同中沥青路面原设计厚度为 4cm,其合理单价为 40 元/m^2。现设计变更为厚度 5cm,其合理单价为 49.5 元/m^2。承包商的原报价是 32 元/m^2,则变更后的新单价为:

$$32+(49.6-40)=41.5\text{ 元}/m^2$$

这种方法体现了工程变更定价的一般原则,即工程变更不改变承包商在报价时的状态,承包商不应工程变更而额外受益,也不应工程变更而受损。

5)总价变更方法

处理工程变更(或工程量估计误差)引起的总价调整问题,其难度是较大的。一般估价的程序是,首先对工程量清单的各工程细目逐个进行单价分析,以确认工程量清单中是否有不平衡报价;其次评估工程量误差及工程变更所带来的合同价格增加额(或减少额)是否真实客观地反映了承包商为完成这些工作所需发生的费用;然后据实提出应增加(或减少)的款额,并与业主和承包商协商确定增减额。

在调整变更工程的总价时,其在单价变更中已考虑的费用不能再重复考虑,必须予以剔除。

2.物价变动引起的价格调整

除非合同专用条款另有规定,凡是合同预期工期在 24 个月以上者,在合同执行期间,由于人工、机械使用和材料的价格涨落因素应对合同价格进行调整。调价时，按下述调价公式，每年进行一次调整。

$$TJE = ZFE \cdot ZH = ZFE\left(X + a\frac{RG}{RG_0} + b\frac{GC}{GC_0} + c\frac{SN}{SN_0} + d\frac{LQ}{LQ_0} + e\frac{JX}{JX_0} + f\frac{YL}{YL_0} + \cdots - 1\right) \tag{7-3}$$

式中：TJE——对年累计支付额的调价值；

ZFE——年累计支付额；

ZH——综合调价系数；

X——支付中不进行调价部分所占的权重系数；

$X = 1(a + b + c + d + e + f + \cdots)$

a、b、c、d、e、f⋯——分别为人工费、钢材、水泥、沥青、机械使用费、燃油料等其他材料费用在合同价格中所占的权重系数；

RG、GC、SN、LQ、JX、YL——分别为人工费、钢材、水泥、沥青、机械使用费、燃油料费用的当期价格指数；

RG_0、GC_0、SN_0、LQ_0、JX_0、YL_0——分别为人工费、钢材、水泥、沥青、机械使用费、燃油料费用的基期价格指数。

在采用价格调整公式进行调价时应遵守以下规定：

(1)合同价格在投标所在年份不作调整，此后每年调整一次。

(2)式中的基期价格指数是指投标年份(即送交投标书截止日期前28d的所在年份)的价格指数，计算时采用100。

(3)式中的当期价格指数，采用合同工程所在省(自治区、直辖市)统计部门正式公布的该计算年份的《建筑业产值价格指数》统计资料中各项相关的价格环比指数，代入公式时，应将环比指数换算为以基期价格指数年份为基准的定基指数。

(4)权重系数由招标人根据标底资料测算确定，并在招标文件中表明。

3.后继法律、法规变动引起的价格调整

除非合同专用条款另有规定，如果在送交投标文件截止日期前28d之后，国家或省(自治区、直辖市)颁布的法律、法规出现修改或变更，因采用上述法律、法规使承包商在履行合同中的费用发生了物价变动规定的价格调整以外的增加或减少，则此项增加或减少的费用应由监理工程师在与承包商协商并报业主批准后确定，增加到合同价格上或从合同价格中扣除，监理工程师应通知承包商并抄送业主。

4.工程拖期引起的价格调整

工程拖期后的价格调整按照拖期原因的不同分别处理：

(1)如果承包商未能在投标书附录中写明的工期内完成本合同工程，则在该交工日期以后施工的工程，其价格调整计算应采用该交工日期所在年份的价格指数作为当期价格指数。

(2)如果工程拖期不是承包商应负责的，且监理工程师已批准延期，则在该延长的交工日期到期以后施工的工程，其价格调整计算，应采用该延长的交工日期所在年份的价格指数作为当期价格指数。

(二)建筑工程合同价款的调整

(1)承包商在工程变更确定后14d内，提出变更工程价款的报告，经监理工程师确认后调整合同价款。变更合同价款按下列方法进行：

①合同中已有适用于变更工程的价格，按合同已有的价格变更合同价款；

②合同中只有类似于变更工程的价格，可以参照类似价格变更合同价款；

③合同中没有适用或类似于变更工程的价格，由承包商提出适当的变更价格，经工程师确认后执行。

(2)承包商在双方确定变更后14d内不向工程师提出变更工程价款报告时，视为该项变更不涉及合同价款的变更。

(3)监理工程师应在收到变更工程价款报告之日起14d内予以确认，监理工程师无正当理由不确认时，自变更工程价款报告送达之日起14d后视为变更工程价款报告已被确认。

(4)监理工程师不同意承包商提出的变更价款，按争议条款关于争议的约定处理。

(5)监理工程师确认增加的工程变更价款作为追加合同价款，与工程款同期支付。

(6)因承包商自身原因导致的工程变更，承包商无权要求追加合同价款。

合同中工程量清单的单价和价格由承包商投标时提供，用于变更工程，容易被业主、承包商所接受，从合同意义上讲也是比较公平的。

采用合同中工程量清单的单价或价格有几种情况：第一种情况是直接套用，即从工程量清单上直接拿来使用；第二种情况是间接套用，即依据工程量清单，通过换算后采用；第三种情况是部分套用，即依据工程量清单，取其价格中的某一部分使用。

协商单价和价格是基于合同中没有或者有但不合适的情况而采取的一种方法。

第四节　工程索赔与索赔费用分析

索赔是工程承包合同履行中，当事人一方因对方不履行或不完全履行既定的义务，或者由于对方的行为使权利人受到损失时，要求对方补偿损失的权利。所以从理论上讲，索赔是双方面的，不仅承包商可以向业主索赔，业主同样也可以向承包商索赔。索赔是工程承包中经常发生并随处可见的正常现象。由于施工现场条件、气候条件的变化，施工进度的变化以及合同条款、规范和施工图纸的变更、差异、延误等因素的影响，使得工程承包中不可避免地出现索赔，进而导致项目的工程造价发生变化。因此索赔的控制将是建设工程施工阶段造价控制的重要手段。

一、索赔的起因

引起索赔的原因是多种多样的，有的是因业主违约或监理工程师的不当行为引起的，也有的是因现场条件、合同变更、有关政策和法令变更等引起的。

(一)业主违约

业主违约常常表现为业主或其代理人未能按合同规定为承包商提供得以顺利施工的条件。常见的有：

(1)业主没有按合同规定的要求交付设计资料、设计图纸、使工期延长。

(2)业主没有按合同规定日期交付施工场地，交付行驶道路，接通水电等，使承包商的施工人员和设备不能进场，工程不能及时开工，延误工期。

(3)业主没有按规定的时间和数量支付工程款。

(4)业主及其监理工程师拖延责任范围内的工作，如拖延图纸批准、拖延隐蔽工程验收、拖延发出有关指令、指示或批复，工程师拖延发布各种证书(如进度付款证书、移交证书、缺陷责任合格证书等)，造成工程停工。

(5)业主提供材料等的延误或不符合合同的质量和数量标准。

(6)工程师的不适当决定及苛刻检查。

(二)指定分包商(供货商)违约

指定分包商(供货商)违约常常表现为指定分包商(供货商)未能按规定提供服务、供应材料及劳务等。从理论上讲,承包商应该对其分包商(供货商)的行为向业主承担全部责任,即便是指定分包商(供货商)也是如此,但实际上指定分包商(供货商)的情况往往并不那么简单,它会引起很多问题。在实际工作中,业主往往不可能对指定分包商(供货商)的行为不负任何责任,特别是如果业主把承包商接受某指定分包商(供货商)作为其授予合同的前提条件之一。因此现在国际上正在越来越广泛地提倡尽量不要指定分包商(供货商)。一项比较好的替代办法是,业主向承包商提出一份建议的分包商(供货商)清单,由承包商自己选择。

(三)合同缺陷

合同缺陷常常表现为合同文件规定不严谨,甚至矛盾、合同中的遗漏或错误,这不仅包括商务条款中的缺陷,也包括技术规范和图纸中的缺陷。在这种情况下,监理工程师有权做出解释。但如果承包商执行工程师的解释后引起成本增加或工期延长,则承包商可以为此提出索赔,工程师应给予证明,业主应给予补偿。一般情况下,业主作为合同起草人,他要对合同中的缺陷负责,除非其中有非常明显的含糊或其他缺陷,根据法律可以推定承包商有义务在投标前发现并及时向业主指出。

(四)不利自然条件和客观障碍

不利自然条件和客观障碍是指一个有经验的承包商无法合理预料到的不利自然条件和客观障碍。

"不利自然条件"中不包括气候条件,而是指在投标时经过现场调查及根据业主所提供的资料都无法预料到的其他不利自然条件,如地下水、地质断层、溶洞、沉陷等。

"客观障碍"是指经现场调查无法发现,业主提供的资料中也未提到的地下(上)人工建筑物及其他客观存在的障碍物,如下水道、公共设施、坑、井、隧道、废弃的旧建筑物、其他水泥砖砌物以及埋在地下的树木等。

(五)合同变更

合同变更常常表现为设计变更、施工方法变更、追加或取消某些工作、合同规定的其他变更等。变更可以由业主、工程师或承包商提出。这种变更是指在原合同范围内的变更,即有经验的承包商意料之中的变更,否则承包商可以拒绝,其判断标准是,变更是否与原工程有关,其目的是不是为了实现工程合同的总目标。合同变更与索赔有密切的关系。在实际工作中、可以把广义上的合同变更分为狭义上的合同变更及相应的索赔两个部分,即把事先可以确定费用、双方签订了变更令的变更归入"合同变更"办理。把变更当时无法预知的费用、事后再由承包商以索赔形式提出补偿要求的变更归入"索赔"办理。或者如果对于一项变更,工程师和承包商之间无法对其估价取得一致意见,则将工程师决定的价格值列入"合同变更",剩余差额待承包商以索赔的形式提出后再按"索赔"进行处理。

(六)国家政策及法律、法令变更

国家政策及法律、法令变更,通常是指直接影响到工程造价的某些法律、法令的变更,比如限制进口、外汇管制或税收及其他收费标准的提高。国家的政策和法律、法令是承包商投标时编制报价的重要依据之一。通常合同都规定。从投标截止日期之前的第28天以后,如果工程所在国法律或政策的变更导致承包商施工费用增加,则业主应向承包商补偿该增加值;相反,如果导致费用减少，则也应由业主受益。

（七）其他承包商干扰

其他承包商干扰通常是指因其他承包商未能按时按质按量进行并完成某工作，各承包商之间配合协调不好等而给承包商工作带来的干扰。大中型土建工程，往往会有多个承包商同时在现场施工。特别是高等级公路建设，一般分为几个标段，每个标段由不同的承包商承担，由于各承包商之间没有合同关系，他们只各自与业主存在合同关系，监理工程师作为业主代理人有责任组织协调好各承包商之间的工作，否则，就会给整个工程和各承包商的工作带来严重影响引起承包商索赔。

（八）其他第三方原因

其他第三方原因通常表现为因与工程有关的其他第三方的问题而引起的对本工程的不利。如银行付款延误、邮路延误、港口压港等。由这种原因引起的索赔往往比较难以处理。

比如，业主在规定时间内以规定方式向银行寄出了要求向承包商支付工程进度款的付款申请，但由于邮路延误，银行迟迟没有收到该付款申请，因而造成承包商没有在合同规定的期限内收到工程款。在这种情况下，由于最终表现出来的结果是承包商没有在规定时间内收到款项，所以承包商往往会向业主索赔。

二、索赔的类型

由于索赔贯穿于工程项目全过程，可能发生的范围比较广泛，其分类随标准、方法不同而不同，主要有以下几种分类方法。

（一）按索赔的依据分类

按索赔的依据，索赔可分为合同内索赔和合同外索赔

1. 合同内索赔

合同内索赔是指索赔所涉及的内容可以在合同条款中找到依据，并可根据合同规定明确划分责任。一般情况下，合同内索赔的处理和解决要顺利一些。

2. 合同外索赔

合同外索赔是指索赔的内容和权利难以在合同条款中找到依据，但可从合同引申含义和合同适用法律或政府颁发的有关法规中找到索赔的依据。

（二）按索赔目标分类

按索赔目标或要求，索赔可分为工期索赔和费用索赔

1. 工期索赔

即由于非承包商自身原因造成拖期的，承包商要求业主延长工期，推迟竣工日期，避免违约误期罚款等。

2. 费用索赔

即要求业主补偿费用损失，调整合同价格，弥补经济损失。

（三）按索赔事件的性质分类

按索赔事件的性质，索赔又可分为以下几类。

1. 工程延误索赔

因业主未按合同要求提供施工条件，如未及时交付设计图纸、施工现场、道路等，或因业主指令工程暂停或不可抗力事件等原因造成工期拖延的，承包商对此提出索赔。这是工程中常见的一类索赔。

2. 工程变更索赔

由于业主或监理工程师指令增加或减少工程量或增加附加工程、修改设计、变更工程顺序等,造成工期延长和费用增加,承包商对此提出索赔。

3. 工程终止索赔

由于业主违约或发生了不可抗力事件等造成工程非正常终止,承包商因蒙受经济损失而提出索赔。

4. 施工加速索赔

由于业主或监理工程师指令承包商加快施工速度,缩短工期,引起承包商人、财、物的额外开支而提出的索赔。

5. 意外风险和不可预见因素索赔

在工程实施过程中,因人力不可抗拒的自然灾害、特殊风险以及一个有经验的商包商通常不能合理预见的不利施工条件或外界障碍,如地下水、地质断层、溶洞、地下障碍物等引起的索赔。

6. 其他索赔

如因货币贬值、汇率变化、物价、工资上涨、政策法令变化等原因引起的索赔。

(四)按索赔处理方式分类

按索赔处理方式,索赔可分为:

1. 单项索赔

单项索赔是针对某一干扰事件提出的,在影响原合同正常运行的干扰事件发生时或发生后,由合同管理人员立即处理,并在合同规定的索赔有效期内向业主或监理工程师提交索赔要求和报告。单项索赔通常原因单一,责任单一,分析起来相对容易,由于涉及的金额一般较小,双方容易达成协议,处理起来也比较简单。因此合同双方应尽可能地用此种方式来处理索赔。

2. 综合索赔

综合索赔又称一揽子索赔,一般在工程竣工前和工程移交前,承包商将工程实施过程中因各种原因未能及时解决的单项索赔集中起来进行综合考虑,提出一份综合索赔报告,由合同双方在工程交付前后进行最终谈判,以一揽子方案解决索赔问题。在合同实施过程中,有些单项索赔问题比较复杂,不能立即解决,为不影响工程进度,经双方协商同意后留待以后解决。有的是业主或监理工程师对索赔采用拖延办法,迟迟不作答复,使索赔谈判旷日持久。还有的是承包商因自身原因,未能及时采用单项索赔方式等,都有可能出现一揽子索赔。由于在一揽子索赔中许多干扰事件交织在一起,影响因素比较复杂而且相互交叉,责任分析和索赔值计算都很困难,索赔涉及的金额往往又很大,双方都不愿或不容易做出让步,使索赔的谈判和处理都很困难。因此综合索赔的成功率比单项索赔要低得多。

三、承包商向业主的费用索赔分析

承包商向业主的费用索赔是指承包商在非自身因素影响下而遭受经济损失时向业主提出补偿其额外费用损失的要求,是承包商根据合同条款的有关规定,向业主索取的合同价款以外的费用。

(一)费用索赔计算的基本原则

1. 实际损失原则

实际损失原则是指:不论何种原因(承包商自身原因除外)引起的,只有当干扰事件使承包商实际遭受了损失,才能提出索赔;如果干扰事件并没有给承包商带来损失,则不能进行索赔。

实际损失还有别于承包商的实际支出，因为实际支出并不一定都是合理的，可能包括了承包商自己的过失或管理不善增加的支出。

2. 不改变承包商地位原则

不改变承包商地位原则是指：承包商得到补偿后，应处于与未发生索赔事件前同等有利或不利地位，这种地位是承包商自己在投标中已经确立的，并不因为索赔事件的出现而额外受益或额外受损。

3. 费用必需原则

费用必需原则是指：所发生的费用应是履行合同所必需的，即如果没有该项费用的支出，就无法合理履行合同，无法使工程达到合同要求。实际中，哪些费用是必需的，哪些费用是不必的，FIDIC 通用合同条件给出了明确的定义："费用是指在现场内外已合理发生或将要发生的所有开支，包括管理费用和其他费用，但不包括任何利润补贴。"显然，一般情况下费用索赔是不包括利润的，但并不是绝对的，根据第 1、2 条原则，当干扰事件使承包商的利润实际遭受损失时，承包商可以要求补偿。

（二）费用索赔分类和计算基础

从索赔费用组成来划分，可以划分为损失索赔和新增工程索赔两大类，两类索赔的计算基础不同。

1. 损失索赔

损失索赔是由业主或工程师的主观原因和第一类客观原因引起，致使承包商的施工成本增加。损失索赔的计算是以成本为基础的，一般不包括利润，但包括承包商可得利益的损失，如利息的损失等。

2. 新增工程索赔

新增工程又可分为附加工作和额外工作。附加工作是为了使工程更合理更完善而必须修改或增加的工作，如果缺少这些工作，工程项目将不能发挥预期的作用。这些工作内容可能已经列入工程量清单，实际中只是对它的数量或性质的变更；或者未列入工程量清单，但构成工程中的一部分。额外工作是属合同文件工作范围之外的，如果没有这项工作，工程仍可发挥预期作用，是由于业主的要求而扩展的工作。

新增工程属合同变更范围，是承包商投标时未考虑的增加工作，因此，它是以价格为计算基础的，包括承包商完成该工作应得的利润。

由于附加工作和额外工作在性质上有所不同，实际处理原则也不相同。FIDIC 通用合同条件一般将附加工作作为工程变更处理，价格的计算可以参照合同报价，或双方议价确定。而额外工作则是超出了合同范围，如果承包商同意作为工程变更，可按变更处理，否则，双方需另签合同，重新报价。

两者的区别和处理原则见表 7-2。

附加工作和额外工作的区别和处理原则 表 7-2

分　类	性　质	工程量清单	变更指令	单　价
附加工作	属合同工作范围	列入清单	不必发布	参照投标单价
		未列入清单	要补发	议定单价
额外工作	超出合同工作范围	不属清单项目	发布变更指令	议定单价
			另签合同	重新报价

（三）费用索赔的分析方法

1.损失索赔分析方法

在确定损失索赔的分析方法时，应充分体现和贯彻费用索赔的原则，了解实际损失费用的构成，并从正常的施工费用中区分出来，合理地进行计算。

施工费用一般由可变费用和不变费用构成，引起可变费用增加的可能：一是生产效率下降，二是附加工作，三是物价因素。

1）工、料、机费

人工费索赔值＝人工单价上涨增加费＋人工工时增加费＋劳动生产率降低损失费

材料费索赔值＝材料单价上涨费＋材料用量增加费

机械费索赔值＝自有施工机械增加费（工作时间额外增加费＋机械台班费率上涨费）＋租赁机械增加费（包括必要的机械进出场费）＋机械设备闲置损失费

2）管理费

施工管理费一般由两部分组成：现场管理费和企业管理费。按照现行的费用划分标准，现场管理费构成直接工程费，是直接用于本工程的管理费用，一般是在直接费的基础上计算的；企业管理费构成间接费，是企业间接用于本工程的管理费用，是按照一定的比例由本工程分摊的。

（1）现场管理费

现场管理费是某单个合同发生的、用于现场管理的总费用，一般包括现场管理人员的工资、办公费、差旅费、固定资产使用费、工具用具使用费、保险费、工程排污费等。它一般约占工程总成本的5%～10%。现场管理费的索赔计算方法一般有两种情况：

①直接成本的现场管理费索赔

对于发生直接成本的索赔事件，其现场管理费索赔额一般可按下式计算：

$$直接成本的现场管理费索赔＝索赔事件直接费×现场管理费费率$$

$$现场管理费费率＝\frac{本合同工程的现场管理费总额}{本合同工程直接成本总额}×100\%$$

②工程延期的现场管理费索赔

如果某项工程延误索赔不涉及直接费的增加，或由于工期延误时间较长，按直接成本的现场管理费索赔方法计算的金额不足以补偿工期延误所造成的实际现场管理费支出，则可按如下方法计算：

$$工程延期的现场管理费索赔＝单位时间现场管理费费率×可索赔的延期时间$$

$$单位时间现场管理费费率＝\frac{实际（或合同）现场管理费总额}{实际（或合同）工期}×100\%$$

（2）企业管理费

企业管理费是承包商企业总部发生的，为整个企业的经营运作提供支持和服务所发生的管理费用，一般包括企业管理人员工资、差旅交通费、办公费、企业经营活动费用、固定资产折旧、职工教育培训费用、保险费、税金等。它一般约占企业总营业额的3～10%。

企业管理费分摊的方法主要有两种：

①总直接费分摊法

总直接费分摊法是将工程直接费作为比较基础来分摊企业管理费。其计算公式为：

$$企业管理费索赔额＝单位直接费的企业管理费费率×争议合同直接费$$

$$单位直接费的企业管理费费率＝\frac{企业管理费总额}{合同期承包人完成的总直接费}×100\%$$

②日费率分摊法

日费率分摊法其基本思路是按合同额分配企业管理费，再用日费率法计算应分摊的总部管理费索赔值。其计算公式为：

$$\text{企业管理费索赔值}=\text{本工程每日企业管理费费率}\times\text{工程延期天数}$$

$$\text{本工程每日企业管理费费率}=\frac{\text{本工程应分摊的企业管理费}}{\text{合同工期}}$$

$$\text{本工程应分摊的企业管理费}=\text{同期内企业的总管理费}\times\frac{\text{本工程的合同额}}{\text{同期内企业的总合同额}}$$

(3)利润

损失索赔一般是不包括利润的，只有在两种情况下承包商可以索赔利润。

第一种情况是合同延期，如果业主违约等造成了合同延期，迫使承包商的人员、机械继续保留在本工程，而放弃了其他工程的盈利机会，即合同延期实际造成了承包商利润的损失时，承包商可以索赔利润。这时利润的计算与本工程的盈利能力无关，而是基于其他工程的机会利润。实际中，如果合同延期并没有影响承包商新的工程，则不能索赔利润。

第二种情况是合同解除，如果业主违约等造成了工程在全部完工前的合同解除，致使承包商在本工程应得利润受到损失时，可以要求补偿。此时利润的计算是假定工程全部完工情况下的合同总价值，减去承包商已经收到的付款数，再减去剩余工作的成本的差额。这个差额取决于本工程的实际盈利能力和对已完工程的付款数。

2.新增工程索赔

1)附加工作

附加工作在实际中是作为工程变更处理的，一般合同条件规定，只要合同中包含适用变更后的工程单价，应以合同规定的单价或价格予以估价；如果合同中没有任何适用于变更后工程的单价或价格，只要合同中有类似的工程，价格合理，也可以作为变更后估价的基础；如果变更后的工程原合同没有报价，则双方应协商后定价。工程变更又可分为数量变更和性质变更。

(1)工程数量变更索赔

由于工程建设的复杂性，实际中经常会发生数量变更，当工程数量增加或减少到(合同规定)一定范围时，原合同单价中的不变费用，因工程数量的增减可能导致承包商投标时的单价已不适用，并使其额外地受益或额外地受损，因此，单价必须调整。新调整的单价应能刚好补偿(或抵减)承包商的损失(或额外收益)，即，承包商投标时分摊在本工程细目中的不变费用不因工程数量的增减而变化。按照这一思路，新单价的计算如下：

$$\text{工程变更后新单价}=\text{可变费用}+\text{不变费用}\times\frac{\text{原合同工程量}}{\text{调整后的工程量}}$$

实际中可以通过分析承包商投标时的单价确定可变费用和不变费用。

(2)工程性质变更索赔

当工程性质发生改变，如混凝土的强度等级提高、构造物类型变更等，而原合同中又没有适用价格时，双方需协商定价，新调整的价格不应改变承包商投标时所确立的地位，即原来的盈利水平。如果承包商投标时具有较高的盈利水平，调整后的单价应仍具有较高的盈利水平，反之，则反。为了体现这一原则，可以采用合理成本差额分析法，即：

$$\text{工程性质变更后新单价}=\text{投标时的单价}+(\text{变更后工程的合理单价}-\text{变更前工程的合理单价})$$

按照上式计算，变更后的新单价盈利能力仍然取决于承包商投标时的报价。

2)额外工作

由于额外工作属合同之外的工作，如果承包商同意作为工程变更处理，可以参照上述分析方法进行，否则，应由承包商重新报价。

四、业主向承包商的索赔

按照通用条件中的责任规定，业主因承包商责任原因而受到损害时，提出的索赔有以下情况：

(一)由于承包商原因导致工程延期

承包商没有合法的理由展延工期，而又不能按时竣工，他都要承担延期违约赔偿责任。合同条件内规定的延期违约赔偿费并不是“罚款”，只是要求承包商补偿由于业主不能将合同工程按期投入使用蒙受的经济损失。

延期违约赔偿费的计算办法是，按照合同内约定的每延误一天的损失赔偿费乘以拖延的天数。但延期违约赔偿费最高不得超过合同内约定的最高限额。

如果在整个合同约定的竣工日期以前，已对分阶段移交的部分工程颁发了工程移交证书，且证书中注明的该部分工程竣工日期并未超过约定的分阶段竣工时间，则全部工程剩余部分的延期违约日赔偿额，在合同中没有另外规定时，应相应折减。折减的原则应为，将未颁发证书部分的工程金额除以整个工程的总金额所得比例来折算，但不影响约定的最高赔偿限额。这个原则，同样适用于合同内约定竣工日期的分阶段移交的单位工程。折减的方法为：

$$\text{折减的误期损害赔偿金/天}=\text{合同约定赔偿金/天}\times\frac{\text{未颁发移交证书部分工程金额}}{\text{全部工程总金额}}$$

$$\text{拖期赔偿费总金额}=\text{折减的误期损害赔偿金/天}\times\text{延误天数}(\leqslant\text{最高赔偿限额})$$

(二)承包商原因导致施工缺陷的索赔

承包商的原因导致施工质量不符合技术规范的要求，或使用的材料、设备质量不满足要求，以及在缺陷责任期满前未完成应进行的缺陷工程修复工作时，业主有权追究承包商的责任。在承包商没能于监理工程师规定时间内完成质量缺陷的补救工作，业主有权向承包商进行索赔。这部分索赔内容可以是直接损失，也可以包括与违约行为有因果关系的间接损失。如承包商施工质量低劣导致屋顶漏水，淋坏了室内的电气设备，不仅要求承包商自费修理工程缺陷，而且可以要求赔偿电气设备的损失，以及房屋延期使用的损失。

(三)承包商原因导致其他损失的索赔

(1)承包商在运输材料设备过程中，因承包商应承担的责任，如损坏了公路和桥梁等设施。因而业主受到交通管理部门的罚款后，向承包商的索赔；

(2)对承包商不合格材料或设备进行的重复检验费；

(3)承包商应以双方共同名义投保失效，给业主带来的损失；

(4)因承包商原因工程延期，需加班赶工时，所增加的监理服务费。

五、索赔的审核

监理工程师是受业主的委托和聘请，对工程项目的实施进行组织、监督和控制工作。监理工程师根据业主的委托或授权，对承包商索赔的审核工作主要分为判定索赔事件是否成立和核查承包商的索赔计算是否正确、合理两个方面，并可在业主授权的范围内做出自己独立的判断。

承包商索赔要求的成立必须同时具备如下 4 个条件：

(1)与合同相比较已经造成了实际的额外费用增加或工期损失。

(2)造成费用增加或工期损失的原因不是由于承包商自身的过失所造成。

(3)这种经济损失或权利损害也不是应由承包自身应承担的风险所造成。

(4)承包商在合同规定的期限内提交了书面的索赔意向通知和索赔文件。

上述4个条件没有先后主次之分，并且必须同时具备，承包商的索赔才能成立。其后监理工程师对索赔文件的审查重点主要有两步：

第一步，重点审查承包商的申请是否有理有据，即承包商的索赔要求是否有合同依据，所受损失确属不应由承包商负责的原因造成，提供的证据是否足以证明索赔要求成立，是否需要提交其他补充材料等。

第二步，监理工程师以公正的立场和科学的态度，审查并核算承包商的索赔值计算，分清责任，剔除承包商索赔值计算中的不合理部分，确定索赔金额和工期延长天数。

第八章　竣工阶段工程造价控制

工程项目竣工验收是建设程序的最后一个阶段，是全面检查和考核合同执行情况、检验工程建设质量和投资效益的重要环节。国家规定：所有建设项目按批准的设计文件所规定的内容建成，工业项目经负荷运转和试生产考核，能够生产合格产品；非工业项目符合设计要求，能够正常使用。所有建设项目都要及时组织验收，进行项目的竣工结算和竣工决算。有效地控制这一阶段的工程造价，对项目最后造价的确认具有重要意义。

第一节　竣 工 验 收

一、竣工验收及验收内容

（一）工程项目验收阶段

工程项目的验收一般分为初步验收和竣工验收两个阶段，对于规模较大、较复杂的工程项目，先进行初步验收，然后进行全部建设工程项目的竣工验收，对于规模较小，较简单的工程项目，可以一次进行全部工程项目的竣工验收。

1. 初步验收

施工单位在单位工程交工前，应进行初步验收工作，单位工程竣工后，施工单位再按照国家规定，整理好文件、技术资料，向建设单位提出竣工报告，建设单位收到报告后，应及时组织施工、设计和使用等有关单位进行初步验收。

2. 竣工验收

整个工程项目全部完成后，经过各单位工程的验收，符合设计条件，并具备施工图、竣工决算、工程总结等必要性文件，由项目主管部门或建设单位组织验收。竣工验收是对建设成果和投资效果的总检验，凡新建、扩建、改建的基本建设项目和技术改造项目，按批准的设计文件所规定的内容建成，符合验收标准的，要及时组织竣工验收，办理固定资产移交手续。

根据《公路工程竣（交）工验收办法》（交通部令 2004 年 3 号），公路工程验收分为交工验收和竣工验收两个阶段。

交工验收是检查施工合同的执行情况，评价工程质量是否符合技术标准及设计要求，是否可以移交下一阶段施工或是否满足通车要求，对各参建单位工作进行初步评价。

竣工验收是综合评价工程建设成果，对工程质量、参建单位和建设项目进行综合评价。

对于规模较小、等级较低的小型项目，可将交工验收和竣工验收合并进行。规模较小、等级较低的小型项目的具体标准由省级人民政府交通主管部门结合本地区的具体情况制订。

（二）竣工验收的内容

项目竣工验收的内容包括提交竣工资料、建设单位组织检查和鉴定、进行设备的单体试车设备测试和办理工程交接手续。

1.提交竣工资料

在竣工验收时,承包单位应向建设单位提供下列资料:

(1)工程项目开工报告;

(2)工程项目竣工报告;

(3)图纸会审和设计交底纪要;

(4)设计变更通知单;

(5)技术变更核实单;

(6)工程质量事故发生后调查和处理资料;

(7)水准点位置、定位测量记录、沉降及位移观测记录;

(8)材料、设备、构件的质量合格证明资料;

(9)材料、设备、构件的试验、检验报告;

(10)隐蔽工程验收记录及施工日志;

(11)设备试车记录;

(12)竣工图;

(13)质量检验评定资料;

(14)未完工程项目一览表(如果有未完工程在交工使用后一段时间内可暂缓交工的项目)。

2.建设单位组织检查和鉴定

3.进行设备的单体试车、无负荷联动试车及有负荷联动试车

(1)单体试车就是按规程分别对机器和设备进行单体试车。单体试车由承包单位自行组织。

(2)无负荷联动试车就是在单体试车以后,根据设计要求和试车规则进行的。通过无负荷的联动试车检查仪表、设备以及介质的通路,如油路、水路、气路、电路、仪表等是否畅通,有无问题;在规定的时间内,如果未发生问题,就认为试车合格。无负荷联动试车一般由承包单位组织、建设单位、监理工程师等参加。

(3)有负荷联动试车就是在无负荷联动试车合格后,由建设单位组织承包商等参加;近来又以总包主持、安装单位负责、建设单位参加的形式进行。不论是由谁主持,这种试车都要达到运转正常,生产出合格产品,参数符合规定,才算负荷联动试车合格。

4.办理工程交接手续

检查鉴定和负荷联动试车合格后,合同双方签订交接验收证书,逐项办理固定资产移交,根据承包合同的规定办理工程决算手续。除注明承担的保修工作内容外,双方的经济关系和法律责任可予以解除。

公路工程竣工验收的主要工作内容是:

(1)成立竣工验收委员会;

(2)听取项目法人、设计单位、施工单位、监理单位的工作报告;

(3)听取质量监督机构的工作报告及工程质量鉴定报告;

(4)检查工程实体质量、审查有关资料;

(5)按交通部规定的办法对工程质量进行评分,并确定工程质量等级;

(6)按交通部规定的办法对参建单位进行综合评价;

(7)对建设项目进行综合评价;

(8)形成并通过竣工验收鉴定书。

二、竣工验收的条件、依据和标准

(一)组织竣工验收的条件

竣工项目必须达到以下基本条件,才能组织竣工验收:

(1)工程项目按照工程合同规定和设计图纸要求全部施工完毕(生产性工程和辅助性工程已按设计要求建设完成),达到国家规定的质量标准,能够满足生产和使用要求。

(2)交工工程达到窗明、地净、水通、灯亮及采暖通风设备正常运转。

(3)主要工艺设备已安装配套,经联动负荷试车合格,构成生产线,形成生产能力,能够生产出设计文件中所规定的产品。

(4)职工宿舍和其他必要的生活福利设施能适应初期的需要。

(5)生产准备工作能适应投产初期的需要。

(6)建筑物周围2m以内的场地清理完毕。

(7)竣工决算已完成。

(8)技术档案资料齐全,符合交工要求。

在坚持竣工验收基本条件的基础上,通常对于具备下列条件的工程项目,也可报请竣工验收:一是房屋室外在住宿小区内的管线已经全部完成,但个别不属承包商施工范围的市政配套设施尚未完成,因而造成房屋尚不能使用的建筑工程,承包商可办理竣工验收手续;二是非工业项目中的房屋工程已建成,只是电梯尚未到货或晚到货而未安装,或虽已安装但不能与房屋同时使用,承包商可办理竣工验收手续;三是工业项目中的房屋建筑已经全部完成,只是因为主要工艺设计变更或主要设备未到货,只剩下设备基础未做,承包商也可办理竣工验收手续。

公路工程项目进行竣工验收应具备以下条件:

(1)通车试运营2年后;

(2)交工验收提出的工程质量缺陷等遗留问题已处理完毕,并经项目法人验收合格;

(3)工程决算已按交通部规定的办法编制完成,竣工决算已经审计,并经交通主管部门或其授权单位认定;

(4)竣工文件已按交通部规定的内容完成;

(5)对需进行档案、环保等单项验收的项目,已经有关部门验收合格;

(6)各参建单位已按交通部规定的内容完成各自的工作报告;

(7)质量监督机构已按交通部规定的公路工程质量鉴定办法对工程质量检测鉴定合格,并形成工程质量鉴定报告。

公路工程符合竣工验收条件后,项目法人应按照项目管理权限及时向交通主管部门申请验收。交通主管部门应当自收到申请之日起30日内,对申请人递交的材料进行审查,对于不符合竣工验收条件的,应当及时退回并告知理由;对于符合验收条件的,应自收到申请文件之日起3个月内组织竣工验收。

(二)竣工验收的依据

竣工项目除了必须符合国家规定的竣工标准外,还应该以下列文件作为竣工验收的依据:

(1)批准的设计文件、施工图纸及说明书;

(2)双方签订的施工合同;

(3)设备技术说明书;

(4)设计变更通知书；

(5)施工验收规范及质量验收标准；

(6)外资工程应依据我国有关规定提交竣工验收文件。

公路工程竣(交)工验收的依据是：

(1)批准的工程可行性研究报告；

(2)批准的工程初步设计、施工图设计及变更设计文件；

(3)批准的招标文件及合同文本；

(4)行政主管部门的有关批复、批示文件；

(5)交通部颁布的公路工程技术标准、规范、规程及国家有关部门的相关规定。

(三)竣工验收的标准

竣工验收必须符合以下要求：

(1)生产性项目和辅助性公用设施，已按设计要求建成，能满足生产使用要求；

(2)主要工艺设备和配套设施联动负荷试车合格，形成生产能力，能够生产出设计中所规定的产品；

(3)必须的生活设施，已按设计要求建成合格；

(4)生产准备工作能适应投产的需要；

(5)环境保护设施、劳动安全卫生设施和消防设施，已按设计要求与主体工程同时建成使用；

(6)设计和施工质量已经质量监督部门检验并做出评定；

(7)工程结算和竣工决算通过有关部门审查和审计。

建设工程项目竣工验收必须执行《建筑工程施工质量验收统一标准》(GB 50305—2001)及其配套的各专业工程施工质量验收规范。

单位(子单位)工程质量验收合格应当符合下列规定：

(1)单位(子单位)工程所含分部(子分部)工程的质量均应验收合格；

(2)质量控制资料应完整；

(3)单位工程(子单位)工程所含分部工程有关安全和功能的检测资料应完整；

(4)主要功能项目的抽查结果应符合相关专业质量验收规范的规定；

(5)观感质量验收应符合要求。

公路工程的交工验收由项目法人组织监理单位按《公路工程质量检验评定标准》(土建工程)(JTG F80/1—2004)的要求对各合同段的工程质量进行评定。

各合同段工程质量评分采用所含各单位工程质量评分的加权平均值。即：

$$合同段工程质量评分值=\frac{\sum(单位工程质量评分值\times 该单位工程投资额)}{合同段总投资额}$$

公路工程竣工验收分别从工程质量、参建单位工作的综合评价和建设项目综合评价三个方面，采用加权评分法进行。工程质量和建设项目综合评分的标准分为：优良、合格和不合格三类；参建单位工作的综合评价标准分为：好、中、差三类。

竣工验收工程质量评分采取加权平均法计算，其中交工验收工程质量得分权值为 0.2，质量监督机构工程质量鉴定得分权值为 0.6，竣工验收委员会对工程质量评定得分权值为 0.2。工程质量评定得分大于等于 90 分为优良，小于 90 分且大于等于 75 分为合格，小于 75 分为不合格。

竣工验收委员会按交通部规定的办法对参建单位的工作进行综合评价。评定得分大于等于 90 分且工程质量等级优良的为好，大于等于 75 分为中，小于 75 分为差。

竣工验收建设项目综合评分采取加权平均法计算，其中竣工验收工程质量得分权值为 0.7，参建单位工作评价得分权值为 0.3（项目法人占 0.15，设计、施工、监理各占 0.05）。评定得分大于等于 90 分且工程质量等级优良的为优良，大于等于 75 分为合格，小于 75 分为不合格。

负责组织竣工验收的交通主管部门对通过验收的建设项目按交通部规定的要求签发《公路工程竣工验收鉴定书》。

三、竣工验收的程序

工程项目竣工验收工作范围较广，涉及的单位、部门和人员多，为了有计划、有步骤地做好各项工作，保证竣工验收的顺利进行，按照竣工验收工作的特点和规律，应事先制订出竣工验收进度计划。其基本程序如图 8-1 所示。

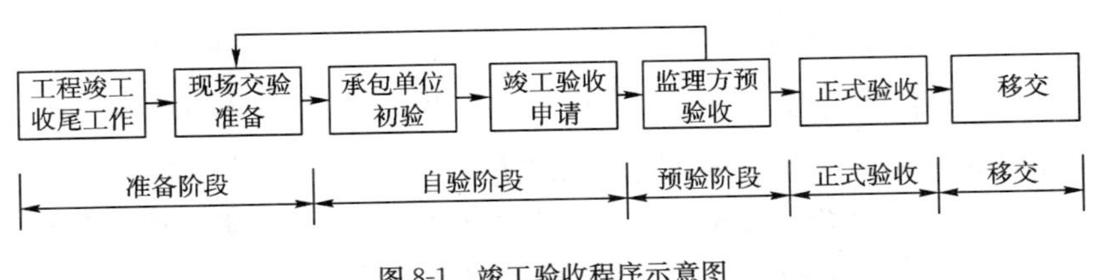

图 8-1　竣工验收程序示意图

四、竣工验收的组织

（一）成立竣工验收委员会或验收组

根据工程规模大小和复杂程度组成验收委员会或验收组，其人员构成应由银行、物资、环保、劳动、统计、消防及其他有关部门的专业技术人员和专家组成。建设主管部门和建设单位（业主）、接管单位、施工单位、勘察设计单位也应参加验收工作。

大、中型和限额以上建设项目及技术改造项目，由国家发改委或国家发改委委托项目主管部门、地方政府部门组织验收；小型和限额以下建设项目及技术改造项目，由项目主管部门或地方政府部门组织验收。

公路工程竣工验收由交通主管部门按项目管理权限负责。交通部负责国家、部重点公路工程项目中 100km 以上的高速公路、独立特大型桥梁和特长隧道工程的竣工验收工作；其他公路工程建设项目，由省级人民政府交通主管部门确定的相应交通主管部门负责竣工验收工作。

公路工程竣工验收委员会由交通主管部门、公路管理机构、质量监督机构、造价管理机构等单位代表组成。大中型项目及技术复杂工程，应邀请有关专家参加。国防公路应邀请军队代表参加。

项目法人、设计单位、监理单位、施工单位、接管养护等单位参加竣工验收工作。

（二）验收委员会或验收组的职责

验收委员会或验收组的职责包括以下几个方面：

（1）负责审查工程建设的各个环节，听取各有关单位的工作报告。

（2）审阅工程档案资料，实地检验建筑工程和设备安装工程情况。

（3）对工程设计、施工、设备质量、环境保护、安全卫生、消防等方面客观地、实事求是地做出全面的评价。签署验收意见,对遗留问题应提出具体解决方案并限期落实完成。不合格工程不予验收。

公路工程参加竣工验收工作各方的主要职责是:

(1)竣工验收委员会负责对工程实体质量及建设情况进行全面检查。按交通部规定的办法对工程质量进行评分,对各参建单位进行综合评价,对建设项目进行综合评价,确定工程质量和建设项目等级,形成工程竣工验收鉴定书。

(2)项目法人负责提交项目执行报告及验收所需资料,协助竣工验收委员会开展工作;

(3)设计单位负责提交设计工作报告,配合竣工验收检查工作;

(4)监理单位负责提交监理工作报告,提供工程监理资料,配合竣工验收检查工作;

(5)施工单位负责提交施工总结报告,提供各种资料,配合竣工验收检查工作。

第二节　竣工结算与竣工决算

一、竣 工 结 算

竣工结算是指一个单位工程或单项工程完工后,经业主及工程质量监督部门验收合格,在交付使用前由施工单位根据合同价格和实际发生的增加或减少费用的变化等情况进行编制,并经业主或其委托方签字确认的,以表达该工程最终造价为主要内容,作为结算工程价款依据的经济文件。

工程竣工结算一般由施工单位编制,建设单位审核同意后,按合同规定签字盖章,最后通过相关银行办理工程价款的竣工结算。

竣工结算是建设项目建筑安装工程中的一项重要经济活动。正确、合理、及时地办理竣工结算,对于贯彻国家的方针、政策、财经制度,加强建设资金管理,合理确定、筹措和控制建设资金,具有十分重要的意义。竣工结算也是施工阶段进行造价控制的最重要环节。

(一)竣工结算的原则

工程项目竣工结算既要正确贯彻执行国家和地方基建主管部门的政策和规定,又要准确反映施工企业完成的工程价值。在进行工程结算时,要遵循以下原则:

(1)必须具备竣工结算的条件,要有工程验收报告,对于未完工程或质量不合格的工程,不能结算,需要返工重做的,应返工修补合格后,才能结算。

(2)竣工结算要本着对国家、建设单位、施工单位认真负责的精神,做到既要合理又要合法。

(3)严格遵守国家和地区的有关规定。

(二)竣工结算的方式

竣工结算的方式与经济承包方式有关。施工合同的经济承包方式有总价合同、单价合同和成本加酬金合同,相应的竣工结算方式也有以下几种:

(1)经济包干法。经济包干法考虑了工程造价动态变化的因素,合同价格一次包死,合同价格就是竣工结算总造价。

(2)合同数增减法。合同商定有价格,但没有包死。允许按实际情况进行增减结算。例如:修改设计、加深基础、材料调价等。

(3)预算签证法。预算签证法以双方审定的施工图预算数签订合同。施工过程凡是经过双方签字同意的凭证都作为结算的依据，以预算数为基础进行调整。

(4)竣工图计算法。根据竣工图、竣工技术资料、预算定额、按照施工图预算编制法，全部重新计算。这种方法工程量大，但完整性和准确性好，适用于工程内容变化大、施工周期长的项目使用。

(5)工程量清单计价法：以业主与承包方之间的工程量清单报价为依据，进行工程结算。

(三)竣工结算的编制

1.竣工结算编制依据

(1)施工图预算。指由施工单位、建设单位双方协商一致，并经监理单位审定的施工图预算。

(2)图纸会审纪要。指图纸会审会议中对设计方面有关变更内容的决定。

(3)设计变更通知单。必须是在施工过程中，由设计单位提出的设计变更通知单，或结合工程的实际情况需要，由建设单位提出设计修改要求后，经设计单位同意的设计修改通知单。

(4)施工签证单或施工记录。凡施工图预算未包括，而在施工过程中实际发生的工程项目(如树木草根清除、古墓处理、淤泥垃圾土挖除换土、地下水排除、因图纸修改造成返工等)，要按实际耗用的工料，由施工单位做出施工记录或填写签证单，经监理单位审定签证后方为有效。

(5)工程停工报告。在施工过程中，因材料供应不上或因改变设计、施工计划变动、工程下马等原因，导致工程不能继续施工时，应由监理人员填写停工报告。

(6)材料代换与价差。材料代换与价差，必须要有经过建设单位同意认可的原始记录方为有效。

(7)工程合同。施工合同规定了工程项目范围、造价数额、施工工期、质量要求、施工措施、双方责任、奖罚办法等内容。

(8)竣工图。

(9)工程竣工报告和竣工验收单。

(10)有关定额、费用调整的补充项目。

2.竣工结算编制步骤

编制竣工结算书就是在原来预算造价的基础上，对在施工过程中的工程价差、量差的费用变化等进行调整，计算出竣工工程的造价和实际结算价格的一系列计算过程。竣工结算的编制按以下步骤进行：

(1)收集整理原始资料。原始资料是编制竣工结算的主要依据，必须收集齐全，除平时积累外，尚应在编制前做好调查、整理、核对工作。只有具备了完整的原始资料后，才能开始编制竣工结算。

(2)了解工程施工和材料供应情况。了解工程开工时间、竣工时间、施工进度、施工安排和施工方法，校核材料供应方式、数量和价格。

(3)分类计算：将收集好的资料分类进行汇总并计算工程量。

(4)查对预算：对施工图预算的主要内容进行检查和核对，少算漏算的要补充结算。

(5)结算单位工程。根据查对结果和各种结算依据，分别归纳汇总，做出单位工程结算。单位工程竣工结算的直接工程费，一般包括三部分：

①原施工图预算直接工程费；

②调增部分直接工程费＝∑调增部分的工程量×相应预算单价；

③调减部分直接工程费＝Σ调减部分的工程量×相应预算单价。

单位工程竣工结算总直接工程费＝原施工图预算直接工程费＋调增部分直接工程费－调减部分直接工程费

(6)结算单项工程。

(7)总结算。

(8)写说明书。其内容应包括：工程概况、结算方法、费用定额和其他需要说明的问题。

(9)送审。

(四)竣工结算的审查

竣工结算是施工单位向建设单位提出的最终工程造价，也是施工阶段造价控制中的最后一关，必须严格把关。

1.竣工结算的审查程序

(1)自审：竣工结算初稿编定后，施工单位内部先组织校审。

(2)建设单位审：自审后编印成正式结算书送交建设单位审查，建设单位也可委托有关部门批准的工程造价咨询单位审查。

(3)造价管理部门审：建设单位与施工单位协商无效时，可以提请造价管理部门裁决。

2.竣工结算的审查方法

(1)高位数：着重审查高位数，诸如整数部分或者十位以前的高位数。单价低的项目从十位甚至百位开始查对，单价高总金额大的项目从个位起开始查对。

(2)抽查法：抽查建设项目中的单项工程，单项工程中的单位工程。抽查的数量，可以根据已经掌握的大致情况决定一个百分率，如果抽查未发现大的原则性的问题，其他未查的就不必再查。

(3)对比法：根据历史资料，用统计法编写各种类型建筑物分项工程量指标值。用统计指标值去对比结算数值，一般可以判断对错。

(4)造价审查法：结算总造价对比计划造价(或设计预算、计划投资额)。对比相差大小一般可以判断结算的准确度。

3.竣工结算的审查内容

竣工结算审查的主要内容如下：

(1)送审结算与承包合同是否一致

必须遵照施工承包合同要求完成全部工程，并验收合格后才能列入竣工结算。应按施工承包合同约定的结算方法、计价定额、取费标准、材料价格和优惠条款等，对工程竣工结算进行审查。若发现结算方法等与合同条款有不一致之处，或有漏洞，应予指出并更正。若涉及面较大，差错较多，则请施工承包单位重新更正后再提交。

(2)检查所有隐蔽工程验收记录、资料

凡隐蔽工程必须经监理工程师签证确认，验证全部有关隐蔽工程并填表、记录，证明隐蔽工程验收手续完整，其工程量与竣工图一致，施工单位方可列入结算。

(3)检查设计变更的全部资料

这是一项在结算审查中工作量较大的工作。由原设计单位出具设计变更通知单和修改图纸，设计、校审人员须签字并加盖公章，经建设单位和监理工程师审查同意、签证。对重大设计变更应经原审批部门再审批，由监理工程师审查所有设计变更资料齐全后，施工单位方能将设计变更后所调整的工程量、费用列入结算。必须指出：应扣除原设计中已计入的相关部分的工程量及费用，再加入设计变更后的相关工程量和费用。需列表将其有关数据，十分清晰地一一列出，使审查人一目了然。如果审查人发现不明的数据，必须查明清楚。

(4)审查施工过程中全部签证项目

在整个施工过程中必然会发生许多合同及预算以外的工程与活动。事先必须由监理工程师、业主审批、签证。施工单位在结算中搜集、列入，监理工程师要逐一查清，如果发现以前的错误，尚可在审查结算中予以纠正。

(5)分部分项工程按图逐一核实工程量

竣工结算的工程量应依据竣工图、设计变更和现场签证等逐项进行核查，并按国家统一规定的计算工程量规则计算，不得遗漏。特别应指出的是钢筋含量应按图计算。但是施工单位自行增加的工程量，不得纳入结算工程量。

审查工程量的工作量较大，容易忽视，直接影响审查结算的质量。

(6)审核定额单价

按分部分项逐项审核单价，按施工承包合同约定的单价条款或招标投标文件规定的计价定额与计价原则执行。特别是经换算的、原定额中缺项而增补的、按市场材料价更新的单价，更要格外注意。

(7)审查材料价格及非标准取费

按照施工承包合同规定各类材料的计价方法，核对相关材料单价。此外，结算中必然会产生若干其他项、非标准规定的额外费用。如果在施工承包合同中有所规定，则按合约取费，若是在施工承包合同中未涉及或混淆的条款，就要严格核实，决不能放松，特别是必须由业主签批的款项，一定要履行签批手续，监理工程师要严格把关。

(8)审核间接费的款项

间接费按政府规定的现行取费标准计取、审核。先审核各项费率、价格指数或换算系数是否符合要求，再核实特殊费用和计算程序，要注意各项费用的计取基数。

(9)核实全部计算数据在运算中的误差

工程竣工结算的子目多、篇幅大、时间间隔长，往往会有在运算过程中产生的计算误差，故审查人应认真核算，防止因计算误差而多算或少算，凡手算的数据必须核查。

(五)竣工工程结算单

竣工工程结算单如表 8-1 所示。

二、竣 工 决 算

工程项目在通过竣工检验，办理验收手续之前，必须对所有财产和物资进行清理，编制竣工决算报告。竣工决算报告是考核基本建设项目投资效益，反映建设项目实际造价的文件，是工程项目竣工验收系列文件的重要组成部分。建设项目竣工决算包括从筹建到竣工投产全过程的全部实际支出费用，即建筑安装工程费用、设备工器具购置费用和工程建设其他费用等。

竣工决算的内容包括竣工决算报告说明书、竣工决算报表、竣工工程平面示意图和工程造价对比分析四个部分，前两个部分又称之为建设项目竣工财务决算，是竣工决算的核心内容和重要组成部分。

(一)工程竣工决算的作用

工程竣工决算是考核工程项目建设成果的主要依据，主要有以下几方面作用：

竣工工程结算单(单位:元)　　　　表 8-1

建设单位

<table>
<tr><td colspan="4">一、原预算造价</td></tr>
<tr><td rowspan="10">二、调整预算</td><td rowspan="5">增加部分</td><td>1. 补充预算</td><td></td></tr>
<tr><td>2.</td><td></td></tr>
<tr><td>3.</td><td></td></tr>
<tr><td>…</td><td></td></tr>
<tr><td>合计</td><td></td></tr>
<tr><td rowspan="5">减少部分</td><td>1. 补充预算</td><td></td></tr>
<tr><td>2.</td><td></td></tr>
<tr><td>3.</td><td></td></tr>
<tr><td>…</td><td></td></tr>
<tr><td>合计</td><td></td></tr>
<tr><td colspan="3">三、竣工结算总造价</td><td></td></tr>
<tr><td rowspan="4">四、财务结算</td><td></td><td></td><td></td></tr>
<tr><td></td><td></td><td></td></tr>
<tr><td></td><td></td><td></td></tr>
<tr><td></td><td></td><td></td></tr>
<tr><td>说明</td><td colspan="3"></td></tr>
<tr><td colspan="2">建设单位
经办人:
年月日</td><td colspan="2">建设单位
经办人:
年月日</td></tr>
</table>

1. 是检查基本建设投资计划、设计概算执行情况和考核投资效果的依据

建设项目的建设通常都是在国家基本建设计划安排下进行的,其投资额要以批准的可行性研究投资估算、设计概算、施工图预算文件为依据;实施要符合批准的建设计划和设计文件要求;工程项目的建设方案、技术标准不得随意变更;建设规模不得随意扩大或缩小;投资额应控制在批准的概算或预算值以内。因此,竣工决算要围绕检查基本建设投资计划的执行情况和概、预算的执行情况进行。

通过竣工决算,检查落实建设项目是否已达到了设计要求,有没有提高技术标准或扩大建设规模的情况;通过各项实际完成的货币工作量,来分析和检查有无不合理的开支或违背财经纪律和投资计划的情况;竣工决算还应对其他费用的开支进行检查分析,对于临时设施、占地、拆迁以及新增工程都应认真的进行核对。

2. 竣工决算是核定新增资产价值、办理交付使用财产的依据

工程项目建设好后,要核定新增资产价值,并办理交付使用财产的移交手续。通常,新增资产包括新增固定资产、流动资产、无形资产、递延资产、其他资产等。要根据竣工决算报告的编制要求,编制交付使用财产总表和交付使用财产明细表,详细计算全部交付使用财产的价值。应向管理或使用单位提交交付使用财产具体的项目名称、规格、数量、价值等明细表,作为办理交付使用资产交接手续的依据。

3.竣工决算是建设项目财务状况、财务管理水平的综合反映

竣工决算表明了建设项目开始建设以来各项资金的来源和支出，以及取得的财务成果，它是建设项目财务状况的综合反映，也体现了项目建设中的财务管理水平。通过竣工决算，可以检查建设单位(业主)是否遵守国家的财经纪律和投资计划的执行情况，并为基建主管部门、财务部门总结经验，改进管理提供信息。

4.竣工决算为建立工程技术经济档案、修订工程定额提供资料和依据

竣工决算反映了主要工程的全部数量和实际成本、工程造价以及从开始筹建至竣工为止全部资金的运用情况和工程建成后新增资产价值。它是国家基本建设的技术经济档案，并为以后基本建设规划和项目投资安排提供参考。

通过对竣工决算中的人工、材料、机械台班消耗及其他费用的分析，可以反映出在一定时期内各种资源消耗水平、各项费率的取值水平，这些参数可以作为工程定额修订和各项取费标准修订的参考。有些工程项目改进了施工方法，采用了新技术、新工艺、新材料、新结构，降低了材料消耗，提高了劳动生产率，降低了成本，通过竣工决算资料的积累和分析，可以为以后编制新定额或补充定额提供必要的数据、资料。

竣工决算资料是工程造价管理中应积累的基础资料之一，它对提高工程造价的编制水平和管理水平具有积极作用。

(二)竣工结算与竣工决算的关系

建设项目竣工决算是以工程竣工结算为基础进行编制的，是在整个建设项目竣工结算的基础上，加上从筹建开始到工程全部竣工有关基本建设的其他工程费用支出，便构成了建设项目竣工决算的主体。它们的区别主要表现在以下几个方面：

(1)编制单位不同:竣工结算是由施工单位编制的，竣工决算是由建设单位编制的。

(2)编制范围不同:竣工结算主要是针对单位工程编制的，每个单位工程竣工后，便可以进行编制，而竣工决算是针对建设项目编制的，必须在整个建设项目全部竣工后，才可以进行编制。

(3)编制作用不同:竣工结算是建设单位和施工单位结算工程价款的依据，是核对施工企业生产成果和考核工程成本的依据，是建设单位编制建设项目竣工决算的依据。而竣工决算是建设单位考核基本建设投资效果的依据，是正确确定固定资产价值的依据。

(三)公路工程竣工决算的编制依据和主要内容

按照交通部《交通基本建设项目竣工决算报告编制办法》(交财发〔2000〕207 号)(以下简称《竣工决算报告编制办法》)中的规定，交通基本建设项目竣工后，应按照国家有关规定及本办法编制竣工决算报告。没有编制竣工决算报告的项目不得进行竣工验收。

建设单位编制的竣工决算报告在审计部门提出审计意见后，方可组织竣工验收。未经竣工验收委员会认定的竣工决算报告不得上报。

中央级大中型基本建设项目，其项目竣工决算报告经省级交通主管部门或部属一级单位签署意见后报部备案(一式四份)。竣工决算报告在竣工验收委员会审查同意后三个月内报出。

竣工决算报告是考核交通基本建设项目投资效益、反映成果的文件，是确定交付使用财产价值、办理交付使用手续的依据。建设单位要有专人负责有关资料收集、整理、分析、保管工作。项目完成建后，要组织工程技术、计划、财务、物资、统计等有关部门的人员共国编制项目竣工决算报告。设计、施工、监理等单位应积极配合建设单位做好竣工决算报告的编制工作。

1.竣工决算报告的编制依据

编制竣工决算报告所依据的文件、资料有：

(1)经批准的可行性研究报告、初步设计、概算或调整概算等有关资料；

(2)历年的年度基本建设投资计划；

(3)经审核批复的历年年度基本建设财务决算；

(4)编制的施工图预算、承包合同、工程结算等有关资料；

(5)历年有关财产物资、统计、财务会计核算、劳动工资、审计及环境保护等有关资料；

(6)工程质量鉴定、检验等有关文件，工程监理有关资料；

(7)施工企业交工报告等有关技术经济资料；

(8)有关建设项目附产品、简易投产、试运营(生产)、重载负荷试车等产生基本建设收入的财务资料；

(9)有关征地拆迁资料(协议)和土地使用权确权证明；

(10)其他有关的重要文件。

2.竣工决算报告的组成及主要内容

竣工决算报告由以下四部分组成：

1)竣工决算报告的封面、目录

2)竣工工程平面示意图

为了满足竣工验收和竣工决算需要，应绘制能反映竣工工程全部内容的工程设计平面示意图。平面示意图按经过施工实际修改后的工程设计平面图绘制。

3)竣工决算报告说明书

竣工决算报告说明书是竣工决算报告的重要组成部分，主要内容包括：工程项目概况及组织管理情况；工程建设过程和工程管理工作中的重大事件、经验教训；工程投资支出和财务管理工作的基本情况(包括主要会计事项处理原则，财产物资清理及债权债务清偿情况；基建结余资金、基建收入等的上交分配情况；主要技术经济指标的分析、计算情况等)；工程遗留问题等。

4)竣工决算表格

按照《交通基本建设项目竣工决算报告编制办法》的规定，竣工决算报告表式分为决算审批表、工程概况专用表和财务通用表。

(1)竣工决算审批表(交建竣1表)

(2)工程概况专用表(公路项目)

①公路建设项目工程概况表(交建竣2-1表)；

②桥梁隧道建设项目工程概况表(交建竣2-2表)；

(3)财务通用表式

通用表格的格式共有7种：

①建设项目竣工财务决算总表(交建竣3-1表)；

②资金来源情况(交建竣3-2表)；

③待核销基建支出及转出投资明细表(交建竣3-3表)；

④工程造价和概算执行情况表(交建竣4表)；

⑤外资使用情况表(交建竣5表)；

⑥基本建设项目交付使用资产明细表(交建竣6-1表)。

⑦基本建设项目交付使用资金产明细表(交建竣6-2表)。

3.工程造价比较分析

经批准的概、预算是考核实际建设工程造价的依据,在分析时,可将决算报表中所提供的实际数据和相关资料与批准的概、预算指标进行对比,以反映出竣工项目总造价和单位造价是节约还是超支,在比较的基础上,总结经验教训,找出原因,以利改进。

为了考核概、预算执行情况,正确核实建设工程造价,财务部门首先应积累概、预算动态变化资料,如设备材料价差、人工价差和费率价差及设计变更资料等;其次,考查竣工工程实际造价节约或超支的数额。在进行比较分析时,可先对比整个项目的总概算,然后对比单项工程的概算和其他工程费用概算,最后对比分析单位工程概算,并分别将建筑安装工程费、设备工器具费和其他工程费用逐一与竣工决算的实际工程造价对比分析,找出节约和超支的具体内容和原因。在实际工作中,侧重分析以下内容:

(1)主要实物工程量

概预算编制的主要实物工程量的增减必然使工程概预算造价和竣工决算实际工程造价随之增减。因此,要认真对比分析和审查建设项目的建设规模、结构、标准、工程范围等是否遵循批准的设计文件规定,其中有关变更是否按照规定的程序办理,它们对造价的影响如何。对实物工程量出入较大的项目,还必须查明原因。

(2)主要材料消耗量

在建筑安装工程投资中,材料费一般占直接工程费70%以上,因此考核材料费的消耗是重点。在考核主要材料消耗量时,要按照竣工决算表中所列三大材料实际超概算的消耗量,查清是在哪一个环节超出量最大,并查明超额消耗的原因。

(3)建设单位管理费、建筑安装工程其他直接费、现场经费和间接费

要根据竣工决算报表中所列的建设单位管理费与概预算所列的建设单位管理费数额进行比较,确定其节约或超支数额,并查明原因。对于建筑安装工程其他直接费、现场经费和间接费的费用项目的取费标准,国家和各省(自治区、直辖市)均有规定,要按照有关规定查明是否多列或少列费用项目,有无重计、漏计、多计的现象以及增减的原因。

以上所列内容是工程造价对比分析的重点,应侧重分析。但对具体项目应进行具体分析,究竟选择哪些内容作为考核、分析重点,还得因地制宜,视项目的具体情况而定。

(四)公路工程竣工决算报告的编制程序和编制方法

1.编制程序

竣工决算一般应在已编好工程竣工图表文件,并经交工验收各标段达到合格以上的工程时,才能进行竣工决算的编制工作,其编制程序如下:

(1)认真熟悉竣工图表资料,凡涉及工程费用支付(结算)的工程量,应进行必要的核对;应使竣工图纸、工程现场、有关表格(含计量支付表格)"三对口";要审核工程量计量是否符合合同文件规定,竣工图表资料是否符合国家《基本建设项目档案资料管理暂行规定》的要求。

(2)审查施工过程中各项工程变更、索赔、价格调整、暂定金额等支付项目是否符合合同文件规定,签证手续是否完备;审查各中期支付和最终支付是否与竣工图表资料、合同文件相符。

(3)统计汇总设计和实际完成的主要工程量以及钢材、木材、水泥、沥青等主要材料消耗量。

(4)摘取各种实物量、财务数据等资料，填入各种相应的竣工决算表格内，编制竣工平面图和竣工决算说明书。

2.编制方法

根据经审定的期中支付证书、最后(终)支付证书及其支付表格(结账单)，对原概、预算进行调整，重新核定各单项工程、单位工程造价。原概(预)算中的费用项目，建筑安装工程费归属于“建筑安装工程投资”；设备、工具、器具购置费归属于“设备投资”；办公和生活用家具购置费归属于“其他投资”；工程建设其他费用一般归属于“待摊投资”；预留费用部分在施工期中已转化为建筑安装工程费，因此应归属于“建筑安装工程投资”。通过实际对属于增加固定资产价值的其他投资或待摊投资，如建设单位管理费、研究试验费、土地征用及拆迁补偿费等，应分摊于受益工程，随同受益工程交付使用的同时，一并计入新增固定资产价值。

竣工决算图表的编制方法，不像编制概预算那样，要进行各种资料的分析计算，主要是对建设工程的各种原始资料进行全面的审查与统计汇总，然后按照竣工决算表格的要求，将各种数据资料摘录填入，同时做好决算与概预算的对比分析，编制技术经济指标比较表。

1)交通基本建设项目竣工决算报告封面

(1)“主管部门”指建设单位的主管部门。

(2)“建设项目名称”填写批准的项目初步设计文件中注明的项目名称。

(3)“建设项目类别”是指“大中型”或“小型”。

(4)“建设性质”是指建设项目属于续建、新建、改建、迁建和恢复建设等内容。

(5)“级别”是指中央级或地方级的建设项目。

2)竣工决算审批表(表8-2)

交通基本建设项目竣工决算审批表

表8-2

建设项目法人(建设单位)		建设性质	
建设项目名称		主管部门	
主管部门(单位)意见 盖章 年　月　日			
省级交通主管部门 或者部属一级单位意见： 盖章 年　月　日			
交通部审批意见： 盖章 年　月　日			

中央级大中型基本建设项目，其项目竣工决算报告经省级交通主管部门或部属一级单位签署意见后报部备案(一式四份)。

3)建设项目概况表(表8-3和表8-4)

表 8-3

公路建设项目工程概况表

建设项目或单项工程名称			工程主要特征、完成的主要工程量及主要技术经济指标	设计	实际
建设地址或地理位置			1. 公路等级		
建设时间	计划	从年月日开工至年月日竣工	2. 计算行车速度(km/h)		
	实际	从年月日开工至年月日竣工	3. 路线总长(km)		
初步设计和概算批准机关、日期、文号			4. 路基宽度(m)		
			5. 路基土石方(万 m^2)		
调整概算批准机关、日期、文号			6. 路面结构		
			7. 路面铺筑(万 m^2/km)		
开工报告批准时间			8. 桥梁总长(米/座)		
主要设计单位			9. 隧道总长(米/座)		
主要监理单位			10. 涵洞总长(米/座)		
主要施工单位			11. 互通式立交(处)		
主要质量监督部门			12. 分离式立交及平交(处)		
总投资	批准概算	竣工决算	13. 防护工程(万 m^2)		
			14. 连接线长度(km)		
主要材料消耗	设计	实际	15. 管理及养护用房(m^2)		
钢材(t)			16. 服务区(处)		
木材(m^3)			17. 停车区(处)		
水泥(t)			18. 养护工区(处)		
沥青(t)			19. 封闭工程(km)		
			20.		
			21.		
基建支出合计(万元)	批准概算	竣工决算	22.		
建筑安装工程			23.		
设备工具器具			24.		
待摊投资			25.		
其中:建设单位管理费			26. 平均每公里造价(万元)		
其他投资			27. 拆迁房屋(m^2)		
待核销基建支出			28. 迁移人口(人)		
非经营项目转出投资			29. 占地面积(亩)		
			30.		
			31.		
主要收尾工程			32.		
工程内容或名称	投资额(万元)	预计完成时间	33.		
			34.		
			工程质量评定:优良 项;合格 项;不合格 项;总评		

桥梁隧道建设项目工程概况表

表 8-4

建设项目或单项工程名称			工程主要特征、完成的主要工程量及主要技术经济指标	设计	实际
建设地址或地理位置			1. 桥梁隧道全长(m)		
建设时间	计划	从年月日开工至年月日竣工	2. 主桥、隧道长度(m)		
	实际	从年月日开工至年月日竣工	3. 引桥、引道长度(m)		
初步设计和概算批准机关、日期、文号			4. 最大跨径、隧道净宽(m)		
			5. 通航净空、隧道净高(m)		
调整概算批准机关、日期、文号			6. 桥梁墩数(个)		
			7. 桥梁荷载 (t)		
开工报告批准时间			8. 断面形式		
主要设计单位			9.		
主要监理单位			10.		
主要施工单位			11. 接线公路等级		
主要质量监督部门			12. 连接线长度(km)		
总投资	批准概算	竣工决算	13.		
			14.		
主要材料消耗	设计	实际	15.		
钢材(t)			16.		
木材(m^3)			17.		
水泥(t)			18.		
沥青(t)			19.		
			20.		
			21.		
基建支出合计(万元)	批准概算	竣工决算	22.		
建筑安装工程			23.		
设备工具器具			24.		
待摊投资			25.		
其中:建设单位管理费			26. 平均每公里造价(万元)		
其他投资			27. 拆迁房屋(m^2)		
待核销基建支出			28. 迁移人口(人)		
非经营项目转出投资			29. 占地面积(亩)		
			30.		
			31.		
主要收尾工程			32.		
工程内容或名称	投资额(万元)	预计完成时间	33.		
			34.		
			工程质量评定:优良 项;合格 项;不合格 项;总评		

(1)建设时间开工和竣工日期按照实际开工和办理竣工验收的日期填列。如实际开工日期与批准的开工日期不符应作出说明。

(2)表中初步设计、调整概算的批准机关、日期、文号应按历次审批文件填列。

(3)表中有关项目的设计、概算、决算等指标，根据批准的设计文件和概算、决算等确定的数字填写。

(4)表中“总投资”按批准的概算和调整概算数及累计实际投资数填列。

(5)表中“基建支出合计”是指建设项目从开工起至竣工止发生的全部基本建设支出，根据财政部门或主管部门历年批准的“基建投资表”中有关数字填列。

(6)表中所列工程主要特征、完成主要工程量、主要材料消耗量、主要技术经济指标等，根据主管部门批准的概算、建设单位统计资料和施工企业提供的有关成本核算资料等分别填列。

(7)“主要收尾工程”填写工程内容和名称、预计投资额及完成时间等。如果收尾工程内容较多，可增设“收尾工程项目明细表”。这部分工程的实际成本，可根据具体情况进行估算，并作说明，完工以后不再调整竣工决算，但应将收尾工程执行结果按规定程序补报有关资料。

(8)“工程质量评定”填列经工程质量监督部门检测评定的单项工程质量评定及工程综合评价结果。

4)财务决算总表、资金来源情况表、待核销基建支出及转出投资明细表

反映竣工工程从工开始建设起至竣工时为止全部资金来源和运用情况。

(1)基本建设项目竣工财务决算总表(表 8-5)

表 8-5

建设项目竣工财务决算表

资金来源	金额	资金占用	金额
一、基建拨款		一、基建支出	
1.预算拨款		1.交付使用资产	
2.基建基金拨款		2.在建工程	
3.进口设备转账拨款		3.待核销基建支出	
4.器材转账拨款		4.非经营项目转出投资	
5.煤代油专用基金拨款		二、应收生产单位投资借款	
6.自筹资金拨款		三、拨付所属投资借款	
7.其他拨款		四、器材	
二、项目资本		其中:待处理器材损失	
1.国家资本		五、货币资金	
2.法人资本		六、预付及应收款	
3.个人资本		七、有价证券	
三、项目资本公积		八、固定资产	
四、基建借款		固定资产原值	
五、上级拨入投资借款		减:累计折旧	
六、企业债券资金		固定资产净值	
七、待冲基建支出		固定资产清理	

续上表

资 金 来 源	金 额	资 金 占 用	金 额
八、应付款		待处理固定资产损失	
九、未交款			
1. 未交税金			
2. 未交基建收入			
3. 未交基建包干节余			
4. 其他未交款			
十、上级拨入资金			
十一、留成收入			
合计		合计	
补充资料：基建投资借款期末余额： 应收生产单位投资借款期末数： 基建节余资金：			

①表中有关“交付使用资产”、“基建拨款”、“项目资本”、“基建借款”等项目，填列自开工建设至竣工止的累计数，上述指标根据历年批复的年度基本建设财务决算和竣工年度的基本建设财务决算中资金平衡表相应项目的数字进行汇总填列(包括收尾工程的估列数)。

②表中其余各项目反映办理竣工验收时的结余数，根据竣工年度财务决算中资金平衡表的有关项目期末数填表。

③资金占用总额应等于资金来源总额。

④补充资料的“基建投资借款期末余额”反映竣工时尚未偿还的基建投资借款数，应根据竣工年度资金平衡表内的“基建投资借款”项目期末数填列；“应收生产单位投资借款期末数”，应根据竣工年度资金平衡表内的“应收生产单位投资借款”项目的期末数填列；“基建结余资金”反映竣工时的结余资金，应根据竣工财务决算总表中有关项目计算填列。

⑤基建结余资金的计算。基建结余资金＝基建拨款＋项目资本＋项目资本公积＋基建投资借款＋企业债券资金＋待冲基建支出－基本建设支出－应收生产单位投资借款。

(2)资金来源情况表(表 8-6)

资金来源情况表

表 8-6

资 金 来 源	年 度		年 度		年 度		………		合 计	
一、基建投资拨款合计	计划数	实际数	计划数	实际数	计划数	实际数	计划数	实际数	计划数	实际数
1.										
2.										
3.										
4.										
二、项目资本										

续上表

资金来源	年度		年度		年度		………		合计	
1.										
2.										
3.										
4.										
三、项目资本公积										
四、基建投资借款										
1.										
2.										
3.										
4.										
五、上级拨入投资借款										
六、企业债券资金										
七、										
合计										

本表反映建设项目分年度的投资计划与资金拨付到位情况，表中有关基建拨款、项目资本、基建投资借款等资金来源内容，根据历年批复的年度基本建设财务决算和竣工年度的基本建设财务决算中资金平衡表相应项目的数字填列(包括收尾工程的估列数)。

(3)待核销基建支出及转出投资明细表(表 8-7)

表 8-7

待核销基建支出及转出投资明细表

项目	金额	内容	批准单位	文号	备注
一、待核销基建支出合计					
1.					
2.					
3.					
4.					
……					
二、非经营项目转出投资合计					转入单位
1.					
2.					
3.					
4.					
……					

①“待核销基建支出”反映非经营性项目发生的江河清障、航道清淤、补助群众造林、水土保持、取消项目的可行性研究费以及项目报废等不能形成资产部分的投资支出。

②“转出投资”反映非经营性项目为项目配套而建成的、产权不归属本单位的专用设施的实际成本，按照规定的内容分项逐笔填列。

5)工程造价和概算执行情况表(表 8-8)

工程造价和概算执行表

表 8-8

项目	工程总概算			概算包干系数	工程造价			其中						概算投资节余			概算投资包干节余	备注
	合计	人民币	外币		合计	人民币	外币	建安投资	设备投资	其他投资	待摊投资	待核销基建支出	转出投资	合计	人民币	外币		
1	2=3+4	3	4	5	6=7+8 或 =9+10+11+12+13	7	8	9	10	11	12	13	14	15=2-6	16=3-7	17=4-8	18=2-5	

(1)本表反映工程实际建设成本和总造价，以及概算投资节余和概算投资包干部分节余的情况，应按照概算项目或单项工程(费用项目)填列。

(2)待摊投资按照某一单项工程投资额占全部投资的比例分摊到单项工程上。不计入固定资产价值的支出不分摊待摊投资。

6)外资使用情况表(表 8-9)

本表反映建设项目外资使用情况，按照使用外资支出费用项目填列。应说明批准初步设计时的汇率、记账汇率、竣工时的汇率以及外资贷款的转贷金额和转贷单位等情况。各有关表格中，外币折合人民币时，应以项目竣工时的汇率为准。

外资使用情况表

表 8-9

项　　目	计 量 单 位	工程量或数量	外币概算金额	外币实际支出金额	外币实际支出较概算增减	备　　注

按费用项目填列

7)交付使用资产总表(表 8-10)和交付使用资产明细表(表 8-11)

基本建设项目交付使用资产总表

表 8-10

单项工程项目名称（1 栏）	总计（2 栏）	固 定 资 产				流动资产（7 栏）	无形资产（8 栏）	递延资产（9 栏）
		建安工程（3 栏）	设备（4 栏）	其他（5 栏）	合计（6 栏）			

交付单位盖章：　　　年　月　日　　　　接收单位盖章：　　　年　月　日

基本建设项目交付使用资产明细表

表 8-11

单项工程项目名称	建 筑 工 程			设备工具器具家具						流动资产		无形资产		递延资产	
	结构	面积（m²）	价值（元）	名称	规格型号	单位	数量	价格	设备安装费（元）	名称	价值（元）	名称	价值（元）	名称	价值（元）

交付单位盖章：　　　年　月　日　　　　接收单位盖章：　　　年　月　日

(1)交付使用资产总表中各栏数字应根据交付使用资产明细表中相应项目的数字汇总填列。交付使用资产明细表作为建设单位管理项目资产使用,可不纳入上报的竣工决算报告,其具体格式各单位可根据情况进行修改。

(2)交付使用资产总表中固定资产、流动资产、无形资产和递延资产各栏的合计数,应分别与竣工财务决算表交付使用资产的相应数字相符。

第三节　投资效果考核

一、新增资产的构成及其价值的确定

正确核定新增资产的价值,有利于建设项目使用期中的财务管理,并能为建设项目进行投资效果考核和经济后评价提供依据。根据现行财务制度,新增资产是由各个具体的资产项目构成的,按其经济内容的不同,可以将资产划分为固定资产、流动资产、无形资产、递延资产、其他资产等类别。资产的性质不同,计价方法也有差异。

(一)新增固定资产价值的确定

1.新增固定资产的含义

新增固定资产又称交付使用的固定资产,它是投资项目竣工投产后所增加的固定资产价值,是以价值形态表示的固定资产投资最终成果的综合性指标。新增固定资产价值包括:

(1)已经投入生产或交付使用的建筑安装工程价值;

(2)达到固定资产标准的设备工器具的购置价值;

(3)增加固定资产价值的其他费用,如建设单位管理费、施工机构转移费、项目可行性研究费、勘察设计费、土地征用及拆迁补偿费、联合试运转费等。

2.新增固定资产价值的计算

新增固定资产的价值计算是以独立发挥生产或服务能力的单项工程为对象的,当单项工程建成经有关部门验收、鉴定合格,正式移交生产或使用,即应计算新增固定资产价值。一次交付生产或使用的工程,一次计算新增固定资产价值;分期分批交付生产或使用的工程,应分期分批计算新增固定资产价值。

3.固定资产价值计算中应注意的几个问题

(1)为了提高服务质量、改善劳动条件、保护环境等而建设的附属、辅助工程,只要全部建成,正式验收或交付使用就要计入新增固定资产价值;

(2)单项工程中不构成生产或服务系统,但能独立发挥效益的非生产或服务性工程,如住宅、食堂、医务室、托儿所、生活服务网点等,在建成并交付使用后,要计入新增固定资产价值;

(3)凡购置达到固定资产价值标准而不需要安装的设备、工器具,应在交付使用后,计入新增固定资产价值;

(4)属于新增固定资产价值的其他投资,应随同受益工程交付使用的同时一并计入新增固定资产价值。

4.交付使用财产的成本费用计算

交付使用财产的成本费用应按下列内容计算:

(1)线路、桥梁、房屋、管线、建筑物、构筑物、沿线设施等固定资产的成本费用包括建筑安装工程成本和应分摊的待摊投资;

(2)动力设备、通风设备、监控设备、收费系统等固定资产的成本，包括需要安装设备的采购成本、设备的安装成本、设备基础、支柱等的建筑工程成本和应分摊的待摊投资；

(3)运输设备及其他不需要安装的设备、工具、器具、家具等固定资产和流动资产的成本，一般仅计算采购成本，不分摊待摊投资。

5. 共同费用(待摊投资)的分摊方法

增加固定资产价值的共同费用(待摊投资)，如果能够确定应由某项交付使用财产负担的，应直接计入该项交付使用资产成本中；如果是属于整个建设项目或两个以上的单项工程的，在计算新增固定资产价值时，应在各单项工程中按比例分摊。分摊时，哪些费用应由哪些工程负担，又要按具体规定，一般情况下，建设单位管理费应按建筑工程、安装工程、需要安装设备价值的总额作等比例分摊；而土地征用费、迁移补偿、勘察设计费等费用则只按有关构筑物、建筑物的建筑工程价值分摊。

(二)新增流动资产价值的确定

新增流动资产是指新增加的在一年内或者超过一年的一个营业周期内变现或者运用的资产，包括现金及各种存款、存货、应收及预付款等。在确定流动资产价值时，按以下原则处理：

(1)货币性资金，即现金、银行存款及其他货币资金，根据实际入账价值核定。

(2)应收及预付款项包括应收票据、应收账款、其他应收款、预付款和待摊费用。一般情况下，应收及预付款项按企业销售商品、产品或提供服务、提供劳务时的实际成交金额入账核算。

(3)各种存货应当按照取得时的实际成本计价。存货的形成主要有外购和自制两种途径。外购的，按照购买价加运输费、装卸费、保险费、途中合理损耗、入库前加工、整理及挑选费用以及缴纳的税金等计价。自制的，按照制造过程中的各项实际支出计价。

(三)新增无形资产价值的确定

新增无形资产是指新增加的、可供今后企业长期使用但是没有实物形态的资产，包括专利权、商标权、著作权、土地使用权、非专利技术、商誉等。无形资产的计价，原则上应按取得时的实际成本费用计价；企业取得无形资产的途径不同，所发生的支出也不一样，无形资产的计价也不相同。按现行财务制度，无形资产价值的计价原则和计价方式如下：

1. 无形资产的计价原则

(1) 投资者将无形资产作为资本金或者合作条件投入的，按照评估确认或合同协议约定的金额计价；

(2)购入的无形资产按照实际支付的价款计价；

(3)企业自创并依法申请取得的，按开发过程中的实际支出计价；

(4)企业接受捐赠的无形资产，按照发票账单所持金额或者同类无形资产市价作价。

2. 无形资产的计价

(1)专利权的计价：

专利权可分为自创和外购两类：

①自创专利权的计价，其价值为开发过程中的实际支出，主要包括专利的研究开发费、专利申请费、专利登记费、专利年付费、法律诉讼费等；

②专利转让(包括购入或卖出)的计价，其价值主要包括转让价格和手续费。由于专利是具有专有性并能带来超额利润的生产要素，因而其转让价格不能按其成本估价，而是要依据其所能带来的超额收益来估价。

(2)非专利技术的计价：

①自创的非专利技术，一般不得作为无形资产入账，自创过程中发生的费用，现行财务制度允许作当期费用处理，这是因为非专利技术自创时难以确定是否成功，这样处理符合财务会计的稳健性原则；

②购入非专利技术时，应由具有资格的评估机构确认后再进一步估价，往往是通过其产生的收益来进行估价的，其基本思路同专利权的计价方法。

(3)商标权的计价：

①自创的商标，自创时发生的各项费用，如商标设计、制作、注册和保护、宣传广告等费用，一般不作为无形资产入账，而是直接作为销售费用计入当期损益；

②当企业购入或转让商标时，才需要对商标权计价。商标权的计价一般根据被许可方新增收益来确定。

(4)土地使用权的计价

①建设单位(业主)向土地管理部门申请土地使用权，并为其支付了一笔出让金的，这时作为无形资产进行作价；

②土地是通过行政划拨的，不能作为无形资产计价，只有在将土地使用权有偿转让、出租、抵押、作价入股或投资，按规定补交土地出让金后，才作为无形资产计价。

(四)递延资产及其他资产价值的确定

递延资产是指不能全部计入当年损益，应当在以后年度内分期摊销的各项费用，包括开办费、租入固定资产的改良支出等。

(1)开办费的计价。开办费是指在筹建期间发生的费用，包括筹建期间人员的工资、办公费、培训费、差旅费、印刷费、注册登记费以及不计入固定资产和无形资产购建成本的汇兑损益和利息支出等。根据现行财务制度的规定，除了筹建期间不计入资产价值的汇兑净损失外，开办费从企业开始生产经营月份的次月起，按照不短于5年的期限平均摊入管理费用。

(2)以经营租赁方式租入的固定资产改良工程支出的计价，应在租赁有效期限内分期摊入制造费用或管理费用。

(3)其他资产，包括特准储备物资等，主要以实际入账价值核算。

二、投资效果考核的主要指标

固定资产投资效果必须通过一套投资效果指标体系来评定和考核。为适应不同层次的考核投资效果的需要，投资效果考核指标分为微观经济效果和宏观经济效果两类指标。

(一)微观经济效果指标

反映微观经济投资效果的指标，适用于考核建设项目或单项工程的投资效果。主要指标有：

1. 建设工期

建设工期，是指建设项目或一个单项工程从正式开工到全部建成投入生产(或交付使用)时所经历的时间。它是从建设速度角度反映投资效果的指标。建设工期的计算，一般以建设项目或单项工程的“建成投产年月”减去“开工年月”求得。

建设工期的长短对固定资产投资活动中劳动消耗和劳动占用量的大小有很大影响。缩短建设工期可以节省建设阶段的工资、管理费、利息支出等建设费用，降低工程造价，加速资金周转。建设项目或单项工程早投产，可以早收益，早回收投资。因此，缩短建设工期既可以减少“所费”，又能增加“所得”，从而提高投资效果。但建设工期不是越短越好，而是要求达到合理工期。

对建设工期的考核，主要是考核建设项目能否按合理的工期组织建设，并分析投资项目由于缩短工期，所获得的经济效益。

通过对建设工期和达到设计能力年限的对比分析，可以评价建设速度的快慢和建设工期对投资效益的影响。

2. 单位生产能力投资

单位生产能力投资是指建成投产项目或单项工程新增单位生产能力(或工程效益)所耗用的投资。它是反映投资节约效果的指标。形成同类产品单位生产能力或效益所耗费的投资越少，投资效果也就越高。计算公式为：

$$K_A = \frac{K}{A} \tag{8-1}$$

式中：K_A——单位生产能力投资；

K——建成投产项目或单项工程所耗用的全部投资(包括建设期内应付贷款利息和遗留工程尚需投资)；

A——新增生产能力(或工程效益)。

单位生产能力投资的计算必须遵循分子与分母口径一致的原则。有两种计算方法：

(1)按单项工程或更新改造项目计算，即以建成投产单项工程的全部投资除以该工程的新增生产能力。反映直接用于增加生产能力的单项工程本身投资的节约效果。

(2)按建设项目计算，即以建成投产项目的全部投资除以该项目主要产品的新增生产能力。反映包括增加生产能力的单项工程，以及相应配套的辅助、附属生产工程和生活福利设施在内的全部投资的综合节约效果。

运用单位生产能力投资指标，可以对投资效果进行各种考核和对比分析。例如：

①与设计概算对比，考核投资效果的计划执行情况，对投资节约或超支的因素进行分析；②对生产同类产品，不同建设规模或不同建设性质的建设项目单位生产能力投资进行对比，分析节约投资的途径；③对生产同类产品的建设项目单位生产能力投资进行历史对比，研究工程造价升降变化趋势，并进行因素分析。

3. 达到设计生产能力年限

达到设计生产能力年限是指建设项目或单项工程从建成投入生产(或交付使用)时起，到实际年产量达到设计生产能力时止所经历的时间。它是反映新增生产能力利用程度的指标。达到设计生产能力年限，可以综合反映建设的质量，包括从资源勘探、厂址(或路线走向)选择、生产工艺的确定，设备选型与质量，施工质量，建设项目内部配套和外部协作条件等多种因素；同时它还受投产后生产技术、管理水平等的影响。评价和分析年产量达到设计生产能力年限，有利于改进建设工作和生产管理，促进投产工程尽快达到设计生产能力，提高投资使用效果。

达到设计能力年限的计算，一般以实际年产量达到设计能力的年度为准，建设项目设计包括多种生产能力的，按形成设计生产能力的单项工程的建成投产至达到设计生产能力年限分别计算。

尚未达到设计生产能力的工程，可以用生产能力利用率反映投资新增生产能力的利用程度。生产能力利用率是指产品年产量达到设计能力的比率。计算公式为：

$$C_A = \frac{C}{A} \times 100\% \tag{8-2}$$

式中：C_A——生产能力利用率；

C——产品的年产量；

A——设计生产能力。

4. 新增固定资产产值率

新增固定资产产值率是指建成投产的工业项目或单项工程每百万元新增固定资产所增加的产值。它反映由投资所形成的新增固定资产的投入与工业总产值的产出之间的对比关系，是从增产的角度反映投资利用效果的指标。同行业的项目不同时期对比，单位新增固定资产增加的产值愈大，表明投资的利用程度愈高。还可以与原有固定资产产值率进行比较，分析新增固定资产的利用效果和增产潜力。新增固定资产产值率的计算公式为：

$$Q_G = \frac{Q}{G} \times 100\% \tag{8-3}$$

式中：Q_G——新增固定资产产值率；

Q——建成投产的工业项目或单项工程报告年所取得的工业总产值；

G——建成投产的工业项目或单项工程由投资所新增的固定资产价值。

扩建和改建企业计算新增固定资产产值率时，其总产值应为扩建或改建工程新增加的产值部分，不包括扩、改建以前原有工程提供的产值。

（二）宏观经济投资效果指标

宏观经济投资效果指标适用于考核行业或地区的投资效果。宏观经济效果是微观经济效果的前提，微观经济效果应从属于宏观经济效果，这是局部利益与全局利益的关系。考核宏观经济效果要以考核微观经济效果为基础，但宏观经济效果指标不等于微观经济效果指标的简单总和或平均。宏观经济投资效果指标主要有：

1. 建设周期

建设周期是指报告期（年）所有正式施工项目全部建成平均需要的时间。它是从宏观经济角度反映建设速度的指标。与建设工期不同的是，它不仅仅反映报告期内建成投产项目的工期，而且主要是反映未建成投产的在建项目的预期工期。建设周期常用计算方法有以下两种：

（1）按建设项目个数计算

$$T = \frac{N}{n} \tag{8-4}$$

式中：N——报告期（年）内正式施工项目个数；

n——报告期全部建成投入生产项目个数。

它的逆指标是建设项目投产率。建设周期的含义是：按照报告期建设项目投产率，报告期内所有正式施工项目全部建成投入生产需要多长时间。

由于建设项目建设规模大小不同，在建设周期上有差异，应按大中型和小型项目分类进行计算。

（2）按投资额计算

$$T = \frac{K}{k} \tag{8-5}$$

式中：K——报告期全部正式施工项目计划总投资之和；

k——报告期全部正式施工项目本报告期（年）完成投资额之和。

它的逆指标是“投资集中系数”。建设周期的含义是：按照报告年度的投资水平，全部完成报告期正式施工项目的计划总投资需要多少时间。

用投资额计算周期，相当于以每个建设项目的投资额作为权数，这样就考虑了项目大小的因素，用这种方法计算建设周期比第一种方法准确。

2. 固定资产交付使用率

固定资产交付使用率是指一定时期新增固定资产与同期完成投资额的比率。它是反映各个时期固定资产动用速度，衡量建设过程中宏观投资效果的综合性指标。固定资产交付使用率的计算公式为：

$$G_{\mathrm{K}} = \frac{G}{k} \times 100\% \tag{8-6}$$

式中：G——某时期内的新增固定资产总额；

k——同时期完成的投资额。

新增固定资产一般是在较长的时期内投资陆续投入后，随着建设项目或单项工程建成投产时一次或分批产出的结果，因此固定资产交付使用率一般适用于在较长的时间和较大的范围观察。

3. 建设项目投产率

建设项目投产率是指一定时期内全部建成投入生产项目个数占同期正式施工项目个数的比率。它是从项目建设速度的角度反映投资效果的指标。建设项目投产率的计算公式为：

$$N_{\mathrm{n}} = \frac{n}{N} \times 100\% \tag{8-7}$$

式中：n——某时期内全部建成投入生产项目的个数；

N——同期正式施工项目的个数。

建设项目投产率高低，与建成投产项目个数成正比，与施工项目个数成反比。不同时期建设项目投产率易受大中小型项目构成变化的影响，为尽可能消除这一不可比因素，可将大中型项目和小型项目分开计算。

4. 生产能力建成率

生产能力建成率是指一定时期内新增生产能力占同期施工规模的比率。它是从生产能力形成速度的角度以实物形态反映投资效果的指标。生产能力建成率的计算公式为：

$$A_{\mathrm{a}} = \frac{a}{A} \times 100\% \tag{8-8}$$

式中：a——某时期内的新增生产能力；

A——同期的施工规模。

生产能力建成率高低，与新增生产能力成正比，与施工规模成反比。

5. 房屋建筑面积竣工率

房屋建筑面积竣工率是指一定时期内房屋竣工面积占同期房屋施工面积的比率。它是从房屋建筑施工速度的角度反映投资效果的指标。房屋建筑面积竣工率的计算公式为：

$$M_{\mathrm{m}} = \frac{m}{M} \times 100\% \tag{8-9}$$

式中：m——某时期内的房屋竣工面积；

M——同期的房屋施工面积。

房屋建筑面积是以每栋房屋（即单位工程）为对象进行统计的，且房屋施工周期相对较短，因此，这一指标既适用于在较大范围进行观察，也可以对建设项目或施工企业进行观察。

6. 未完工程占用率

未完工程占用率是指年末未完工程累计完成投资额占全年实际完成投资额的比率。它是从资金占用的角度反映投资效果的指标。未完工程占用率的计算公式为：

$$W_k = \frac{W}{k} \times 100\% \tag{8-10}$$

式中：W——年末未完工程累计完成投资额；

k——全年实际完成投资额。

未完工程是指已经开工，但尚未建成交付使用的工程。由于未完工程只占用社会劳动（活劳动和物化劳动），未形成生产能力，还不能为社会提供任何有用的效果，因此，严格控制未完工程，对于提高投资效果有着重要的意义。一般说来，在为下年度保持一定数量的未完工程的条件下，未完工程占用率愈低，说明建设阶段占用的资金愈少，建设速度愈快，投资效果愈高。

7. 每亿元投资新增主要生产能力

每亿元投资新增主要生产能力是指一定时期某行业耗用的全部投资与同期该行业新增各种主要产品生产能力的比值。它是通过投资耗费与建设成果对比关系综合反映建设阶段投资效果的指标。每亿元投资新增主要生产能力的计算公式为：

$$A_k = \frac{A}{k} \tag{8-11}$$

式中：A——某行业计算期新增主要产品生产能力；

k——该行业同期完成的投资额，包括形成生产能力工程的投资，相应配套工程的投资，以及未完成工程的投资。前者是行业建设成果的产出，后者是行业投资的投入，两者对比，要求一定数量的投资新增的生产能力尽量多，或新增一定数量的生产能力所耗用的投资尽量少。

8. 投资效果系数

投资效果系数是指一定时期国民收入的增加额与引起这一增长的全社会固定资产投资的比值。它是从整个国民经济的角度反映固定资产投资效果的指标。投资效果系数的计算公式为：

$$I_k = \frac{I}{k} \tag{8-12}$$

式中：I——计算期国民收入的增加额；

k——引起这一增长的全社会固定资产投资完成额。

由于投资引起国民收入的增加有一定的时间间隔，如考虑时滞，则在时间上 I 可以比 k 错后一两年。

从宏观经济的角度观察，固定资产投资的最终综合成果表现为国民收入的增长，提高投资效果归根到底是要以较少的投资取得更多的国民收入，投资效果系数就反映了投资额与新增国民收入的对比关系。但国民收入的增加，不完全是固定资产投资的结果，增加流动资金或加快资金周转速度，提高劳动熟练程度，改善经营管理，以提高原有生产能力的利用率等，都能增加国民收入。因此，投资效果系数只是近似地反映固定资产投资宏观经济效果的变化趋势。

第九章　土木工程造价审计

第一节　土木工程造价审计概述

一、土木工程造价审计及其作用

土木工程造价审计，也称基本建设工程审计、建设项目审计。它是以建设单位、建筑企业参与兴建的工程项目为对象的专业审计。从整个审计活动过程看，是指由独立的审计机构和审计人员，依据国家一定时期颁发的有关法律法规和相关的技术经济指标，运用审计技术对工程项目建设过程的合法性、合规性和效益性进行的监督、评价的行为。它是我国审计监督工作的重要组成部分，也是国家对固定资产投资活动进行监督管理的重要手段。

为保证社会再生产的顺利进行，固定资产投资必须保持一定的规模，同时，在未形成固定资产之前，工程建设项目的建造时期都比较长，建造过程复杂，参与单位也比较多，而且，投资的结果将形成新的生产能力，直接影响和决定国民经济和社会发展各方面的比例关系，因此，必须加强对建设项目的监督与控制。

土木工程造价审计，作为一种监督手段，具有以下作用。

(一)有利于控制基本建设投资规模

从宏观上讲，基本建设投资规模的大小，关系到国民经济的发展速度和人民生活水平的提高。如果基本建设投资计划安排的建设项目过多，不仅影响国家经济建设速度，而且降低投资效果，造成严重损失浪费。通过审计，协调各部门、各地区合理安排基本建设投资规模，促进按国家计划控制投资规模.从微观上看，通过对每个建设工程项目的审计，可以保证建设项目不突破国家下达的投资指标，有效地控制建设规模，防止不顾实际情况地搞计划外工程。

(二)保证严格执行基本建设程序

工程项目的建设是指将建设的投资转化为固定资产的过程，是扩大再生产的手段，是进行技术改造的手段。项目建设应遵循其本身所特有的建设程序，应先计划后建设，先勘察后设计，先设计后施工，先验收后使用。这是关系到项目建设质量的大问题。实际经验教训表明，只有严格按照建设程序办事，才能保证项目建设目标的顺利实现。因此，审查建设项目是否贯彻执行国家基本建设方针、政策、法令和有关规章制度，就可以保证严格执行基本建设程序，防止出现违反基本建设程序，边搞勘察、边设计、边施工的违背科学决策程序的行为。

(三)保证建设资金的有效合理使用

在土木工程造价审计中，必须审查承包合同、包干经济责任书和基本建设工程价款结算、工程费用支出的合法性、合规性和合理性，防止和揭露基本建设中的损失浪费，从而促使建设资金得到有效合理的使用。为建设项目的质量提供资金上的保证。

(四)考核和评价投资效益,提高建设项目的经济效益

随着固定资产投资体制的改革,建设项目的资金来源渠道多元化,在工程建设过程中就必须考虑把有效的资金如何使用以获得最大化的效益的问题。通过土木工程造价审计,可以审查工程竣工决算,督促及时办理竣工验收手续,交付使用投产,考核投资效果,评价经济效益,总结经验教训,提高建设项目的投资决策水平和投资经济效益。

(五)维护财经法纪,有利于降低工程成本

通过土木工程造价审计,可以查核基本建设经济活动中的各种弊端,揭露和处理基本建设中的各种经济违法犯罪行为,促进建设单位维护财经法纪。同时,剔除工程成本中的各种不合理开支,从而降低工程成本。

二、土木工程造价审计的内容

土木工程造价审计的对象是工程项目,一个建设项目从开工到完工交付使用,必须经过开工前准备、在建和竣工验收三个阶段,其间经历的时间长,涉及的单位多,工程结算关系复杂,作为监督手段的审计,可以对工程建设的全部活动进行监督审查。但是,实际工作中,土木工程造价审计主要是按照工程项目建设程序进行审计,即建设项目概、预算审计、资金来源审计、在建期间工程支出审计、工程竣工决算审计、交付财产审计和投资效益审计等。审计的内容因为对象不同而有区别,主要的审计内容可以概括为以下几个方面:

(1)检查建设项目是否按照批准的建设规模进行建设。有无任意增加项目或擅自扩大工程量,搞计划外工程的现象。

(2)对列入国家计划的大中型建设项目和重点工程,审查是否进行了可行性研究并履行报批手续。项目的设计方案是否符合国家产业政策,是否符合有关部门设计标准和设计规范等要求。并且要对项目和投资的决策提出建议,防止盲目建设和重复建设,避免造成严重损失和浪费。

(3)对建设项目准备阶段。主要审查:建设用地是否按批准的数量征用,土地使用是否符合审批的规划要求,征地拆迁费用的支出和管理是否合规。

(4)对建设项目建设的资金来源和到位情况,主要审查建设资金来源是否合法;建设资金是否落实;其中预算内拨款是否按计划及时到位,银行贷款是否落实并及时到位,自筹资金有无保证等。

(5)建设资金使用是否合规,有无转移、侵占、挪用建设资金问题;有无非法集资、摊派和收费问题;建设资金是否和生产资金严格区别核算;有无损失浪费问题等。

(6)对于建设项目的建设成本及有关财务收支核算,重点审查工程支出的真实性、合法性,建设单位是否严格按照概算口径及有关制度对建设成本进行正确归集,单位工程成本是否准确;购买的设备种类、数量与概算是否相符;待摊投资超支的幅度及原因,有无将不合法的费用挤入建设成本等。

(7)对建设项目设备、材料采购及管理情况进行审计。主要包括:设备和材料等物资是否按设计要求进行采购;有无严格的设备和材料等物资的验收、保管、使用制度等。

(8)在建设项目竣工的验收阶段,主要审查竣工验收程序是否合规;验收报告内容是否真实;建设项目竣工决算报表编制的真实性、合规性和准确性。

(9)审查建设项目投资及概算执行情况,包括:各种资金来源渠道投入的实际金额;资金不到位的数额、原因及其影响;投资缺口数额是否真实、合理;核实建设项目超概算的金额,分析

其原因。

(10)审查交付使用资产情况,包括交付的固定资产是否真实,是否办理验收手续;流动资产移交的真实性与合法性;交付无形资产的情况;交付递延资产的情况等。

(11)对预提未完工程的工程量及所需的投资进行审查,查明预留投资的合理性,有无假借未完工程名义实际新增工程等问题。

(12)对建设项目投资效益进行评审。主要评价分析建设项目是否达到预期;评价建设项目的经济效益、社会效益和环境效益等。

(13)审查基建投资贷款的归还情况,是否按计划还本付息,有无故意拖延不还的情况等。

三、工程造价审计的方法与程序

(一)工程造价审计的方法

审计方法是完成审计任务的手段。它是审计人员在审计工作过程中,为取得审计证据采用的一系列方法的总称。审计的基本方法有:

1.审计查账法

审计查账法是指在审计过程中审查能够反映审计对象经济活动的各种凭证、账簿、报表及相关资料的方法。包括审阅法、核对法、顺查法、逆查法、详查法、抽查法。

(1)审阅法。是指审计人员详细查阅会计凭证、账表及有关文件等书面资料的方法。

(2)核对法。就是按照被审查资料内在的相互关系、相互对照检查,从中获取审计证据的方法。

(3)验算法(复算法)。是指审计人员对被审查资料的有关数据进行重新计算,以验证原计算结果是否正确的方法。

(4)顺查法(正查法)。就是按照会计核算上的记账程序和时间顺序核查会计资料及其他资料的审计方法。

(5)逆查法(倒查法)。就是逆着会计核算上的记账程序和时间顺序核查会计资料及其他资料的审计方法。

(6)详查法,亦称"全查法"或"精查法"。它是对被审计单位的所有凭证、账簿、报表及相关资料进行全面、系统、仔细查核的方法。

(7)抽查法。就是在全部被审查资料中有选择地抽选某一时间内某一部分会计资料及其他相关资料进行查核的审计方法。

2.审计调查法

审计调查法,是指通过审计人员进行调查研究,收集证据的方法。主要有:

(1)观察法。是指审计人员深入到被审查单位实地察看,调查了解情况的方法。

(2)询查法。是指审计人员按照审计对象的需要向被审查单位有关人员或者外单位进行口头询问、发信件查询以了解情况的方法。

(3)调查表法。是指审计人员事先根据审计的需要编制的问题调查表,发给被审查单位有关人员,要求有关人员对表中的问题进行回答,据以调查情况的方法。

(4)专题调查法。是指审计机关对某一时期一些普遍性的问题,作为专题并集中力量进行审计调查的方法。

(5)专案调查法。是指在财经法纪执行情况审计中,对某一事件或某些事实根据有关线索进行内查外调,获取审计证据的方法。

3. 审计分析法

审计分析法，是指审计人员通过有关资料及经济活动情况进行观察、推理、分解和综合等分析研究，掌握被审查单位情况的方法。其主要有：

(1)比较分析法。是指审计人员通过审计对象的有关指标、数字、情况的对比和分析，分析疑点，找出审计重点的方法。这种审计方法，可以用绝对数进行对比，也可以用相对数进行对比，也可以用有关事实情况进行对比。

(2)因素分析法。是指审计人员利用影响某一审计对象的各个相关因素的内在联系，将各个因素分离出来，再来分析研究各个相关因素对该审计对象的影响及影响程度，进一步查明原因的方法。

(3)账户分析法。是指利用账户之间的对应关系，对其发生额、余额进行分析，从中发现错误和异常，找出审计线索的方法。

(4)账龄分析法。是指将账户记录的会计事项按照发生期限(账龄)进行归类，并根据账龄的长短来分析账户是否存在异常事项的审计方法。

4. 审计盘存法

审计盘存法，是指审计人员通过实际操作和检验，查明情况，做出鉴定的方法。其主要有：

(1)实物盘存法。是指审计人员对被审计单位的各种财产物资进行现场清点或抽查，取得实物证据，以确定有关财产物资账户的记录是否真实、正确的方法。

(2)调节法。是指审计人员为了证实被审计单位报告日数据是否真实，通过分析报告日止审计日的增加和减少事项，调整审计日数据以推算出报告日数据的审计方法。

(3)质量鉴定法。是指利用专家采用化验分析、物理检验等专门技术方法对书面资料的真伪、实物的质量等进行分析和鉴别的结果，获取审计证据的方法。

上述审计方法，由于各类专门审计的对象、目的和任务的差异，在审计中所要选用的方法，其侧重点也是不一样的。对于工程造价审计来说，上述审计技术方法都可以使用。但根据工程造价审计的特点，在审计工作过程中，还应该使用以下的方法：

(1)微观审计和国家宏观管理政策相结合的方法。工程造价审计过程中，都要涉及到基本建设单位的经济利益，当微观的经济利益与国家宏观管理政策发生矛盾时，微观经济利益必须服从宏观经济利益。国家基本建设的投资规模、投资方向，投资结构、筹资渠道等关系到整个国民经济的综合平衡和发展，必须十分重视。如果只审计建设项目的工程造价，而忽略了建设项目与国家宏观管理政策不相符的方面，可能微观审计的效果很好，但仍然不能达到促进提高投资效益的审计目的。

(2)财务审计与技术经济审查相结合的方法。工程造价审计中，大量的审计内容是与工程造价有关的技术经济审查，如建设项目概、预算审计、建设项目造价审计、投资效益审计等，这些内容必须由专业工程师利用专门知识进行审计，同时也要用到财务收支审计的方法，因此，应该从财务收支审计入手，尽量利用两者结合部位的数据资料，通过对比分析，为技术经济审查提供线索，达到节约投资，提高投资效益的目的。

(3)事前审计和事中审计、事后审计相结合的方法。一个建设项目投资效益的高低，是否需要建设，在立项前就要做出认真地评价和可靠地决策，因此，工程造价审计必须进行事前审计。即对建设项目的可行性、设计任务书、概、预算等内容进行审计。在建设项目开工到竣工验收之间，是工程造价的形成过程，这个过程的审计称为事中审计，它对于控制工程成本、限制铺张浪费、严格执行预算无疑有着非常重要的意义。事后审计主要是指在办理竣工验收之前，对建设项目的工程决算或者工程财务决算所做的审计。因此，只有把事前审计、事中审计和事后审计结合起来，为了经济效益还需要继续进行审计，才能适应基本建设的特点，对一个建设项目做出客观，全面而正确的审计评价。

(4)外部审计与内部审计相结合的方法。基本建设投资活动涉及的面很广，基本建设的专业性很强，不同经济性质，不同行业，不同规模的建设项目各具特点，如果只聘请外部审计机构单独进行审计工作，由于审计时间、审计收费等各方面的原因，审计的效果要受到一定的影响。一般情况下，可将事前审计和事后审计委托给外部审计机构，将事中审计由部门或单位的内审机构完成，因为他们熟悉了解本单位的情况，工作上也便于对整个工程造价形成过程进行审计，随时发现不利情况，即可提出处理建议和解决办法予以纠正。因此，采用外部审计与内部审计相结合的方法，工程造价审计的效果最好。

(二)工程造价审计的程序

工程造价审计的程序，是指进行工程造价审计中工程造价审计的先后工作顺序。按照科学的程序进行工程造价审计，可以提高审计工作效率，明确审计责任，保证审计工作质量。

审计程序，有广义和狭义两种含义，广义的审计程序是指审计机构和审计人员进行审计工作从开始到结束的审计工作步骤和顺序；狭义的审计程序则是指审计人员在实施审计的具体工作中所采取的审计方法和审计内容的结合。工程造价审计的程序，与其他专业审计一样，主要指广义的审计程序，一般包括审计准备阶段、审计实施阶段和审计终结阶段。

1.审计准备阶段

(1)确定审计项目。对于国家审计机关来说，就是编制年度审计计划，选择确定审计项目。而内部审计机构则是根据当年项目建设安排，确定内部审计项目范围。

(2)成立审计小组。在确定了审计项目之后，就要根据审计项目的性质和审计内容的要求落实审计人员，成立审计小组。参加审计的人员主要包括：工程技术人员、审计人员等。其中，工程技术人员应是具有预算员资格或造价工程师资格的工程师或高级工程师。审计人员应具备建设单位、施工企业和房地产开发企业财务会计审计知识，人员数量根据审计项目的大小和审计时间的长短而定。

(3)编制审计方案(审计计划)。审计方案(计划)是审计工作实施的具体安排，主要内容包括：①确定审计目的、审计范围及重点审计领域；②对重要会计问题、重大审计领域提出相应的审计程序；③提出时间预算；④选派审计小组成员并进行合理分工；⑤对被审计单位的内部控制的信赖程度是否恰当；⑥对审计重要性水平的确定及审计风险的评价是否恰当；⑦说明如何利用专家、内部审计人员及其他审计人员工作等。

(4)初步收集审计资料

在具体实施审计之前，审计人员应初步收集与工程造价审计有关的资料，例如与审计事项有关的法律、法规、规章、政策及其他文件资料等。对曾经审计过的单位，应当注意查阅了解过去审计的情况。还需调查了解被审计单位的基本情况。例如，审计人员应该到计划部门、项目主管部门、银行等单位了解工程项目的背景以及相关材料，如批准的项目立项报告、可行性研究报告、设计任务书、设计文件、概算文件、分年度投资计划的财务计划等。目的是收集审查建设项目的主要依据资料。

(5)下达审计通知书(签订业务约定书)

按照有关规定，审计机关应当在实施审计3日前，向被审计单位送达审计通知书。建设项目审计的被审计单位在实际工作中主要指建设单位。对于社会审计组织(会计师事务所)来说，则是与委托审计单位签订审计约定书，以此明确双方的责、权、利，保证工程造价审计工作能够顺利进行。

2. 审计实施阶段

(1)进驻被审计单位，进一步了解被审计项目和建设单位的情况

下达审计通知书或签订审计委托书后，审计人员按预定的日期进驻被审计单位，一般要召开一个由被审计单位领导和有关人员参加的进点会，审计组说明审计目的、要求，以取得被审计单位的理解和支持。同时，审计人员应了解下列情况：①建设单位的基本情况，包括机构设置与人员定编、负责人等；②工程项目性质、类别、规模、承建方式等情况；③工程项目现场的施工条件；④工程材料的供应方式；⑤建设期内工程预算定额、预算单价、取费标准等的变化情况；⑥工程价款的结算方式；⑦项目的资金来源与数额、计划投放与实际投入的数额、项目概算及其调整情况；⑧工程的完成情况和进展，包括完成的单项工程的数量和造价、未完工的单项工程的工程进度；⑨工程设计单位、主要施工单位、主要设备生产厂家名单。

(2)收集与审计事项有关的会计资料和工程资料

这些资料一般包括：与工程建设有关的会计凭证、账簿和相关报表；工程项目批准建设、监理、质量验收等有关文件；可行性研究报告、设计任务书、设计文件；工程概算资料及招投标文件；合同、协议；工程施工图或竣工图，决算书，工程量计算书，材料费用资料，取费资料；付款资料；有关证书和执照；施工签证，施工组织设计；设计变更签证资料，隐蔽工程资料；工程决算的财务资料；其他影响工程造价的有关资料等。同时，审计人员应注意审计所需要的相关资料的可获得性。如果上述资料缺乏，审计工作则无法进行。

这些资料即是项目审计的依据，也是审计的对象，一般情况下都由建设单位提供。审计人员在收集这些资料时应注意对其真实性进行鉴别，特别是对复印资料，必要时，应对与隐蔽工程有关的证明资料以及与材料价格有关的资料进行实地核实，以保证审计依据的真实性。

(3)搜集审计证据，编制审计工作底稿

搜集审计证据，编制审计工作底稿，这是具体审计工作的内容，审计人员按照审计方案(计划)所确定的具体审计项目的审计程序，展开审计工作。与其他的专业审计一样，工程造价审计也应采用制度基础审计方法，先对建设单位以及工程项目的内部控制制度进行测试，评价其内部控制制度的健全性和有效性，从而确定出审计重点。同时再审视审计方案(计划)中，所选用审计程序的恰当性。在进行实质性测试过程中，由工程师负责对工程资料进行审核，审计人员负责审查会计资料。按照有关审计准则的要求，以客观、公正的工作态度对有关资料、文件、合同、资金、实物等进行认真的审核和检查，并在审计过程中不断进入建设现场，进行实地考察与测量，深入调查取证，以保证审计内容的真实性和合法性。同时，应编制审计工作底稿。经过反复取证及分析审查之后，审计人员可以得出初步的审计结论。然后将初步审计结论与被审计单位交换意见，对其适当性进行沟通与探讨，并争取达成一致。

3. 审计终结阶段

审计终结阶段也称审计报告阶段。审计人员在实施了必要的审计测试后，即进入审计终结阶段，在该阶段，审计人员应当以经过核实的审计证据为依据，分析审计结论，形成审计意见，提出审计报告初稿，同时征求被审计单位意见，交换双方对审计结果、意见和建议的看法。对被审计单位有异议的事项，审计小组应进一步核实，对合理的意见予以考虑，修改审计报告，否则，应坚持原审计意见。出具正式审计报告。

值得注意，国家审计机关的审计程序还包括后续审计和审计行政复议的工作程序。后续

审计是指审计决定发出后的规定期限内，对被审计单位执行审计决定的情况所进行的审计。审计行政复议，是指被审计单位在收到审计决定后，对审计机关做出的具体行政行为不服时，可根据行政隶属关系向审计机关、(还包括人民政府和人民法院)提出复议时，审计机关应予以受理。

第二节　工程概、预算审计

一、工程概、预算的审计方法

工程概、预算是指设计概算和施工图预算，它们是设计文件的重要组成部分。一般可采用下列方法进行审计。

1.简单审查法

它是只从工程预算单价和取费标准两方面进行审查的方法。适用于审计时间较短，或者信誉较好的编制单位所编制的预算文件。

2.全面审查法

它是对预算文件逐项重复计算，核对计算结果的审查方法。包括对工程量的计算、工程预算单价的选套和取费标准的运用等方面进行的审查。这种方法审计时间较长，适用于审计重大工程项目，或者信誉较低的编制单位所编制的预算文件。

3.筛选审查法

是先对工程项目的有关技术经济指标进行计算，并将其与规定的标准进行对比和分析，未超出规定标准的进行简单审查，超出规定标准者，在进行分析计算，经过多次筛选，选出重点问题，再进行审查。这种方法的优点是可以加快审查速度，但事前需要积累必要的经验数据。

4.抽样审查法

是指有重点地选择抽查一部分工程预算的方法。一般在大量单位工程中。挑选一些主要的、造价比较高的单位工程进行全面审查，或再选择容易发生差错的工程或环节进行重点审查。

上述各种方法，应结合实际情况，加以选用。

二、工程概算的审计

工程项目概算，亦称“设计概算”，简称“概算”。它是在初步设计阶段，设计部门根据初步设计图纸、概算定额、概算指标和费用定额等资料编制的初步设计总概算。它是确定投资项目投资额，编制固定资产投资计划，控制投资拨款、贷款和施工图预算，考核建设成本的依据。工程概算审计一般应从概算编制依据的合规性、概算的完整性和准确性进行审计。

概算工作中常见的错弊主要有：先压低概算，待项目批准以后，再巧立名目调增概算；编制概算时，高估冒算；多算、重复计算或错误计算工程量，增加概算数；编制概算时，不按定额和规则计算或计算单位错用，导致概算造价不准确。引进设备项目的概算，因汇率变化而导致概算的增减时，在实际工作中，往往只调增、不调减等等。这些现象如果不予以制止，必然导致固定资产投资的巨大浪费和损失。因此，加强概算审计工作有其重要的现实意义。

工程概算审计工作开始前，应该做好以下准备工作：首先，收集相关资料，主要有经过审批的计划任务书、初步设计、设计概算、概算定额、概算指标、各类取费标准、设计图纸和说明书、国家有关编制概、预算的文件等内容、其次，审阅上述资料，了解工程项目的建设规模、设计能力、工艺流程和各项技术经济指标，熟悉设计概算的组成内容、费用构成、编制的依据与方法，以及各表与设计文字说明之间的相互关系。深入现场，调查研究。同时，审计人员应与工程技术专家一起踏勘现场，观察工程项目情况。最后，制定审计方案，在调查摸底的基础上，确定审计重点，审计方法和实施的审计程序。

工程项目概算的审计，一般有以下几方面。

1.审查概算文件的组成内容

概算文件应该全面、系统地反映初步设计的内容和要求。概算文件一般包括单位工程概算书、其他工程和费用概算书、单项工程综合概算书、投资项目总概算书等文件，审计人员应该先审查概算文件是否齐全；再审查概算文件内的项目有无遗漏，概算费用的分类是否正确，各概算文件之间的数字是否衔接正确；同时还要注意有无列入与工程无关的其他项目。

2.审查概算的编制依据

审计人员应该审查概算是否根据设计任务书初步设计图纸、概算定额、概算指标和费用定额等资料来编制初步设计总概算；编制概算所采用的概算定额、取费标准、材料设备价格、非标准设备制作价格是否符合现行规定；有无违反国家规定采用高套、混套定额的方法，擅自提高取费标准的现象；对没有具体规定的费用项目，审查是否有合理的测算和参照依据；同时，还要注意审查投资项目概算是否按有关规定，报经有权机构审批。

3.审查概算的总体情况

包括审查工程项目的建设条件，主要审查工程项目建设过程中所需的建筑材料、动力、水源、运输条件以及施工单位等是否落实，施工地区的水文、地质条件是否合乎建设要求；审查设计总图的布局，对各个单位工程的布置，有无安排松散情况，占用土地是否存在征而不用、多征少用的情况；审查设计生产能力是否符合批准的设计任务书所规定的生产纲领，工艺设备是否采用先进合理技术等。

4.审查概算费用项目的构成和具体内容

这是投资项目概算审计的重点内容。概算费用项目主要有建筑安装工程费、设备及工器具购置费、工程建设其他费用、预备费、建设期贷款利息等。

(1)建筑安装工程费用的审查。一是审查工程量计算是否符合计算规则，计算是否准确；二是审查概算定额，概算指标的套用是否正确，有无有意套高定额、错套定额和计价上的错误等问题，三是审查建筑安装工程中各种取费是否正确。在审查过程中，还应该注意复核该项目内各项明细数与汇总数之间的核对关系。如差错数目较大时，应及时向原概算审批部门说明情况，及时纠正。

(2)设备及工器具购置费的审查。首先审核概算中设备和工器具的种类、规格、型号和数量，是否与初步设计文件中的设备清单和工艺流程图完全相符。其次，审查设备价格的合理性。审查标准设备的原价是否与主管部门和物价部门核定的价格相符；非标准设备的估价是否合理，计算是否正确。设备价格中的运杂费的计算，主要审查运杂费率的选用是否合理，计算是否正确。审查国外购置的设备项目时，应注意国际汇率的变化对概算数额的影响，设计概算是否做了必要的修正。

(3)工程建设其他费用的审查。工程建设其他费用属于非生产费用，必须严格按照规定的计算程序以及国家和各省、市、自治区规定的费用项目和费率计取。审查时注意有无增加新项目多列费用的现象，是否严格遵守规定的计取方法进行计算。

(4)预留费的审查。主要从取费基数和预备费率两个方面进行审查。主要审查取费基数是否合规,预备费率是否符合规定。有无多计、重复计算等情况。

三、施工图预算的审计

施工图预算是指根据施工图所确定的工程量,选套相应的预算定额、预算单价及有关的取费标准,预先估算工程项目价格的文件。与设计概算相比,内容更深化,计算更细致、更具体。需要收集的资料有施工图预算书和计算书、施工图纸和说明书、地区单位估价表和补充单位估价表、各有关专业的预算定额资料、材料预算价格、取费标准、费用定额;施工组织设计或施工方案;有关编制预算的规范性文件和规定等。同时审计人员还要熟悉图纸和工程量计算规则,还要了解设计意图、施工组织设计,或者施工方案。并深入施工现场,通过调查掌握实际情况。这样才能做到心中有数,制订出合理的审查方案或审查计划。

施工图预算价值(造价)包括:(1)建筑安装费用;(2)设备、工器具购置费;(3)工程建设其他费用三大部分,这也是审计的主要内容。因其内容与概算审计基本相同,不再重述,这里只对施工图预算审核中的重点内容予以阐述。

(一)单项工程预算编制是否真实、准确

主要包括:

1. 工程量计算是否符合规定的计算规则、是否准确

包括审核工程量计算所运用的原始数据是否与设计图纸相一致;工程量计算口径和计算单位是否与预算定额相一致;工程量计算方法是否与预算定额规定相一致。

2. 分项工程预算定额选套是否合规,选用是否恰当

预算定额套用审查主要包括:审查是否按预算定额的规定正确套用单价,防止高套和重套现象。审查定额换算是否符合规定。工程类别千差万别,为适应不同的需要和不同的地质条件等,经常有一些特殊设计,往往与预算定额不能配套。实际工作中允许对预算定额部分子目进行换算。审计人员应审查定额换算的合法性和准确性。审查定额调整系数。由于新材料、新技术、新工艺不断涌现,实际工作中可能会遇到定额缺项的情况。对此一般是在现有定额基础上经过测算得出调整系数对现有预算价格进行调整。同时,在建筑材料和设备价格上涨而定额调整不及时的情况下,也需对预算价格进行调整。审计人员应与定额管理部门联系,就其编制方法和调整水平进行审查。

3. 工程取费是否执行相应计算基数和费率标准

主要审查其他直接费用项目是否符合预算定额和国家有关规定,防止巧立名目计列其他直接费用。审查费用项目取费基数。审查其费率确定是否正确。国家对其他直接费用的取费标准作了明确而又严格规定,审计机构应督促各单位严格执行,防止高估冒算现象。

4. 审查设备、材料用量与价格

即:审查设备、材料用量是否与定额含量或设计含量一致;设备、材料是否按国家定价或市场价计价。

(二)审查预算项目是否与图纸相符

主要审核是否存在无中生有,巧立名目、加大工程造价等现象。

(三)审查有无漏列或多列费用项目

对于多个单项工程构成一个工程项目时,主要审查工程项目是否包含各个单项工程,费用内容是否正确;有无漏列或多列费用项目的情况等。

（四）预算是否控制在概算允许范围以内

按照我国工程造价管理的有关规定：设计概算（或修正概算）一经批准就作为建设项目投资的最高限额，一般不允许突破。因此，施工图预算应控制在已批准的设计概算或修正概算的范围以内。

（五）利润和税金的计算基数、利润率、税率是否符合规定

主要审核计划利润计提是否与施工企业的级别和工程性质一致，其计算基数、费率是否正确。对于税金主要审查其计税依据和税率选择是否正确，有无低套税率的情况。

第三节　工程概、预算执行情况审计

按照工程建设程序，工程概、预算执行情况只有在工程项目竣工决算后才能得出结论。工程概、预算执行情况的审计目的是审查工程投资的完成情况，与概、预算对比工程造价的节超情况，查明节超的原因，总结建设经验等。工程概、预算的执行过程，也就是工程的建造过程，在这个过程中，需要筹集工程所需要的资金，同时，随着工程进度，需要购买工程物资，支付工程价款，因此，它也是工程造价的形成过程。另外，工程的建造大多是由施工单位完成的，与施工单位存在工程价款的结算事项。工程完工后，需要进行工程的竣工验收，办理竣工结算。因此，本节主要介绍资金来源审计、建设成本审计、工程结算审计和工程竣工决算审计的内容。

一、工程项目的资金来源审计

在现行的基本建设投资体制下，基本建设项目的资金来源渠道呈现多元化，形成了国家、企业、个人、外商投资者等多元投资主体共同投资的新格局。同时，建设单位还可以向银行申请基本建设投资借款、其他借款等。

（一）基建拨款的审计

基建拨款是由国家财政、主管部门和企事业单位拨入建设单位无偿使用的基本建设资金。按其来源渠道不同，分为预算内基建拨款、自筹基建资金拨款和其他基建资金拨款。

1.预算内基建拨款的审计

预算内基建拨款是指列入财政预算支出，由各级财政部门拨款给建设单位的基本建设资金。包括：中央基建基金拨款、地方财政预算拨款、进口设备转账拨款、器材转账拨款、煤代油专用基金拨款、财政贴息拨款等。对于预算内基建拨款的审计，主要审查：

（1）投资项目是否符合预算内拨款的条件，按照规定，国家只对科研、学校、行政事业性质等没有偿还能力的投资项目才给予预算内拨款。

（2）建设单位取得预算拨款的依据是否充分，国家规定，建设单位必须向银行报送经有权机关批准的项目建议书、可行性研究报告、初步设计文件和设计概算、年度基本建设计划和年度基本建设工程项目表、施工图预算、年度基本建设财务计划和施工合同等文件。文件不齐全或者审批手续不全的，都不能取得预算内拨款。

（3）建设项目是否已经纳入批准的年度基本建设计划，只有批准的年度基本建设计划的投资项目，才能取得拨款。

2.自筹基建资金拨款的审计

基本建设自筹资金包括各级财政、各主管部门和各单位的自筹资金。主要审查：

（1）自筹基本建设资金建设的项目是否已纳入国家基本建设计划。应审查项目计划文件

的审批手续是否齐全，有无越权审批等现象。

(2)建设单位的自筹基建资金来源是否合法和合规。根据规定，银行贷款、各种行政事业经费、各种租赁资金、企业应上交税金和利润等不能作为自筹资金来源，也不得通过向企业摊派的方式自筹资金；不得挤占成本；不能乱集资等。只有各地方和各部门的机动财力、各项专用资金和预算外资金，在保证正常开支后，才能安排必要的自筹基建资金。

(3)建设单位自筹基建资金有无落实。自筹基建资金难以落实，已是目前基本建设中的突出问题，主要原因是为了争计划、争项目，等到建设项目纳入计划后再想办法筹集资金，有些建设项目是自筹资金数额有限，先争取项目纳入计划再寻机扩大建设规模。

3.其他拨款的审计

其他拨款主要包括其他单位、团体或个人无偿捐赠用于基本建设的资金或物资；其他单位无偿移交的未完工程；由于与其他单位共同兴建工程，其他单位拨入的基本建设资金等。对其他拨款进行审计，主要审查其他拨款的来源渠道是否合法，有无向企业、事业单位和机关、团体等乱摊派、乱集资的情况。

(二)基建投资借款的审计

基建投资借款是指建设单位为了完成基建计划，按规定借入的有偿性基本建设投资，主要包括由国家预算安排的投资借款，向银行或其他金融机构借入的投资借款等。基建投资借款在申请过程中，建设单位必须向银行提交经过有权部门批准的项目建议书、可行性研究报告、初步设计文件和设计概算文件、投资包干合同以及年度基本建设计划，经过银行审核后，如果取得了借款，建设单位则与银行或其他金融机构签订借款合同，以确立借贷权利与义务。因此，对于建设单位已取得的基建投资借款，主要审查：

(1)基建投资借款的使用是否符合借款合同中限定的用途。有无将基建投资借款用于经营资金周转、挪用于其他建设项目等情况。

(2)基建投资借款的还本付息情况。基建投资借款是建设单位取得的有偿性资金来源，建设单位必须严格履行借款合同，按期还本付息。应该先审查建设单位能否完成年度还款计划，能否按照借款合同的约定按期归还借款，否则，将增加不必要的利息负担。再审查借款利息的支付情况，是否按期结清利息。

(3)归还借款本息的资金来源是否合法与合规。有无挪用生产周转资金、其他专用资金和挤占成本等情况。

(三)项目资本的审计

对于各种经营性投资项目，包括国有单位的基本建设、技术改造、房地产开发项目、集体投资项目以及个体和私营企业的经营性投资项目，国家实行资本金制度，即投资项目必须首先落实资本金才能进行建设。在投资项目的总投资中，除项目法人(依托现有企业的扩建及技术改造项目，现有企业法人即为项目法人)从银行或资金市场筹措的债务性资金外，还必须拥有一定比例的资本金，即由投资者认缴的出资额。对投资项目来说是非债务性资金，项目法人不承担这部分资金的任何利息和债务。投资者可按其出资的比例依法享有所有者权益，也可转让其出资，但不得以任何方式抽回。项目资本的审计，主要审查：

(1)项目资本的来源途径是否合法。项目资本金可以用货币出资，也可以用实物、无形资产出资，但必须经过有资格的资产评估机构评估作价，以工业产权、非专利技术作价出资的比例不得超过投资项目资本金总额的2%。国家对采用高新技术成果有特别规定的除外。投资者以货币方式认缴的资本金，其资金来源也要符合相关规定。

(2)投资项目资本金占总投资的比例是否合规。投资项目资本金占总投资的比例是根据不同行业和项目的经济效益等因素确定，具体规定如下：①交通运输、煤炭项目，资本金比例为35%及以上；②钢铁、邮电、化肥项目，资本金比例为25%及以上；③电力、机电、建材、化工、石油加工、有色金属、轻工、纺织、商贸及其他行业的项目，资本金比例为20%及以上。投资项目资本金的具体比例，由项目审批单位根据投资项目的经济效益以及银行贷款意愿和评估意见等情况，在审批可行性研究报告时核定。经国务院批准，对个别情况特殊的国家重点建设项目，可以适当降低资本金比例。

(3)建设项目的资本是否具有相应资质的社会审计组织出具的验资报告，资金或者实物资产是否安全与完整，有无在验资结束后抽逃项目资本金的情况。

二、工程建设成本的审计

工程建设成本的形成过程，也是建设资金的使用过程。工程建设成本是通过建设单位的会计核算工作来完成的。会计人员根据工程建造过程中发生的会计事项，按照会计核算方法和工程预算对其进行归类记录和计算。在会计上将工程建设成本分为建筑安装工程投资、设备投资和待摊投资三个部分进行核算，因此，工程建设成本的审计也从这三个方面分别进行。

(一)建筑安装工程投资的审计

建筑安装工程投资是工程建设成本的主要组成部分，是建设单位为完成建筑工程和安装工程所发生的实际支出。这部分投资，必须通过购买工程物资、现场施工等基本建设施工活动才能完成。加强建筑安装程投资的审计与管理，对于节约建设资金，降低工程造价，全面完成基本建设投资计划，有着重要的意义。

建筑安装工程投资，在不同的施工方式下，其核算方法有所不同。在出包方式下，建筑安装工程投资是依据由施工单位根据工程进度编制的、经过监理工程师签字、建设单位审核后的工程进度报表进行登记的。而在自营施工的方式下，建筑安装工程投资是依据工程发生实际支出的相关单据进行登记的。在审查内容上也有差异，分别予以介绍。

1. 出包方式下，建设单位建筑安装工程投资完成额的审查

在出包方式下，按照合同，支付给承包单位的各种款项的核算是通过设置“建筑安装工程投资”、“应付工程款”、“预付备料款”、“预付工程款”等账户来进行的。因此，必须审查建筑安装工程核算的有关会计资料是否完整，所反映的数字是否真实、可靠，各账户之间的内在联系是否一致。审查时，应该注意登账的依据是否合规，账户中的有关记录与原始凭证、记账凭证在内容和数字方面是否相符。有无漏记、错记的现象。有无为了完成当年投资任务而虚假记录工程进度的情况。

审查会计资料时，还应该对“预付备料款”科目进行审查。“预付备料款”核算的是按照工程承包合同规定，由建设单位在工程开前预付给施工企业用来储备主要材料和结构件的款项，以及拨给施工企业抵作备料款的各种材料。预付备料款应该随着工程的进度，从工程价款中陆续扣回，并于工程竣工时全部扣回。因此，对预付备料款的审查，应从以下几方面来进行：

(1)审查预付备料款的额度是否符合规定。在合同文件中一般规定了预付备料款的额度，建设单位应该按照合同文件中规定的预付备料款额度进行拨付。如果发现超过了规定的额度，审计人员应查明原因。

(2)审查预付备料款是否按工程合同规定，及时抵扣工程进度款。应该审查分次抵扣额的计算是否准确。能否到工程竣工时全部扣还，有无拖延不扣或少扣的现象。

(3)审查预付备料款的使用情况。建设单位拨付备料款后，按照规定.施工单位应在收款后一个月内开始动工。审计人员应了解是否按规定时间动工，如果收取备料款后两个月仍未开工的，建设单位可以收回预付的备料款。

(4)审查预付备料款和预付工程款累计额。是否保留一定额度的工程质量保证金。按规定，建设单位应该按照施工单位的工程款的5%～10%提取工程质量保证金。审查时，应注意是否保留有足额的质量保证金，若没有保留或额度太低，应督促建设单位按规定保留工程质量保证金。

除了对会计核算资料进行审查外，对施工单位提出结算的工程资料也要进行审查，工程审计的专业性很强，必须由有丰富施工实践经验和施工管理经验的高级工程师担任。重点审查对工程项目的价格产生影响的以下事项：

(1)工程实施过程中发生的设计变更和现场签证；

(2)工程材料和设备价格的变化情况；

(3)工程实施过程中的建筑经济政策变化情况；

(4)补充合同的内容。由于工程项目不一样，审计的内容各异，本节篇幅有限，不详细论述。

2.自营方式下，建筑安装工程投资完成额的审查

自营方式下，建筑安装工程投资的核算，就是建筑安装工程实际成本。应从以下两方面来进行审查：

(1)计入建筑安装工程投资的是否属于工程的实际支出，有无将无关的其他费用挤入工程成本的现象；

(2)工程结束后的剩余材料是否办理了退库手续，冲减投资完成额，工程建设中的存款利息收入、工程试运转所取得的收入等是否冲减投资完成额。

3.审查有无计划外的施工项目

建设单位进行项目建设，必须按照经过批准的基本建设计划和基本建设投资计划来进行。计划内的项目，才能通过选择施工企业进行项目施工，银行才据以办理资金的拨付与工程价款的结算。应该审查有无擅自施工的计划外项目，有无将应结转本年完成的工作量，用在本年计划外结转的情况等。

(二)设备投资的审计

设备投资是指建设单位在基本建设过程中按照概算规定的设备种类和数量而购置的、构成投资完成额的各种设备及工具、器具的实际支出。它包括：需要安装设备、不需要安装设备和不够固定资产标准的为生产、生活、办公等准备的工具及器具。

设备投资完成额的审计，主要对设备投资完成额的核算情况和设备投资支出的真实性和准确性进行审查。应从以下几方面进行：

(1)审查所购置的设备是否按概、预算所列的项目完成，购置数量、规格、型号是否与设计文件一致，有无超概算和超标准现象。概算未列的设备，是否已办理了审批手续。

(2)审查需要安装的设备，是否已按合同规定，进行了装配和安装，并经过验收后投入使用。

(3)审查在设备投资中有无计入与工程项目无关的摄像机、照相机、计算机等办公用具和

高级小轿车等运输工具。

(4)审查设备投资完成额的构成情况。按照规定,不需要安装设备和工器具与需要安装设备在计算投资完成额时,条件有所不同,审计时应该注意投资完成额的计算是否正确。

(三)待摊投资的审计

建设单位的待摊投资,是指建设单位发生的构成投资完成额,并应分摊计入交付使用财产成本的各项费用支出。它包括建设单位管理费、土地征用及迁移补偿费、勘察设计费、研究试验费、可行性研究费、临时设施费、设备检验费、延期付款利息、负荷联合试车费、包干结余、坏账损失、贷款利息、合同公证及工程质量监测费、企业债券利息、土地使用税、汇兑损益、国外借款手续费及承诺费、施工机构转移费、报废工程损失、耕地占用税,土地复垦及补偿费、固定资产损失、器材处理亏损、设备盘亏及毁损、调整器材价格折价、企业债券发行费用、其他待摊投资等。这些费用项目不是每一个建设项目都会发生的,只有当实际发生了上述费用时,才能予以列支。这些费用项目本身不直接构成建设项目实体,但都有助于建设项目的形成,是基本建设投资完成额的一项重要组成内容。待摊投资的审计,主要是根据概、预算中所列的项目和数额与实际发生的对应的项目和数额进行对比,分析节约或超支情况,各个主要项目的审计要点如下:

1. 建设单位管理费的审计

建设单位管理费是指经批准单独设置管理机构的建设单位发生的管理费用。主要包括工作人员的工资、福利费、办公费、差旅费、会议费、劳动保护费、工具用具使用费、固定资产使用费、零星固定资产购置费、建设单位的临时设施费和其他管理性质的开支等,主要审查:单独设置的管理机构是否经过批准;管理机构的人员是否严格执行定员编制,超编情况如何;建设单位管理费用与概算比较,节、超情况如何及其原因;有无提高开支标准、乱挤成本的现象等。

2. 土地征用及迁移补偿费的审计

土地征用及迁移补偿费是指因建设工程需要,按规定支付的土地补偿赞、青苗补偿费、被征用土地上的房屋,水井、树术等附着物补偿费、迁坟费和安置补助费、土地征收管理费和耕地占用税等。建设项目征用土地是一项政策性很强,涉及面很广的重要工作。应该遵守国家法规以及相关规定。主要审查:征用土地的手续是否合法;支付的土地补偿费和安置费是否按照规定的范围和标准;各级土地管理机关所收取的土地管理费是否合理,有无不承担征地具体工作的土地管理机关收取土地管理费的情况;有无存在当地政府摊派费用的情况;征用的土地有无征而不用的情况等。

3. 勘察设计费的审计

勘察设计赞是指自行或委托勘察设计单位进行工程水文地质勘察、设计所发生的各项费用。主要审查:所委托的勘察设计单位的证书等级是否符合承担本单位勘察设计任务的要求,有无持证的工程勘察设计单位,为无证单位或个人承担的工程勘察设计提供证书或图章的弄虚作假现象;勘察设计任务是否与所委托的勘察设计单位签订了勘察设计合同,收费是否严格按照国家规定的标准执行;自行设计所发生的费用是否合理和合规,有无报销其他费用的现象。

4. 合同公正费及工程质量监测费的审计

这是指建设单位按规定支付给司法部门的合同公证费和支付给工程质量监测部门的工程质量监测费,还包括支付给监理部门的工程监理费用。主要审查:是否是建设单位自愿委托工程质量监督机构承担项目质量监督任务的；除国家法律另有规定外，有无强制委托现象；合同公证费和质量监督费的取费标准是否符合国家标准，有无提高取费标准，扩大收费范围的现象；工程监理费用的支付是否合理、合规。

5. 贷款利息的审计

贷款利息是指建设单位向贷款银行借入的基建投资借款和周转借款所发生的按规定应计入交付使用财产价值的利息。主要审查：建设项目所负担的贷款利息是否属于建设期内应负担的利息，按照现行制度规定，借款利息只包括计划规定建设期内的借款利息。有无将超过计划规定建设期的利息和投产后的利息列支的情况；有无列入其他用途借款利息的现象；复核贷款利息计算的正确性，如果有利息收入，审查是否冲减了利息支出；将实际支付的利息与概算数对比，分析差异，查明超支原因。

第四节　工程竣工决算审计

一、工程竣工决算报表的审计

工程项目的竣工验收，是整个工程建设过程的最后重要环节，也是检查工程质量、总结建设经验、整理并编制完整的工程档案和竣工图、决定工程项目能否投入使用的过程。按照有关规定，工程项目符合设计要求，能够正常使用者，都应该及时组织验收，编制竣工验收报告，办理交付使用财产手续。竣工决算报表是竣工验收报告的重要组成部分，它是全面反映建设项目自开始建设起至竣工止的实际建设情况和财务成本以及交付使用财产情况的总结性文件。利用竣工决算报表，可以考核竣工项目设计概算的执行情况，对投资效益做出正确评价。因此，对竣工决算报表进行审计，对于促使工程项目及时投产，发挥投资效益，改进建设工作都有重要意义。

竣工决算报表的组成内容，因工程项目的不同情况和特点有所不同。一般大中型工程项目的竣工决算报表包括：“竣工工程概况表”、“竣工财务决算表”、“交付使用财产总表”、“交付使用财产明细表”。小型建设项目的竣工决算的报表包括“竣工决算总表”和“交付使用财产明细表”。对竣工决算报表的审计主要是合规性审查。具体审查以下内容：

(1)竣工决算报表是否按规定的期限编制。按照国家编报竣工决算的规定，竣工决算报表应在办理验收后一个月内报送有关部门。

(2)竣工决算各种报表的种类是否齐全，已报的决算报表中项目是否完整，报表项目的填写是否符合规定，各表之间的勾稽关系是否正确。如“交付使用财产表”的合计数应该与“竣工财务决算表”中的“交付使用财产”数额相符；“交付使用财产明细表”中的合计数应该与“交付使用财产总表”的数字相符等。

(3)报表中有关概算数和计划数是否与批准的概算数和计划数是否核对一致。

(4)竣工决算表中的有关项目金额是否与其历年批准的财务决算报表中的主要项目的累计金额核对相符。例如，基本建设拨款、贷款、交付使用财产、转出投资、应核销投资、应核销其他支出等，如有不符，应查明原因，并督促建设单位予以调整。

(5)基本建设投资借款是否与贷款银行对账单的数字核对相符。

(6)交付使用财产明细表中所列的交付财产项目与概算比较是否相符，有无计划外工程，是否存在正在报批的计划外工程；是否购置了概算没有列支的设备或办公用具等。

(7)工程项目如果存在投资缺口，缺口资金的计算是否正确。

二、文字说明书内容的审查

竣工决算报表必须附有必要的文字说明。主要内容包括工程概(预)算的执行结果及其分析；工程项目资金来源和资金使用情况、工程价款结算情况以及结尾工程情况等方面。主要审查竣工决算“文字说明书”中所叙述的事实是否全面系统，是否符合实际情况，有无虚假陈述、掩盖存在问题等情况。

三、竣工项目建设成本审计

工程项目竣工决算，其建设成本已有了准确的数额，从审计角度看，由于对整个建设成本的形成过程都进行着审查，因此竣工决算建设成本的审计主要从以下几个方面进行：

(1)核实工程项目建设成本。审查在建设成本中有无计入与工程项目无关的费用，有无将以前年度没有批准核销的其他工程项目的成本计入该工程的情况。有无列入为办公购置的设备和运输工具等情况。

(2)将构成建设成本的每个项目的实际完成投资额与概算对应项目的数额进行对比，计算节约或超支差异，找出影响建设成本降低或超支的原因和影响程度，并进一步分析各个项目节、超的情况。

(3)审查单位生产能力的建设成本。单位生产能力的建设成本是指“建设成本总额”与“新增生产能力数量”的比值，将概算和实际的单位生产能力建设成本进行比较，可以评价投资效益的优劣。

四、竣工结余资金的审计

工程项目竣工决算时，如果还有结余资金，应该从以下几个方面进行审查：

(1)竣工结余资金的数额是否真实、准确。审查结余资金的构成情况，除了货币资金外，对剩余材料、损毁的物资、待处理设备等应核查价格的合理性；对应收账款的应核查可收回性。

(2)竣工结余资金处理的合法性和合规性。竣工结余资金一般应在半年内处理完毕；需要报废的物资损失和坏账损失的是否已经过有关部门的批准；竣工结余资金是否按原来资金来源渠道分别进行处理等。

五、交付使用财产的审计

交付使用财产是指建设单位已经完成了土木工程的建造过程、设备的购置与安装过程，并已办理了验收交接手续，交付给单位的各项财产。包括固定资产和为生产、办公或生活准备的不够固定资产标准的工具、器具和家具等流动资产。

交付使用财产是用货币形式反映的能够形成生产能力的、独立发挥作用的各项财产的实际成本，它是综合反映基本建设投资效果的一项主要指标。因此，对交付使用财产进行审计，可以促进建设单位正确计算交付使用财产成本，及时交付已完工的财产，提高投资效益。交付使用财产审计主要应从以下几个方面进行：

(1)交付使用财产的竣工验收和交接手续是否完备，其中竣工验收是否按照国家有关规定进行；建造或购置完成的各项财产在交付使用时，是否在建设部门(建设单位)与使用部门(使用单位)之间办理了合规的交接手续。

(2)交付使用的各项财产是否真实、完整。审计人员应对已交付的各项财产进行现场核查,观察实物是否确实存在,是否完整无缺。

(3)审查交付使用财产实际成本的计算是否正确。根据交付使用财产实际成本的组成内容,审查成本中有无计入应该核销的支出;待摊投资的摊销对象和摊销方法是否合规和正确。按照规定,待摊投资的摊销对象是房屋、建筑物、管道、线路等固定资产,动力设备和生产设备等,而运输设备及其他不需要安装设备、工具、器具、家具等固定资产一般仅计算采购成本,不分摊待摊投资。待摊投资的摊销方法,是先计算出单位分摊率,再计算出每项交付使用财产应负担的待摊投资。待摊投资的摊销可以按概算数比例摊销,也可以按实际发生数比例摊销。按概算数比例摊销的方法一般适用于工程项目需要分次交付使用的情况,如果是竣工一次交付使用,则采取按实际发生数比例摊销的方法。

参考文献

[1] 陈建国. 工程计量与造价管理. 上海:同济大学出版社,2001.
[2] 程鸿群,姬晓辉,陆菊春. 工程造价管理. 武汉:武汉大学出版社,2004.
[3] 周述发,李清河. 建筑工程造价管理. 武汉:武汉理工大学出版社,2001.
[4] 李慧民. 建筑工程经济与项目管理. 北京:冶金工业出版社,2002.
[5] 刘伯莹,姚祖康. 公路设计工程师手册. 北京:人民交通出版社,2002.
[6] 张毅. 建设工程造价实用手册. 北京:中国建筑工业出版社,2001.
[7] 沈其明,刘燕. 公路工程造价编制与管理. 北京:人民交通出版社,2002.
[8] 高速公路丛书编委会. 高速公路规划与设计. 北京:人民交通出版社,1999.
[9] 白思俊. 现代项目管理. 北京:机械工业出版社. 2002.
[10] 石勇民. 公路工程定额原理与估价. 北京:人民交通出版社. 2006.
[11] 李杰. 道路工程经济分析与决策. 人民交通出版社,1997.
[12] 栾军. 价值工程教程. 上海:同济大学出版社,1995.
[13]《基本建设审计》编写组. 基本建设审计. 北京:中国财政经济出版社,1989.
[14] 时现. 建设项目审计. 北京:北京大学出版社,2002.
[15] 姚梅炎,冯彬. 投资项目审计工作手册. 北京:中国物价出版社,2002.
[16] 蔡传炳. 公路工程审计. 北京:中国审计出版社,2001.
[17] 黄如宝,杨德华,顾韬. 建设项目投资控制原理、方法与信息系统. 上海:同济大学出版社,1995.
[18] 王楷文. 建设工程法规及相关知识. 北京:中国计划出版社,2004.
[19] 徐帆,沙炳新,钱昆润. 项目监理工程造价控制手册. 北京:中国建筑工业出版社,2003.
[20] 王立久. 建设法规. 北京:中国建材工业出版社,2004.
[21] 郭京,韩小平. 工程量清单计价. 上海:东华大学出版社,2004.
[22] 陈光健,徐荣初,叶佛容. 建设项目现代管理. 北京:机械工业出版社,2004.
[23] 全国造价工程师考试培训教材编写委员会. 工程造价的确定与控制. 北京:中国计划出版社,2001.
[24] 交通部公路工程定额站编(培训教材). 公路工程招标与费用监理. 2002.
[25] 全国一级建造师执业资格考试用书编写委员会. 建设工程经济. 北京:中国建筑工业出版社,2004.
[26] 交通部工程管理司. 公路工程国内招标文件范本(2003 年版). 北京:人民交通出版社,2003.
[27] 建设项目经济评价方法与参数《第三版》. 北京:中国计划出版社,2006.
[28] 中华人民共和国行业标准《公路基本建设工程概、预算编制方法》(JTG B06—2007). 北京:人民交通出版社,2007.
[29] 中华人民共和国行业标准《公路工程机械台班费用定额》(JTG/T B06-03—2007). 北京:人民交通出版社,2007.